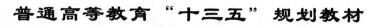
普通高等教育"十三五"规划教材

现代岩士测试技术

主　编　王春来　刘建坡　李佳洁
副主编　杨胜利　朱斯陶　徐世达

北　京
冶金工业出版社
2019

内 容 提 要

　　本书详细介绍了岩土体的测试方法和测试步骤,主要内容包括:岩石应力应变测试、岩体应力及变形测试、岩体声波测试、岩体振动测试、围岩松动圈测试、采空区探测、微震监测及预警、工程岩体质量评价、土体测试、岩土测试数据分析等。

　　本书为高校采矿工程、岩土工程、城市地下工程、地质勘探工程、土木工程等专业本科生的教材,也可供相关专业的工程技术人员参考。

图书在版编目(CIP)数据

　　现代岩土测试技术/王春来,刘建坡,李佳洁主编. —北京:
冶金工业出版社,2019.4

　　普通高等教育"十三五"规划教材

　　ISBN 978-7-5024-8116-2

　　Ⅰ.①现… Ⅱ.①王… ②刘… ③李… Ⅲ.①岩土工程—
测试技术—高等学校—教材 Ⅳ.①TU4

　　中国版本图书馆 CIP 数据核字 (2019) 第 077275 号

出 版 人 谭学余
地　　址　北京市东城区嵩祝院北巷 39 号　邮编　100009　电话　(010)64027926
网　　址　www.cnmip.com.cn　电子信箱　yjcbs@cnmip.com.cn
责任编辑　杨　敏　美术编辑　吕欣童　版式设计　禹　蕊
责任校对　郑　娟　责任印制　李玉山
ISBN 978-7-5024-8116-2
冶金工业出版社出版发行;各地新华书店经销;三河市双峰印刷装订有限公司印刷
2019 年 4 月第 1 版,2019 年 4 月第 1 次印刷
787mm×1092mm　1/16;14.5 印张;347 千字;219 页
35.00 元
冶金工业出版社　投稿电话　(010)64027932　投稿信箱　tougao@cnmip.com.cn
冶金工业出版社营销中心　电话　(010)64044283　传真　(010)64027893
冶金工业出版社天猫旗舰店　yjgycbs.tmall.com
　　　　　　　　(本书如有印装质量问题,本社营销中心负责退换)

前　言

　　"现代岩土测试技术"是高等学校采矿工程专业本科生的专业选修课,是对矿山岩土力学有关知识的扩充及应用,注重实践性。本书结合采矿工程专业学生培养要求进行编写,详细介绍了岩土体相关参数测试的方法与技术,覆盖了实验室测试和现场测试,主要针对已经具备基本专业基础,并希望获得实践、应用指导的本科生以及研究生。

　　本书主要内容为岩土的基础参数测试,重点阐述了岩土体的测试方法和测试步骤,而没有对试验结果有关计算公式进行详细推导,读者想要了解更完整的理论推导过程,可以参考其他书籍。本书侧重于对岩土测试基本概念和相关测试方法的描述,故在编写的时候略去了较为陈旧的测试方法,增加了一些工程测量应用的前沿成果,例如无人机变形监测等。本书内容精练、合理,可供采矿工程、岩土工程、城市地下工程、地质勘探工程、土木工程等专业本科生使用,也可供相关专业的研究生、教师及工程技术人员参考。

　　本书由王春来、刘建坡、李佳洁担任主编,杨胜利、朱斯陶、徐世达担任副主编。

　　本书在编写过程中,得到中国矿业大学(北京)、东北大学和北京科技大学等单位和部门的大力支持与帮助,在此表示感谢!

　　书中可能存在某些不妥之处,行文中的疏漏也在所难免,诚恳希望有关专家和广大读者批评指正。

编　者

2019 年 2 月

目　　录

1 岩石应力应变测试

岩石应力应变测试，是现代岩土测试技术的一个重要分支，包含两大部分，即岩石的应力测试和应变测试。研究岩石应变的目的，是建立岩石自身特有的本构关系和本构方程，并确定相关系数。研究岩石应力的目的，是建立适应岩石特点的强度准则，并确定相关系数。此外，岩石应力应变的性质是岩石分类的重要依据之一，而岩石分类与生产技术管理、支护设计和施工设备选型有密切关系。由此可见，岩石应力应变测试的研究，是整个岩石力学研究的最重要的基础。

随着岩石力学近二十年来的迅速发展，岩石应力应变测试技术得到了快速的发展，主要表现在试验方法的标准化和国际上的统一，以及测试方法与现场工程更密切的配合。总的来说，岩石应力应变测试虽然发展很快，但这门学科远非成熟，现有的理论和方法还远不能满足精确解决工程实际问题的要求。因此，大力加强岩石应力应变测试方法研究，更快推动这门科学的发展，是工程实践的客观要求。

1.1 应力应变基本概念

岩石由于外因（载荷、温度变化等）而变形时，在它内部任一截面的两方出现的相互作用力，称为"内力"。内力的集度，即单位面积上的内力称为"应力"。应力可分解为垂直于截面的分量，称为"正应力"或"法向应力"（用符号 σ 表示）；相切于截面的分量，称为"剪应力"或"切应力"（用符号 τ 表示）。应力的单位为 Pa。应力是反映物体一点处受力程度的力学量。在外力作用下物体内部产生分布内力。应力会随着外力的增加而增长，对于某一种材料，应力的增长是有限度的，超过这一限度，材料就要破坏，这个限度称为该种材料的极限应力。对于岩石而言，破坏时所能承受的极限应力称为岩石强度。岩石的破坏形式如图 1-1 所示。

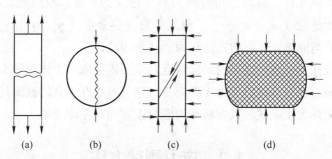

图 1-1 岩石破坏形式
（a）拉伸破坏；（b）劈裂破坏；（c）剪切破坏；（d）塑性流动

需要注意的是，应力方向在材料力学中拉伸为正，压缩为负；在岩石力学中，拉伸为负，压缩为正，各种应力如图 1-2 所示。

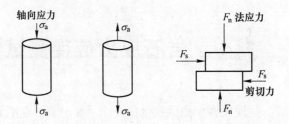

图 1-2　各种应力示意图

岩石应变又称"相对变形"，是描述由于外因（载荷、温度变化等）使它的几何形状和尺寸发生相对改变的物理量，应变的一般情况如图 1-3 所示。

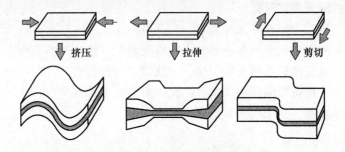

图 1-3　应变的一般情况

物体某线段单位长度内的形变（伸长或缩短），即线段长度的改变与线段原长之比，称为"正应变"或"线应变"，通常用符号 ε 表示。其中，正应变公式为：

$$\varepsilon = \lim_{L \to 0}\left(\frac{\Delta L}{L}\right) \tag{1-1}$$

式中，L 为变形前长度，ΔL 为其变形后的伸长量（一般把伸长时的应变取正值，缩短时的应变取负值）。

两相交线段所夹角度的改变，称为"切应变"或"角应变"，用符号 γ 表示。在变形前为六面体形状的单元体，其形变可分解为六个独立的分量，故应变也有六个独立的分量，即三个线应变分量（ε_x、ε_y、ε_z）和三个角应变分量（γ_x、γ_y、γ_z）。变形后单元体积元素的改变值与原单元体积的比值称为"体积应变"。

在均匀变形条件下，通过变形内部任意点总是可以截取一个体积微小的立方体，其三对相互垂直的表面上都只有线应变而无剪应变，这三对相互垂直的截面就是该点的主应变面，其上的线应变称为主应变，其方向称为应变主方向和主应变轴。

1.2 应力测试方法

岩石的各种应力测试通常是采用室内试验进行。国际岩石力学学会对岩石力学试验有一定的建议，具体见表 1-1。

表 1-1　国际岩石力学学会（ISRM）对于岩石力学试验的建议

项　　目		单轴压缩	单轴拉伸		双轴压缩	三轴压缩
			直接拉伸	间接拉伸		
试件形状		圆柱体	圆柱体	圆柱体	圆柱体	圆柱体
试件直径/mm		≥54	≥54	≥54	≥54	≥54
高径比		2.5~3.0	2.5~3.0	2.5~3.0	2.5~3.0	2.5~3.0
试件直径与最大粒径比		10:1	10:1	10:1	10:1	10:1
试件数量		≥5	≥5	≥10	≥5	≥5
含水量		天然	天然	天然	天然	天然
保存天数/d		30	30	30	30	30
加工精度	断面磨平度/mm	0.02	0.02	0.02	0.02	0.02
	轴线垂直度	0.01 弧度或 3.5″，或每 50mm 不超过 0.005mm		0.25°	同单轴压缩	同单轴压缩
	侧面不平度/mm	≤0.3	≤0.1	≤0.3	≤0.3	≤0.3
加载速度/MPa·s^{-1}		0.49~0.98	0.49~0.98	>200N/s	0.49~0.98	0.49~0.98
加载时间/min		5~10	5~10	>15~30s	5~10	5~10

1.2.1 压应力测试

压应力测试通过试验进行，即在压力机上对岩石试样（件）进行压缩试验。具体试验步骤如下：

（1）将岩石按标准制作成规则试样，试件可用岩芯或岩块加工制成，试件在采取、运输和制备过程中应避免产生裂缝。

（2）将试件置于试验机承压板中心，调整球形座，使试件两端接触均匀。其中，试件应采用防油措施。

（3）以特定的速度（通常为 0.5~1.0MPa/s）加荷直至破坏，记录破坏荷载及加载过程中出现的现象。

（4）记录岩石压缩过程中的应力变化。

岩石压缩试验示意图如图 1-4 所示。

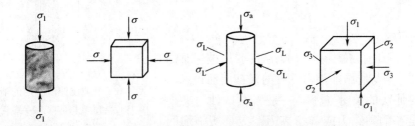

图 1-4　岩石压缩试验示意图

岩石试样在无侧限和单轴压力作用下，其抗压强度为：

$$\sigma_c = \frac{P}{A} \tag{1-2}$$

式中，σ_c 为单轴抗压强度，也称为无侧限强度；P 为在无侧限条件下岩石试件的轴向破坏载荷；A 为试件的截面面积。

圆柱单轴压缩有两种可能的破坏形态：圆锥形破坏和圆柱形劈裂破坏。单轴压缩破坏形态如图 1-5 所示。

三轴压缩情况与单轴还有些区别，按照下列方法计算不同侧压的轴向应力：

$$\sigma_1 = \frac{P}{A} \tag{1-3}$$

式中，σ_1 为不同侧压下的轴向应力；P 为岩石试件的轴向破坏载荷；A 为试件的截面面积。

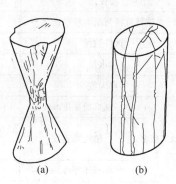

然后再根据计算的轴向应力 σ_1 及相应施加的侧压力值，在 $\tau \sim \sigma$ 坐标图上绘制莫尔应力圆，根据库仑–莫尔强度理论确定岩石三轴应力状态下的强度参数。

图 1-5　单轴压缩破坏形态
（a）圆锥形破坏；（b）柱状劈裂破坏

影响岩石抗压强度因素很多，归纳起来可分为三个方面：一方面是岩石内在因素，如矿物成分、结晶程度、颗粒大小、颗粒联结及胶结情况、密度、层理和裂隙的特征和方向、风化特征等；另一方面是试验方法方面因素，如试样的形状和加工精度、端面条件、加载速度等；第三方面就是环境因素，如含水量、温度等。

1.2.2　拉应力测试

岩石的拉应力测量方法包括直接拉伸法和间接法两种。在间接法中，又包括劈裂法（巴西法）、抗弯法及点载荷法等，其中以劈裂法和点载荷法最为常用。

1.2.2.1　直接拉伸法

直接拉伸法是利用岩石试样与试验机夹具之间的黏结力和摩擦力，对岩石试样直接施加拉力，测试岩石抗拉强度的一种方法岩石试样与夹具连接的方法，见图 1-6。通过试验，其抗拉强度按下式计算：

$$\sigma_t = \frac{P}{A} \tag{1-4}$$

式中，σ_t 为岩石的抗拉强度；P 为试件受力破坏时的极限拉力；A 为与所施加拉力垂直的横截面面积。

直接拉伸法的关键在于：一是岩石试件与夹具间必须有足够的黏结力或者摩擦力；二是所施加的拉力必须与岩石试件同轴心。否则，就会出现岩石

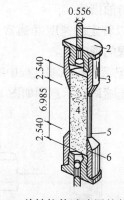

图 1-6　单轴拉伸试验用的削脚环法
1—钢索和带花饰的球；2—螺旋连接器；
3—环；4—岩芯试样；5—束带；6—黏结物

试件与夹具脱落，或者由于偏心载荷使岩石的破坏断面不垂直于岩石试件的轴心等现象，致使试验失败。

试验的缺点是试样制备困难，它不易与试验机固定，而且在试样断裂处附近往往有应力集中现象，同时难免在试件两端面产生弯矩。

1.2.2.2 抗弯法

抗弯法是利用结构试验中梁的三点或四点加载法，使梁的下滑产生纯拉应力作用而使岩石试件产生断裂破坏，间接地求出岩石的抗拉强度值，图 1-7 为岩石试样弯曲试验示意图。通过试验，其抗拉强度值可按下式求得：

$$\sigma_t = \frac{MC}{I} \tag{1-5}$$

式中，σ_t 为由三点或四点抗弯实验所求得的最大拉应力，它相当于岩石的抗拉强度；M 为作用在试件截面上的最大弯矩；C 为梁的边缘到中性轴的距离，I 为梁截面的惯性矩。

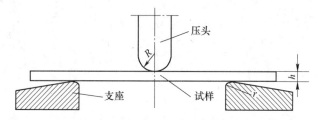

图 1-7 弯曲试验示意图

上式成立是建立在以下 4 个基本假设基础之上的：（1）梁的截面严格保持为平面；（2）材料是均匀的，服从胡克定律；（3）弯曲发生在梁的对称面内；（4）拉伸和压缩的应力-应变特性相同。

对于岩石而言，第 4 个假设与岩石的特性存在较大的差别，因此利用抗弯法求得的抗拉强度也存在一定的偏差，且试件的加工远比直接拉伸法麻烦，故此方法一般较少用。

1.2.2.3 劈裂法（巴西法）

劈裂法的基本原理是基于圆盘受对径压缩的弹性理论解。如图 1-8 所示，厚度为 t 的圆盘受集中应力 P 的对径压缩，圆盘直径 $d = 2R$，则在原盘内任意一点的应力为：

$$\left. \begin{aligned} \sigma_x &= \frac{2P}{\pi t}\left(\frac{\sin^2\theta_1\cos\theta_1}{r_1} + \frac{\sin^2\theta_2\cos\theta_2}{r_2}\right) - \frac{2P}{\pi dt} \\ \sigma_y &= \frac{2P}{\pi t}\left(\frac{\cos^2\theta_1}{r_1} + \frac{\cos^2\theta_2}{r_2}\right) - \frac{2P}{\pi dt} \\ \tau_{xy} &= \frac{2P}{\pi t}\left(\frac{\sin\theta_1\cos^2\theta_1}{r_1} + \frac{\sin\theta_2\cos^2\theta_2}{r_2}\right) \end{aligned} \right\} \tag{1-6}$$

观察圆盘中心线平面内（y 轴）的应力状态可发现沿中心线的各点 $\theta_1 = \theta_2 = 0$，$r_1 + r_2 = d$，故

$$\left. \begin{aligned} \sigma_x &= -\frac{2P}{\pi dt} \\ \sigma_y &= \frac{2P}{\pi t}\left(\frac{1}{r_1} + \frac{1}{r_2}\right) - \frac{2P}{\pi dt} \\ \tau_{xy} &= 0 \end{aligned} \right\} \tag{1-7}$$

在圆盘中心（$r_1 = r_2 = d/2$）处，

$$\left.\begin{array}{l} \sigma_x = -\dfrac{2P}{\pi dt} \\[3mm] \sigma_y = \dfrac{2P}{\pi dt} \end{array}\right\} \tag{1-8}$$

上述分析表明，圆盘中心（原点 O）处受拉应力 σ_x 及三倍于拉应力的压应力 σ_y 作用。由于岩石的抗拉强度很低，抗压强度很高，圆盘在受压应力发生断裂之前早就已被拉应力 σ_x 拉断。

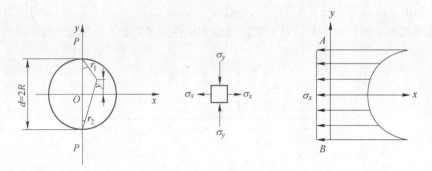

图 1-8　圆盘径向压缩时应力分布

试验应按下列步骤进行：

（1）通过试件直径的两端，沿轴线方向划两条相互平行的加载基线，将 2 根垫条沿加载基线，固定在试件两端。

（2）将试件置于试验机承压板中心，调整球形座，使试件均匀受荷，并使垫条与试件在同一加荷轴线上。

（3）以 0.3~0.5MPa/s 的速度加荷直至破坏。

（4）记录破坏荷载及加荷过程中出现的现象，并对破坏后的试件进行描述。

劈裂法测定岩石抗拉强度的基本方法是：用一实心圆柱形试件，沿径向施加压缩荷载至破坏，求出岩石的抗拉强度，图 1-9 为劈裂试验加载示意图。按我国岩石力学试验方法标准规定，试件的直径 $d = 5\text{cm}$、厚度 $t = 1.5\text{cm}$，求得岩石破坏时的作用在试件中心的最大拉应力 σ_t：

$$\sigma_t = \frac{2P}{\pi dt} \tag{1-9}$$

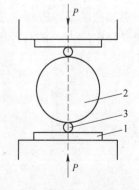

图 1-9　劈裂试验加载示意图
1—承压板；2—试件；3—钢丝

式中，σ_t 为试件中心的最大拉应力；P 为试件破坏时的极限压力。

由于劈裂法试验简单，所测得的抗拉强度与直接拉伸很接近，故目前多采用此法测定岩石的单轴抗拉强度。

直接拉伸法与劈裂法两种方法的破裂面的应力状态有区别。直接拉伸时，破裂面只受拉应力，劈裂法不但有拉应力还有压应力，即不仅有 σ_x 作用还有 σ_y 的作用，试件属于受拉破坏，但强度略有差别。

1.2.2.4 点载荷法

该方法最大特点是可利用现场取得的任何形状的岩块进行试验，无须进行试样加工。点荷载试验是将岩石试样置于两个球形圆锥状压板之间，对试样施加集中荷载，直至破坏，然后根据破坏荷载求得岩石的点载荷强度。

试样要符合以下规定：

（1）当采用岩芯试件作径向试验时，试件的长度与直径之比不应小于1，作轴向试验时，加荷两点间距与直径之比宜为0.3～1.0。

（2）当采用方块体或不规则块体试件做试验时，加荷两点间距宜为30～50mm，加荷两点间距与加荷处平均宽度之比宜为0.3～1.0，试件长度不应小于加荷两点间距。

（3）同一含水状态下的岩芯试件数量每组应为5～10个，方块体或不规则块体试件数量每组应为15～20个。

试验步骤如下：

（1）径向试验时，将岩芯试件放入球端圆锥之间，使上下锥端与试件直径两端紧密接触，量测加荷点间距，接触点距试件自由端的最小距离不应小于加荷两点间距的0.5。

（2）轴向试验时，将岩芯试件放入球端圆锥之间，使上下锥端位于岩芯试件的圆心处并与试件紧密接触，量测加荷点间距及垂直于加荷方向的试件宽度。

（3）方块体与不规则块体试验时，选择试件最小尺寸方向为加荷方向，将试件放入球端圆锥之间，使上下锥端位于试件中心处并与试件紧密接触，量测加荷点间距及通过两加荷点最小截面的宽度（或平均宽度），接触点距试件自由端的距离不应小于加荷点间距的一半。

（4）稳定地施加荷载，使试件在10～60s内破坏，记录破坏荷载。

（5）试验结束后，应描述试件的破坏形态，破坏面贯穿整个试件并通过两加荷点为有效试验。

点载荷试验是将试件放在点载荷仪（如图1-10所示）中的球面压头间，然后通过油泵加压至试件破坏。

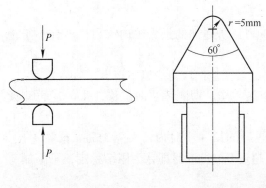

图1-10　点载荷试验示意图

点载荷试验的优点是仪器轻便、试件可以用不规则岩块、钻孔岩芯及从基岩采取的岩石块用锤头加以修正后可用于试验，因此在野外进行试验较方便。其缺点是试验结果的离散性较大，因此需要试件个数相对较多。

1.2.3　剪应力的测试

岩石剪应力可通过直剪试验和变角板剪切试验获取。

1.2.3.1　直剪试验

直剪试验是在直剪仪（如图 1-11 所示）上进行的。试验时，先在试件上施加法向压力 N，然后在水平方向逐级施加水平剪力 T，直至试件破坏。用同一组岩样（4~6 块）在不同法向应力 σ 作用下进行直剪试验，可得到不同 σ 作用下的抗剪强度 τ_f。且在 $\tau - \sigma$ 坐标中绘制出岩石强度包络线。试验研究表明，该曲线不是严格意义上的直线，但是在法向应力不太大的情况下，可近似为直线。这时可按库仑准则求得岩石的抗剪强度参数 C、φ 值。

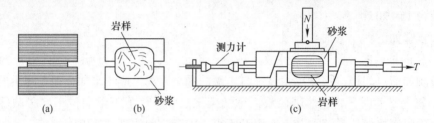

图 1-11　直剪试验装置及试样图

（a）规则性试样；（b）不规则试样的制备；（c）直剪仪示意图

对试件的尺寸要求为：

（1）岩块直剪试验试件的直径或边长不得小于 5cm，试件高度应与直径或边长相等。

（2）岩石结构面直剪试验试件的直径或边长不得小于 5cm，试件高度与直径或边长相等，结构面应位于试件中部。

（3）混凝土与岩石胶结面直剪试验试件应为方块体，其边长不宜小于 15cm。胶结面应位于试件中部，岩石起伏差应不超过边长的 1%~2%。混凝土骨料的最大粒径不得大于边长的 1/6。

（4）每组试样个数不少于 5 个。

法向荷载的施加方法应符合下列规定：

（1）在每个试件上分别施加不同的法向应力，所施加的最大法向应力，不宜小于预定的法向应力。

（2）对于岩石结构面中具有充填物的试件，最大法向应力应以不挤出充填物为宜。

（3）不需要固结的试件，法向荷载一次施加完毕，即测读法向位移，5min 后再测读一次，即可施加剪切荷载。

（4）需固结的试件，在法向荷载施加完毕后的第一小时内，每隔 15min 读数 1 次。然后每半小时读数 1 次。当每小时法向位移不超过 0.05mm 时即认为固结稳定，可施加剪切荷载。

（5）在剪切过程中，应使法向荷载始终保持为常数。

剪切荷载的施加方法应符合下列规定：

（1）按预估最大剪切荷载分 8~12 级施加，每级荷载施加后，即测读剪切位移和法向位移，5min 后再测读一次即施加下一级剪切荷载直至破坏。当剪切位移量变大时，可适当加密剪切荷载分级。

（2）将剪切荷载退至零，根据需要，待试件充分回弹后，调整测表，按上述步骤进行重复试验。

该方法的缺点是所用试件的尺寸较小，不易反映岩石中的裂缝层理等弱面的情况。同时，试样受剪面积上的应力分布也不均匀，如所加水平力偏离剪切面，则还会引起弯矩，误差较大。

1.2.3.2 变角板剪切试验

变角板剪切试验是将立方体试块，置于变角板剪切夹具中，然后在压力机上加压直至试件沿预定的剪切面破坏，图 1-12 为变角板剪力仪器装置示意图。这时，作用于剪切面上的切应力 τ 和法向应力 σ 为：

$$\left.\begin{aligned} \sigma &= \frac{P}{A}(\cos\alpha + f\sin\alpha) \\ \tau &= \frac{P}{A}(\cos\alpha - f\sin\alpha) \end{aligned}\right\} \tag{1-10}$$

式中，P 为试件的破坏载荷；A 为剪切面面积；α 为剪切面与水平面的夹角；f 为压力机压板与剪切夹具间的滚动摩擦系数。

试验时采用 4~6 个试件，分别在不同的 α 角下试验，求得每一试件极限状态下 τ 和 σ 值，并按图 1-13 所示方法求岩石的剪切强度参数 c、φ 值。

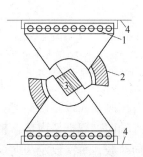

图 1-12 变角板剪力仪器装置示意图

1—压板；2—夹具；3—试样；4—底座

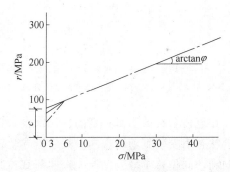

图 1-13 岩石强度包络线

注意：这种方法的主要缺点是 α 角不能太大或太小。角太大，试件易于倾倒并有力偶作用；太小则法向应力分量过大，试件易于产生压碎破坏而不能沿预定的剪切角剪断，使所测结果失真。

1.2.3.3 剪切试验机

此外，随着现代岩体测试技术的快速发展，剪切试验机被研发出来，以武汉大学研发的 JAW—1000 岩石/混凝土剪切 - 渗流耦合试验系统为例，介绍一下通过剪切试验机如何进行剪切试验。

试验机的基本结构如图 1-14 所示。机器整体由轴向加载机构、剪切加载机构、轴向和切向应力-应变测量系统、控制系统和相应的测试软件组成。剪切加载框架（内置剪切盒）安装在导轨上，当试样安装好之后可以将剪切加载框架沿导轨推至轴向加载油缸下方，然后施加轴向力，设定一定的边界荷载进行剪切试验。机架整体设计刚度为5GN/m。剪切盒设计剪切岩石尺寸为200mm×100mm×100mm（剪切方向×宽×高）。试验机可以实现恒定法向荷载（CNL）、恒定法向位移（CNV）和恒定法向刚度（CNS）3种边界条件的剪切试验。试验机法向加载最大荷载为1000kN，切向加载最大荷载为600kN。结合实际工程情况，在结构面剪切试验中应用最为广泛的边界条件为常法向应力（CNL）和常法向刚度（CNS）2种。在常法向应力条件下，首先轴向加载系统施加预定的法向应力，然后施加横向剪切力进行试验，该方式的压剪试验相对容易实现。针对常法向刚度剪切试验模式，试验系统是采用时间步增量方法通过软件由伺服控制系统实现的。根据每个时间步反馈的位移变化量，由设定的刚度值计算下个时间的荷载变化量，进行伺服加载。

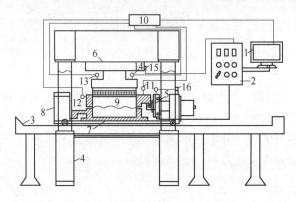

图1-14　剪切试验系统结构示意图

1—电脑；2—控制箱；3—横向导轨；4—轴向框架；5—剪切加载油缸；6—轴向加载油缸；
7—剪切盒；8—横向框架；9—岩石节理试样；10—千分表控制盒；11，12—切向变形测量千分表；
13，14—法向变形测量千分表；15—轴向活塞位移计；16—切向活塞位移计

在进行岩石剪切试验之前，先预设剪切方案。将岩石按照预先设定好的剪切方案，在耦合状态下安装到剪切盒内。然后沿导轨将剪切框架推入轴向加载框架内部，精确安装好法向和切向位移千分表。首先按照荷载控制方式施加法向荷载，每次设定法向荷载按一定加载速率加至预定法向荷载。然后按照位移加载控制方式进行直剪试验，剪切过程中，通过伺服系统控制法向应力恒定，当剪切位移达10mm时停止试验。试验过程中，通过剪切伺服控制软件，采集整个剪切过程的剪位移、剪荷载、轴变形和轴向荷载等试验数据。

1.3　应变测试方法

岩石应变测试应用最广泛的是电阻应变片，将在下一节（第1.4节）中详细介绍。本节主要介绍引伸计、数字散斑技术和三轴应变测试技术。

1.3.1　引伸计

引伸计（见图1-15）是测量构件及其他物体两点之间线变形的一种仪器，通常由传

感器、放大器和记录器三部分组成。引伸计测应变原理为：传感器直接和被测构件接触，构件上被测的两点之间的距离 l 为标距，标距的变化 Δl（伸长或缩短）为线变形。构件变形，传感器随着变形，并把这种变形转换为机械、光、电、声等信息，放大器将传感器输出的微小信号放大。记录器（或读数器）将放大后的信号直接显示或自动记录下来。

图 1-15 岩石力学试验所用引伸计

在进行岩石应变测量时，引伸计的安装步骤如图 1-16 所示。

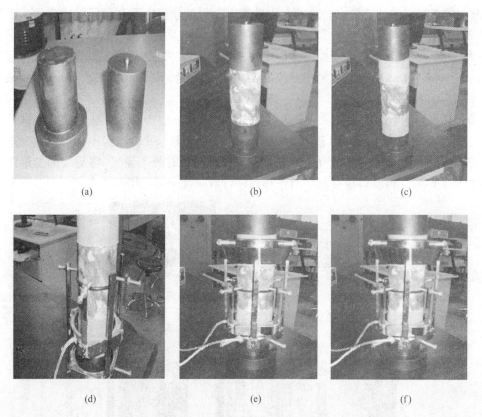

图 1-16 单轴试验引伸计安装步骤

图 1-16（a）为用于安装试样的两个压垫。根据图 1-16 所示步骤，首先将试样与压垫摞起。然后取两节热缩管在试样与压垫结合处收缩，起固定作用。接着安装引伸计，先把

轴向引伸计套进去，引伸计先不用动，然后取一 O 型圈套在试样中间位置，再把径向引伸计套进去，把 4 个立柱上的螺钉均匀地转动贴在试样上，螺钉拧到刚好贴到试样上即可，然后将四个螺钉搭在 O 型圈上，再向里拧一点点即可，如图 1-16（d）所示。然后将轴向引伸计找好位置用螺钉固定住，这个需用力拧住。注意两个引伸计不要挨在一起。再把轴向锥固定在上压垫上，要求轴向引伸计四柱与锥都要挨上。这样，引伸计就安装完成了。单轴安装好的试样如图 1-16（f）所示。注意径向引伸计需与轴向引伸计的信号线要放在一边。

常见的引伸计可分为接触式与非接触式两种。接触式引伸计目前应用比较广泛，其技术也相对成熟。接触式引伸计从原理上可分为机械式和电子式两种。对于机械式引伸计，变形量首先由机械结构采集，然后通过各类机械原理对其进行放大，最后直观将变形量显示出来。这类引伸计包括表式和杠杆式等。以表式引伸计为例，它通过千分表顶杆接收变形量，变形通过顶杆传至表内的齿轮系统进行放大，最后由表盘上的指针显示出示数。不同机械式引伸计间的根本区别在于变形放大采用的机械原理不同。

1.3.2　虚拟引伸计

随着科技的发展，一种基于数字散斑相关方法（Digital Speckle Correlation Method，DSCM）的虚拟引伸计被提出。这种方法虽然应变测量分辨率不高，但与应变片、引伸计等电测方法相比，光测方法的非接触、大量程、全场测量等特点在岩石破坏过程测量中具有很大优势。通过分析试件表面的图像序列，便可获得不同加载阶段试件表面的位移场和应变场，即先从 DSCM 观测结果中定位裂纹，再用一种特殊处理方法定量分析裂纹某一位置的张开量和错动量。

DSCM 又称为数字图像相关（Digital Image Correlation，DIC）方法，是一种试验固体力学变形场测量方法。图 1-17 所示为 DSCM 原理示意图，试验过程中采集一系列散斑图像，选择其中一张为参考图像（加载初期，裂纹未出现时的图像），将后续的变形图像与其进行相关匹配即可获得位移场。对位移场进行数值微分可以得到应变场。

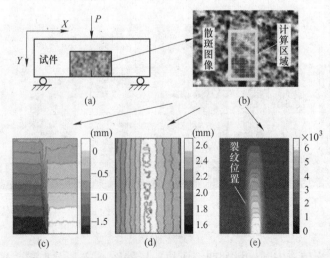

图 1-17　DSCM 原理示意图

（a）试验示意图；（b）计算区域；（c）X 方向位移场；（d）Y 方向位移场；（e）最大拉应变场

虚拟引伸计是在 DSCM 测得的变形场的基础上实施的，其方案如图 1-18 所示。首先，通过 DSCM 得到试件各个加载水平的位移场和应变场。其次，在应变场中通过应变集中带来确定裂纹并定位裂纹位置。一般情况下，张开型裂纹用最大拉应变场定位（如图 1-17 中 3 点弯试件底部的裂纹），错动型裂纹则用最大剪应变场定位。然后，根据研究需要，确定需要"安装"引伸计的位置，并将引伸计绘制在应变场图上。最后，根据引伸计 2 个端点坐标，在位移场上进行计算，即可得到裂纹的张开量与错动量。

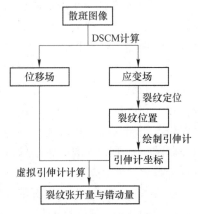

图 1-18 虚拟引伸计实施方案

图 1-19 为虚拟引伸计计算原理示意图。由图可见，垂直于裂纹方向，在裂纹两侧对称地布置 2 个测点，则由 DSCM 得到的位移场可以计算出裂纹活动时沿测点连线方向的变形量即张开量，以及沿裂纹方向的变形量即错动量，计算公式为：

$$\begin{bmatrix} \delta_1 \\ \delta_2 \end{bmatrix} = \begin{bmatrix} \cos\theta & -\sin\theta \\ \sin\theta & \cos\theta \end{bmatrix} \begin{bmatrix} u_1 - u_2 \\ v_1 - v_2 \end{bmatrix} \tag{1-11}$$

式中，δ_1 为裂纹张开量；δ_2 为裂纹错动量；u_1、u_2 为两测点 x 方向位移；v_1、v_2 为两测点 y 方向的位移；θ 为两测点连线与 x 轴的夹角，并规定张开量以张为正，压为负，错动量以逆时针方向错动为正，以顺时针方向为负。为了提高测量的精度，实际分析中一般用测点周围一个区域内多个点的位移平均值来代替测点的位移值。

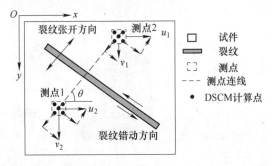

图 1-19 虚拟引伸计原理图

1.3.3 数字散斑应变测量

数字散斑动态应变测量分析系统是一种光学非接触式三维形变测应变量系统，三维数字散斑动态应变测量分析系统采用数字图像相关方法，结合双目立体视觉技术，采用两个高速摄像机，实时采集物体各个变形阶段的散斑图像，计算出全场应变和变形，用于分析、计算、记录变形数据。采用图形化显示测量结果，便于更好地理解和分析被测材料的性能。系统识别测量物体表面结构的数字图像，为图像像素计算坐标，测量工程的第一个图像表示为未变形状态。在被测物体变形过程中或者变形之后，采集连续的图像。系统比较数字图像并计算物体纹理特征的位移和变形。该系统特别适合测量静态和动态载荷下的三维变形，用于分析实际组件的变形和应变。

数字散斑应变测量系统基本原理是匹配物体表面不同状态下的数字化散斑图像上的几何点，跟踪点的运动获得物体表面变形信息。数字散斑相关方法的测试和数据分析由硬件和软件系统两部分组成。硬件系统由 CCD 相机、高速相机、高速相机触发装置、图像采集卡、监视器、计算机及 A/D 卡组成。其中，CCD 相机负责拍摄岩石加载全程的试件表面图像；高速相机负责捕捉岩石加载瞬态过程的试件表面图像，图像传输到图像卡进行数字化后存贮到计算机中以备处理；监视器实时显示试验过程中的图像；计算机是整个系统的控制中心，由其发出指令协调各部分工作，保存和处理图像并输出最后结果。高速相机触发装置用于对高速相机发出图像采集指令。试验系统示意图如图 1-20 所示。软件系统用来对试验中采集到的散斑图像进行处理获得所需的变形场信息，包括位移场、应变场以及相关系数分布场等。

试验方法可简述为：岩石试件加工成方柱形，试件表面用喷漆制作人工散斑场。加载装置选用 MTS810 伺服试验机。位移控制加载过程，白光光源照射试件表面，用相机拍摄试件表面图像。调整相机方位，使相机靶面与试件表面近似平行，调整焦距，使图像清晰，并使试件几乎占据整个靶面。采用计算机图像采集系统记录试件表面的变形散斑图像。试验同时采集应力 - 应变曲线，由于图像和应力 - 应变曲线是采用不同采集系统，所以需要提前对时，使得两个系统的绝对时间保持一致。试验完成后，对散斑图像进行相关运算，分析单轴压缩过程中岩石试件的位移场和应变场。图 1-21 所示为试验过程中所采集的应变图及应变场变化过程。

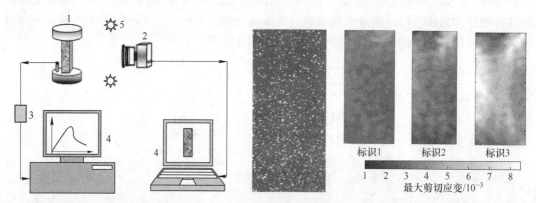

图 1-20　试验系统示意图　　　　　　图 1-21　试验采集应变图及岩石应变场变化

1—加载装置；2—相机；3—A/D 卡；4—计算机；5—光源

1.3.4　三轴试验岩石应变测试技术

三轴压缩试验通常分为常规三轴压缩试验（又称假三轴压缩试验）和真三轴压缩试验，其中前者的试样处于等侧向压力的状态下，而后者的试样处于三个主应力都不相等的应力组合状态下。一般情况下岩石所处环境中水平方向压力相当，只有竖直方向上存在较大差异，本书所讨论的是常规三轴压缩试验。

常规三轴试验用圆柱或棱柱试件进行测试，试件放在试验舱中轴线处，通常使用油实现对试件侧向压力的施加，用橡胶套将试件与油隔开。轴向应力由穿过三轴室顶部衬套的活塞通过淬火钢制端面帽盖施加于试件之上。通过贴在试件表面的电阻应变片可以测量局部的轴向应变和环向应变。

在采用液压伺服技术的三轴试验中，应变片导线穿过密封橡胶套验液，以及带隔塞的试验舱。该方法虽然可行，但其试验舱的组装相对复杂。为简化试验操作，E. Hoek 和 Franklin 等人在 1968 年对三轴试验机的试验舱部分进行了重新设计，其三轴试验机如图 1-22 所示。

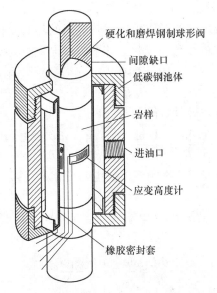

硬化和磨焊钢制球形阀
间隙缺口
低碳钢池体
岩样
进油口
应变高度计
橡胶密封套

图 1-22　三轴试验机试验舱剖面图

1.4　岩石电阻应变片测试仪器

目前，采用电阻应变片测试法进行应变测量是对工程结构件设计、制造、装配的可靠性和安全性进行测试、分析和评价的常用手段。电阻应变片测试系统一般由电阻应变片、电阻应变仪和记录仪器组成。其中，电阻应变片是转换敏感元件，它将待测的应变量转换成电阻值的变化，起着把非电物理量变为电量的作用。电阻应变仪将应变片电阻值的变化转为电压的变化，再经过放大、相敏检波和滤波之后送到记录仪器，把电压信号记录下来。最后，利用应变值和电压值之间的标定关系，将电压信号换算成被测的应变值。

1.4.1　应变片工作原理和构造

一般的应变片是在成为基底的塑料薄膜（15~16μm）上贴上由非常薄金属箔片制成的敏感栅（3~6μm），然后再在金属敏感栅上覆盖一层绝缘膜（迭层薄膜）。具体结构如图 1-23 所示。

把应变片粘贴或者焊接在被测物上，使其随着被测定物的应变一起伸缩，应变片的金属箔材就随被测物的应变变化伸缩变化，其电阻值也随伸缩开始变化，由于电阻值变化与箔材的伸缩长度成正比，通过测量应变电阻值的变化，可以测量出被测物应变的变化。

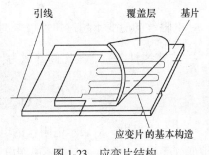

引线　覆盖层　基片

应变片的基本构造

图 1-23　应变片结构

我们知道，一根金属丝（电阻丝）的电阻与其几何尺寸和电阻率的关系如下：

$$R = \rho \frac{L}{S} \tag{1-12}$$

式中，R 为电阻丝的电阻，Ω；ρ 为电阻丝的电阻率（系数），$\Omega \cdot mm^2/m$；S 为电阻丝的横截面积，mm^2；L 为电阻丝长度，m。

当电阻丝受轴向拉伸或压缩变形作用后，其电阻的相对变化（电阻变化率），除随应变 ε 变化外，还要随温度 T 的变化而变化。即电阻丝电阻总的变化率为：

$$\frac{dR}{R} = \left(\frac{dR}{R}\right)_\varepsilon + \left(\frac{dR}{R}\right)_T \tag{1-13}$$

故将式（1-12）取对数并微分后代入式（1-13），得：

$$\frac{dR}{R} = \left(\frac{1}{L}\frac{\partial L}{\partial \varepsilon} - \frac{1}{S}\frac{dR}{R} + \frac{1}{\rho}\frac{\partial \rho}{\partial \varepsilon}\right)d\varepsilon + \left(\frac{1}{L}\frac{\partial L}{\partial T} - \frac{1}{S}\frac{dR}{dT} + \frac{1}{\rho}\frac{\partial \rho}{\partial \varepsilon}\right)dT \tag{1-14}$$

上式右边第一项代表电阻丝受应变影响产生的电阻变化率；第二项代表受温度影响产生的电阻变化率。

在温度不变的情况下（$dT = 0$），电阻丝只受到轴向拉伸或压缩，其电阻变化率由式（1-14）求得：

$$\frac{dR}{R} = \frac{d\rho}{\rho} + \frac{dL}{L} - \frac{dS}{S} \tag{1-15}$$

对半径为 r、泊松比为 ν 的电阻丝有：

$$\frac{dL}{L} = \varepsilon_x \quad \frac{dS}{S} = \frac{2dr}{r} = 2\varepsilon_y = -2\nu\varepsilon_x \tag{1-16}$$

式中，ε_x 为电阻丝的轴向应变；ε_y 为电阻丝的径向应变；$\dfrac{d\rho}{\rho}$ 为电阻丝的电阻率变化率。

经前人研究，认为 $\dfrac{d\rho}{\rho}$ 是电阻丝体积 V 改变，使电阻丝中载流子密度发生变化的结果。电阻率变化率与体积变化率有如下线性关系：

$$\frac{d\rho}{\rho} = C\frac{dV}{V} = C\frac{d(S \times L)}{S \times L} = C(\varepsilon_x - 2\nu\varepsilon_x) \tag{1-17}$$

式中，V 为电阻丝的体积，C 为取决于电阻丝材料和加工方法的常数。

将式（1-16）和式（1-17）代入式（1-15），最终得：

$$\frac{dR}{R} = [(1 + 2\nu) + C(1 - 2\nu)]\varepsilon_x \tag{1-18}$$

电阻丝的应变不超过弹性极限时，ν 和 C 都是常数。即电阻丝的应变 ε_x 与其变化率（$\dfrac{dR}{R}$）成线性关系。其比例常数为：

$$K_s = \frac{dR/R}{\varepsilon_x} = [(1 + 2\nu) + C(1 - 2\nu)] \quad 或 \quad \frac{dR}{R} = K_s\varepsilon_x \tag{1-19}$$

从上式看出，K_s 表示电阻丝的电阻变化率随应变变化的敏感程度，故称为电阻丝的灵敏度（系数）。此外，上式还说明电阻丝的灵敏度是仅与电阻丝材料有关的常数。

1.4.2 应变片分类

目前在常温条件下使用的应变片有：

（1）丝绕式应变片（见图1-24）。丝绕式应变片有纸基和胶基两种。按敏感栅配置分为单轴型、多轴型。单轴型用于测单向应变，多轴型（应变花）用于测同一点处几个方向的应变。由于丝绕式应变片敏感栅两端有圆弧部分，会感受横向应变，一般都有横向灵敏系数，在精密测量时对测量结果应加以修正。这种应变片容易粘贴，价格便宜，目前还常用。

（2）短接丝式应变片（见图1-25）。短接丝式应变片是多根平行的电阻丝，两端由横向放置的镀银铜线焊接而成，多数为胶基，并且做成温度自补偿式应变片。它的横向效应小，适于高精度测量，但短接部分易出现应力集中，影响疲劳寿命。

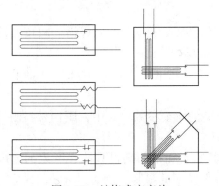

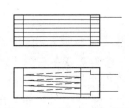

图1-24　丝绕式应变片　　　　　　　图1-25　短接丝式应变片

（3）箔式应变片（见图1-26）。箔式应变片是由应变合金轧制成的箔材，经热处理后，涂一层树脂，再经聚合处理形成基底。在涂树脂的一面用光刻腐蚀工艺做成敏感栅，焊上引线，再涂一层表面保护层。这种应变片的电阻丝栅薄而宽，尺寸准确，线条均匀，表面积大，散热条件好，其电阻温度系数和横向效应也小，从而能提高测量精度。此外，还能制成超小型或各种形状的特殊用途应变片。箔式应变片由于具有上述优点，已被广泛采用。箔式应变片目前有单轴型和多轴型（应变花）。

（4）半导体应变片（见图1-27）。半导体应变片是利用半导体材料的压阻效应制成的。应变片的敏感栅是由半导体材料做的，最常用的是单晶硅。它比前几种应变片有灵敏度高且无横向效应、机械滞后小和频率响应宽等优点，并能做成超小型。其缺点是应变和电阻变化率之间的非线性较大，灵敏度是变化的，即动漂较大；其次是受温度变化影响较大，即温度系数大。

（5）薄膜式应变片。这种应变片是将电阻合金或半导体材料用真空蒸发或沉积在基底上，形成薄膜，作为敏感栅。基底表面是涂有绝缘材料的绝缘层，因此敏感栅很薄，故与被测试件能接触得很好，其稳定性、机械滞后和蠕变也小。此种应变片宜于作小型传感器使用。

（6）特殊用途应变片。特殊用途的应变片有高温或低温应变片、温度自补偿应变片、测应力的应变片、大变形应变片和耐疲劳应变片，以及各种传感器用的应变片等。

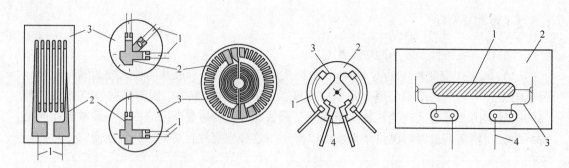

图 1-26　箔式应变片　　　　　　　　　　　　图 1-27　半导体应变片

1—引出线；2—敏感栅；3—基底　　　　　1—P-Si 片；2—胶模基底；3—内引线；4—外引线

1.4.3　应变片主要参数

（1）几何参数。常用标距 L 和敏感栅宽度 w 的乘积表示应变片的规格。圆角线栅标距从圆角顶部算起，直角线栅标距从横向租线内沿算起。

（2）电阻值。绝大多数应变片原始电阻值为 60Ω、120Ω、350Ω、600Ω、1000Ω，其中最常用的电阻值为 120Ω。

（3）灵敏度（系数）。它是表示应变片变换性能的重要参数。其中，康铜材料制的应变片灵敏度一般为 2.0 左右。

（4）允许电流。应变片的电阻丝直径很细，其基底和粘贴剂也只能在一定的温度范围内工作，因此通过应变片的允许电流主要受其耗散功率的限制。例如，纸基丝式应变片的允许电流为 20mA，超过该值应变片将要失效或烧毁。而胶基箔式应变片，由于箔栅宽而薄，耗散功率增大许多，其允许电流可达 200mA，这样就有可能不用应变仪，直接用指示仪表测量。

（5）其他表示应变片性能的参数，还有极限工作温度、绝缘电阻、极限应变、疲劳寿命和横向灵敏度等，可参看一般参考书，这里不再详述。

1.4.4　应变片的选择及粘贴工艺

在粘贴之前，应先从下面几个方向选择应变片：

（1）应变片规格的选择。应变片测得的应变值，实际是在其标距内测点处的平均应变，所以在应变场梯度大或高频变化的应变场以及传感器上，应选用标距小的应变片。如果被测物体的材质不均匀或有裂隙，要用大标距应变片，才能反映宏观应变。长期使用时，用大标距片可以减少应力松弛效应。

此外，由于小标距片制造精度不易保证，对粘贴质量比较敏感，粘贴方向也不易准确，在可能条件下应尽量选用较大标距的应变片。在复杂应力状态下，主应力方向未知时，要用电阻应变花。应变花面积也要尽量小，接近于一个点。应变量较大时，应选用特殊的大应变片。

（2）电阻值的选择。由于电阻应变仪多按 120Ω 应变片设计的，故应多选用这种应变片。在实际测量时，必须用精密电桥重新检测应变片的阻值。电阻值应准确到小数点后两位，以减小测量的误差。

（3）灵敏度的选择。由于动态应变仪多按 $K=2$ 设计且无调节装置，故宜选用 $K=2$ 的应变片作动态测量，否则需加以修正。静态测量时可选用 $K=2$ 左右。K 越大输出信号越大。在多点测量时，尽可能选用灵敏度相同的应变片。

（4）应变片类型的选择。在测量精度要求不高的情况下可用丝绕式应变片。在重要的测量和传感器上宜采用短接式和箔式应变片。半导体应变片和薄膜应变片体积小、输出大，宜用在传感器上。

（5）基底种类的选择。在常温条件下可用纸基应变片。在温度较高（低）、湿度很大，甚至水下，且要求长期稳定的条件下，宜用胶基应变片。重要测量和传感器上也宜用胶基片。

（6）敏感栅材料的选择。铜镍合金材料的温度系数小，有良好的温度稳定性，适于在长期静载下使用。铜镍合金灵敏系数较大，比较适于动载下测瞬态变化的应变。而卡玛丝和铁铬铝丝则具有铜镍合金丝的优点而无其缺点。

（7）此外，敏感栅材料、基底材料、粘结剂及粘贴方法等，均影响着应变片的使用温度，选用应变片时应当注意。

应变片粘贴质量和粘贴剂的选用，关系到应变片的应变效应，决定着测量的成败。应变片的粘贴工艺包括：应变片的准备（外观检查和阻值测定）、被测试件贴片处表面的处理（清洗、打毛和标出测定位置）、应变片的粘贴和固化、导线的焊接和固定、做好防护（防水、油、碱）及质量检查（位置、粘贴层和绝缘电阻）等。应变片的防护很重要，目前常用的防护方法如图 1-28 所示。

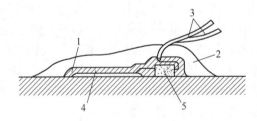

图 1-28 应变片防护法

1—环氧树脂胶；2—橡胶层；3—导线应变片；4—应变片；5—接线固定柱

1.4.5 电阻应变仪简介

电阻应变仪是利用贴在被测试件上的应变片组成的电桥，将应变信号变成电信号，再经放大和相敏检波及滤波后进行读数或数字显示，或输给记录仪器。目前，常用的是载波放大式电阻应变仪。

电阻应变仪按其频率响应范围可分为静态、动态和超动态。

1.4.5.1 静态电阻应变仪

静态电阻应变仪专供测量变化极缓慢的信号，或变化一次后能相对稳定的静态信号。多点测量时需用预调平衡箱。这种仪器比较简便，适于野外或实验室测量使用。比较常用的有 YJ—5 型静态应变仪。

为了适应多点、高精度、自动化、数字化和快速测量的需要，目前已有集成电路化的多应变仪，它能直接显示应变读数，也可以将模拟应变的电信号，经模数转换制，变为离散的数字信号，与电子计算机相连，进行测量数据的分析和处理。

这种仪器适于大型实验室使用。它可以每秒数点以至上千点的速度自动按指定顺序巡回测量，并能打印数据。

1.4.5.2　动态和超动态应变仪

动态应变仪是供测量随时间变化的应变。为了记录动态信号，必须配有记录仪器。动态仪只能采用直读法，应变仪将电桥的输出电压信号放大后送给记录仪器。动态仪不能用轮换接入的办法进行多点测量，因此动态仪均设计成多通道的，能同时测几路信号。目前，常用的 Y6D--3A 动态仪，工作频率为 0~10kHz。

1.4.5.3　遥测应变仪

遥测应变仪适于距离较远且无单联接应变片的情况下，以及运动试件的应变测量。遥测应变仪分成发射机和接收机两部分，发射机安装在被测试件上，接收机可放在其他地方，其应变片的应变通过电桥线路转换为电信号，经放大器放大后，再通过调制，发射出一个受应变信号调制的高频载波，从天线以电磁波形式辐射出去。接收天线被此辐射电磁波激励，得到载波信号。经放大解调后，获得与应变成比例的模拟信号，送入记录仪记录。

1.5　岩石应力测试仪器

对岩石进行应力测试，通常用岩石试验机。岩石试验机是一种符合现代岩土力学研究领域，研究岩石（土）力学特性的新型试验设备。该试验机可根据用户不同要求配置围压系统、岩石引伸计、高低温系统、孔隙水压系统、岩石直剪试验系统、岩石剪切及劈裂夹具等，可自动完成岩石在不同围压下的三轴压缩试验、孔隙渗透试验、高低温环境试验等，并可进行单向低周循环及用户自行设置的组合波形程序控制等多种控制方式的三轴试验。该试验机控制范围宽、功能多、全部操作键盘化，各种试验参数由计算机进行控制、测量、显示、处理并打印，集成度高，使用方便可靠。

以 MTS 公司生产的 815 型电液压伺服控制压力机为例，对压力机的工作原理及其控制方式作简单的介绍。

MTS815 试验系统由加载系统、控制器、测量系统等部分组成。加载系统包括液压源、载荷框架、作动器、伺服阀、三轴试验系统及孔隙水压试验系统等组成；测量系统由机架力与位移传感器、测力传感器、引伸计、三轴压力及位移传感器、孔隙水压力和位移等多种传感器组成；控制部分由反馈系统、数据采集器、计算机等控制软硬件组成，其中程序控制包括函数发生器、反馈信号发生器、数据采集、油泵控制和伺服控制等。MTS 试验系统具有优异的手动及程序控制功能，可以通过软件设计不同的试验手段及加载方式，其每个内置的传感器均可以用作控制方式。试验机常用的控制方式包括：横向冲程控制、轴向冲程位移控制、内置力传感器力控制、轴向引伸计位移控制及环向引伸计位移控制等。

所谓伺服控制就是利用脉冲反馈原理驱动刚性机运转。本试验机最大的优点是利用位移或应力为控制变量，这是得到岩石变形全过程曲线的关键。所谓伺服控制，就是靠反馈来控制压板的位移速率、加载速率或应力加载速率。整个设备系统的关键是加荷架的刚度，然而更重要的是正确选择反馈信号和闭合回路的时间。

伺服系统主要由以下几部分构成（见图1-29）：

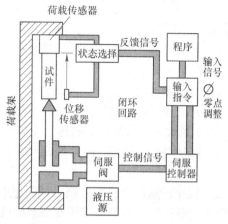

图1-29　MTS815照片和内部结构

（1）反馈信号发生器。反馈信号必须对应于所要求的自变量，一般主传感器的信号直接用于反馈信号。本仪器用横向或纵向位移直接作为反馈信号，实行应变控制。

（2）程序信号发生器。程序信号表示所要求的自变量随时间的变化。在大多数情况下，以固定速率增大的信号足够对试验编制程序。在自变量以恒定速度或者按照某一简单的函数关系增大或减小的试验中，程序信号由电气-机械或电子函数发生器产生。该机的函数发生器，用于闭环电液压试验系统中，它可提供多种可变的动态程序，可输出周期性波型和斜波。频率变化范围为0.00001~990Hz，斜波上升时间为0.0001~990000s。

（3）反馈和程序信号比较器。伺服控制器向伺服阀提供一控制信号，它与反馈信号和程序信号间的差值的幅度和极性成比例。如果这两个信号相等，则试验情况对应于程序情况，这时伺服阀保持不动。反馈或程序信号一旦变化，就产生控制信号，伺服阀被打开，以便让高压流入，校正了偏差的作动筒，起到控制的作用。

（4）液压源和伺服阀。液压源为试验系统提供能量。液压源流量是9.5L/min，能为伺服阀提供恒定压力的高压油。伺服阀被某一数值信号打开时，高压油流入作动筒的哪一端，这决定于控制信号的幅度与极性，该阀操作压力为20.7MPa，最大流动额定值为151L/min。

（5）作动筒和载荷架。载荷架刚度：1.337×10^7 kg/cm，上下压板的平行度：0.051mm，最大压力：6840MPa。

压力机系统的工作原理见图1-29。高压油由液压源输出，经过滤器进入伺服阀，然后输入到双向作动筒上下室，向试件施加所需的荷载。为了达到试验的要求，必须选择不同的控制类型。例如，当试验是靠控制位移来进行时，从安装在荷载架上的两块压板之间的位移传感器，或试件的横向变形传感器测得的变形值作为信号，经过选择放大之后，并与发自程序装置的指令信号，同时输入到伺服控制器中，其差值即为控制信号。它再经放大后，予以反馈，用来驱动伺服阀，从而完成系统的闭环控制。

1.6　其他应力应变测试方法

随着科技的发展，测量岩石应力应变的方法也得到了快速发展。下面介绍几种应力应变测试方法。

1.6.1 伺服液压压力机测试方法

伺服液压压力机是采用伺服电机来控制油泵的流量和压力，再配合压力传感器控制各个电磁阀来对液压机滑块进行控制的液压机，也可以称为伺服液压机。伺服压力机与普通液压压力机相比，主要有以下优点：

（1）减少制冷成本，减少液压油成本。伺服液压压力机液压系统无溢流发热，在滑块静止时无流量流动，故无液压阻力发热，其液压系统发热量一般为传统液压机的 10%~30%。由于泵大多数时间为零转速且发热小，伺服控制液压机的油箱可以比传统液压机油箱小，换油时间也可延长，故伺服驱动液压机消耗的液压油一般只有传统液压机的 50% 左右。

（2）伺服液压压力机效率高。通过适当的加减速控制及能量优化，伺服控制液压机的速度可大幅提高，工作节拍比传统液压机提高数倍，可达到 10~15 次/min。

（3）自动化程度高、柔性好、精度高。伺服液压压力机的压力、速度、位置为全闭环数字控制，自动化程度高，精度好。

（4）节能减排。液压及电控采用智能伺服节能系统，省电 50%~70%。

（5）噪声低。伺服液压压力机油泵一般采用内啮合齿轮泵，传统液压机一般采用轴向柱塞泵，经测试及推算，在一般工况下，10 台伺服液压压力机产生的噪声比一台同样规格的普通液压机产生的噪声还要低。

（6）维修保养方便。由于取消了液压系统中的比例伺服液压阀、调速回路、调压回路，液压系统大大简化。对液压油的清洁度要求远远小于液压比例伺服系统，减少了液压油污染对系统的影响。

（7）故障率低。伺服智能专利控制系统，不做无用功，油温不易升高，且油路系统内无负压，较大降低了故障，延长液压元件的使用寿命，电器设有故障自动报警及一键复位功能。

1.6.2 LVDT 局部应变传感器测试方法

LVDT（Linear Variable Differential Transformer）是线性可变差动变压器的英文缩写，属于直线位移传感器，可以直接在试样上测量轴向和径向小应变，是一款优质的位移传感器。局部应变传感器又分为轴向应变测量装置和径向局部应变传感器两种，如图 1-30 所示。

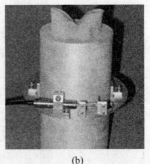

(a)   (b)

图 1-30　LVDT 位移传感器

（a）轴向应变测量装置；（b）径向局部应变传感器

LVDT 传感器的工作原理简单地说是铁芯可动变压器。如图 1-31 所示，它由一个初级线圈、两个次级线圈、铁芯、线圈骨架、外壳等部件组成。初级线圈、次级线圈分布在线圈骨架上，线圈内部有一个可自由移动的杆状铁芯。当铁芯处于中间位置时，两个次级线圈产生的感应电动势相等，这样输出电压为零；当铁芯在线圈内部移动并偏离中心位置时，两个线圈产生的感应电动势不等，有电压输出，其电压大小取决于位移量的大小。为了提高传感器的灵敏度，改善传感器的线性度、增大传感器的线性范围，设计时将两个线圈反串相接、两个次级线圈的电压极性相反，LVDT 输出的电压是两个次级线圈的电压之差，这个输出的电压值与铁芯的位移量成线性关系。

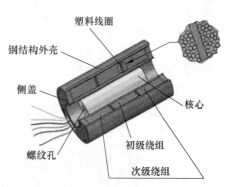

图 1-31　LVDT 位移传感器原理

LVDT 传感器具有以下特点：

（1）无摩擦测量。LVDT 的可动铁芯和线圈之间通常没有实体接触，也就是说 LVDT 是没有摩擦的部件。它被用于可以承受轻质铁芯负荷，但无法承受摩擦负荷的重要测量。

（2）无限的机械寿命。由于 LVDT 的线圈及其铁芯之间没有摩擦和接触，因此不会产生任何磨损。

（3）无限的分辨率。LVDT 的无摩擦运作及其感应原理使它具备两个显著的特性。第一个特性是具有真正的无限分辨率。这意味着 LVDT 可以对铁芯最微小的运动作出响应并生成输出。外部电子设备的可读性是对分辨率的唯一限制。

（4）零位可重复性。LVDT 构造对称，零位可回复。LVDT 的电气零位可重复性高，且极其稳定。

（5）轴向抑制。LVDT 对于铁芯的轴向运动非常敏感，径向运动相对迟钝。

（6）坚固耐用。制造 LVDT 所用的材料及接合这些材料所用的工艺使它成为坚固耐用的传感器。即使受到工业环境中常有的强大冲击、巨幅振动，LVDT 也能继续发挥作用。铁芯与线圈彼此分离，在铁芯和线圈内壁间插入非磁性隔离物，可以把加压的、腐蚀性或碱性液体与线圈组隔离开。这样，线圈组实现气密封，不再需要对运动构件进行动态密封。对于加压系统内的线圈组，只需使用静态密封即可。

（7）环境适应性。LVDT 是少数几个可以在多种恶劣环境中工作的传感器之一。用不锈钢外壳的密封型 LVDT 可以置于腐蚀环境或类似液氮的低温环境，以及核反应堆主安全壳内高达 550℃的高温环境。

（8）输入/输出隔离。LVDT 被认为是变压器的一种，因为它的励磁输入（初级）和输出（次级）是完全隔离的。LVDT 无须缓冲放大器，可以认为它是一种有效的模拟信号计算元件。在高效的测量和控制回路中，它的信号线与电源地线是分离开的。

如上所述，LVDT 具有诸多卓越的品质。它的主要限制是：为得到线性性能，传感器的外壳要比行程长，还有输出信号对输入被测量存在一定的非线性。采用专门的调节技术，可以改进行程对外壳的长度比和非线性问题，其中一个技术就是增加微控制器进行校正。LVDT 具有良好的重复性，这一技术是可行的。基于以上的优点，LVDT 测量技术为工程界广泛采用，在诸如 GDS、GCTS 等公司生产的三轴试验机的组成介绍中都可以看到。

1.6.3　图像处理技术

数字图形处理 DIP（digital image processing）是一种利用计算机算法来执行数字图像处理的方法。作为一个子类别的数字信号处理，数字图像处理拥有许多优点模拟影像处理。它允许被应用到输入数据更广范围的算法和可避免的问题。例如，在处理过程中的噪声和信号失真的积聚。因此，影像可以通过二维（或许更多）中所定义的数字图像处理形式进行建模多维系统运算。

具体布置如图 1-32 所示，将数字摄像机固定在距离三轴试验舱一定距离的位置，在试验过程中按照设定的变化间隔时差进行拍照，使用轮廓技术提取体积，进而进行体积应变的测量。通过一个刚性试件的体积与其图像进行比对，设计系统的校正程序。

图 1-32　数字图像设备布置

将数字图像测量技术应用于实验室常规土工三轴试验中，解决了常规土工三轴试验传统变形测量中的一系列难题，克服了传统变形测量技术存在的缺陷和不足，为土工三轴试验提供了一种新的、更为准确和有效的应变测量手段。应用数字图像测量技术可以实现变形过程的非接触直接测量，不扰动土样的变形，除了具有较高的测量精度外，还具有以下优点：

（1）可以同步测量多断面的径向变形和多段土体的轴向变形，可以直接测量土样的任一局部变形；

（2）既适用于小变形测量也适用于大变形测量；

（3）体积变形测量不受土样饱和程度的限制，可以直接用于非饱和土样的变形测量；

（4）实时保存变形图像，可以在试验结束后重新观察和分析整个试验过程；

（5）除了需要对压力室作适当改进外，可以直接应用于任何常规三轴试验仪。

习题与思考题

1-1　应力、应变的概念是什么，并简述其计算方法。

1-2　简述岩石各种应力的测试方法。各个测试方法的注意事项、适用条件及试验步骤是什么？

1-3　简述引伸计的安装步骤。

1-4　电阻应变片的工作原理、构造是什么，有哪些分类？粘贴时有哪些注意事项？

1-5　现在测岩石应力应变有哪些新技术？与传统技术相比，有哪些优点？

2 岩体应力及变形测试

2.1 概　述

岩体是预应力体，其应力是由覆盖岩层质量、地质构造运动、地温变化等引起的，称为原岩应力或初始压力。岩体应力包括原岩应力和围岩应力。原岩应力大小及分布规律主要取决于覆盖岩层自重、地质构造、水文地质、地形地貌、地温变化等因素。而了解原岩应力的方法就是测量岩体应力。

岩块是指不含显著结构面的岩石块体，是由具有一定结构构造的矿物（含结晶和非结晶的）集合体组成的。它是构成岩体的最小岩石单元体。

岩体是指在地质历史过程中形成的，由岩石单元体（或称岩块）和结构面网络组成的，具有一定的结构并赋存于一定的天然应力状态和地下水等地质环境中的地质体。

岩块是构成岩体的最小岩石单元体，它不含显著的结构面。岩体中则存在各种各样的结构面及不同于自重应力的天然应力场和地下水。

岩体应力测量是指通过某种测试手段测得岩体某一点上的应力数据，即组成应力场各个应力分量的大小和方向。应力测量结果对于分析地下工程的稳定性，进行采矿或地下工程设计，以及工程施工管理都是必不可少的依据之一。

由于岩体中的应力影响因素与成因及自然环境等均有关系，所以岩体中的应力状态是复杂多变的，一两个点的应力测量结果不能代表一个区域内的岩体原岩应力状态。到目前为止，岩体应力测试都是以弹性理论为依据的，即假定岩体是均质连续、各向同性的线弹性体，这与现实情况并不完全相符，所以在岩体应力测试方面有待改进。

岩体在施工建造过程中都会改变原有的应力分布，引起岩体变形。因此，测量岩体变形可以较为及时地掌握岩体所处的状态，通常在工程中最常用的测量岩体变形的方法有表面收敛法和深孔位移法，测量结果被用于评价岩体稳定性和支护效果检验。

2.2　应力解除法

2.2.1　方法简介

应力解除法分三种：孔底应力解除法、孔径变形法、孔壁应变法，三种方法各有不同用途（见图 2-1）。其基本原理是设壳内有一个处于应力状态的单元体，其尺寸为 x、y、z，将其与原岩体分离，相当于解除了单元体上的外力，则单元体的尺寸分别增大到 $x+\Delta x$、$y+\Delta y$、$z+\Delta z$，如图 2-2 所示，或者说恢复到受载前的尺寸，则恢复应变分别为：

$$\varepsilon_x = \frac{\Delta x}{x}, \quad \varepsilon_y = \frac{\Delta y}{y}, \quad \varepsilon_z = \frac{\Delta z}{z} \qquad (2-1)$$

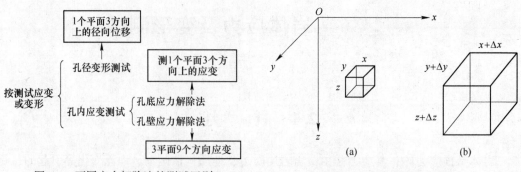

图 2-1 不同应力解除法的测试区别

图 2-2 应力解除法原理
(a) 解除前；(b) 解除后

使用应力解除法需要注意，在下列条件成立时才可以使用：

（1）岩体是均质、连续、完全弹性体；

（2）加载和卸载时应力与应变之间的关系相同；

（3）单元体自重忽略不计。

2.2.2 孔底应力解除法

把应力解除法用到钻孔孔底的方法叫做孔底应力解除法。孔底应力解除法是先在围岩中钻孔，在孔底平面上粘贴应变元件，然后用套钻使孔底岩芯与母岩分开，进行卸载，观察卸载前后的应变，间接求出岩体中的应力。

2.2.2.1 测试仪器设备

（1）应变传感器。一般也叫做应变探头，该传感器由应变花、有机玻璃底板、硫化硅橡胶、塑料外壳及电镀插针等元件组成，见图 2-3。

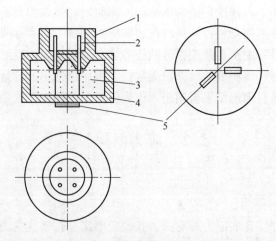

图 2-3 孔底应变传感器

1—塑料外壳；2—插针；3—硅橡胶；4—有机玻璃底板；5—应变花孔底应变传感器

（2）安装工具。包括安装器、送入杆、固定支架等，用于把应变探头贴到孔底中央，并使得探头和应变仪连接。在安装器后部有三触点定向水银开关，只有三个指示灯全部亮，才能确认位置正确。

（3）电阻应变仪。

2.2.2.2 测试过程

（1）钻孔，取出岩芯。使用坑道钻机用金刚石空心钻头钻孔至预定深度，取出钻下的岩芯（见图2-4）。

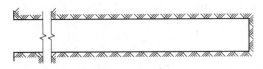

图2-4 钻孔取芯

（2）孔底打磨。使用钻杆上的磨平钻头将孔底磨平、打光。冲洗钻孔，用热风吹干，在杆前端装上蘸有丙酮的器具擦拭孔底（见图2-5）。

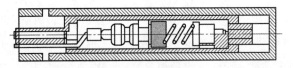

图2-5 打磨孔底

（3）贴应变探头。将环氧树脂粘接剂涂抹到孔底和探头上，用安装器将探头送到孔底，位置调正后，把送入杆用固定支架固定在孔口。经过20h，等待粘接剂固化；固化后测取初始应变读数，拆除安装工具（见图2-6）。

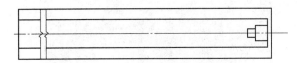

图2-6 安装探头

（4）取出岩芯。用空心金刚石套孔钻头钻进，深度为岩芯直径的2倍，之后取出岩芯（见图2-7）。

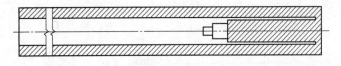

图2-7 取样

（5）测定数值。测量解除后的应变值，测定岩石的弹性模量（见图2-8）。

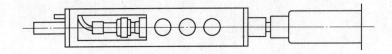

图2-8 测量数值

2.2.2.3 应力计算

（1）由孔底应变计算出孔底平面应力：

$$\varepsilon_\phi = \varepsilon_x \cos^2\phi + \varepsilon_y \sin^2\phi + \gamma_{xy}\sin\phi\cos\phi \tag{2-2}$$

$$\sigma_x = \frac{E(\varepsilon_x + \mu\varepsilon_y)}{1 - \mu^2}, \quad \sigma_y = \frac{E(\varepsilon_y + \mu\varepsilon_x)}{1 - \mu^2}, \quad \tau_x = \frac{E\gamma_{xy}}{2(1 + \mu)} \tag{2-3}$$

（2）利用孔底应力与岩体应力关系计算岩体应力分量：

$$\sigma'_x = a\sigma_x + b\sigma_y + c\sigma_z, \quad \sigma'_y = a\sigma_y + b\sigma_x + c\sigma_z, \quad \tau'_{xy} = d\tau_{xy} \tag{2-4}$$

$$a = 1.25, \quad b = 0.0064, \quad c = -0.75(0.645 + \mu), \quad d = 1.25 \tag{2-5}$$

2.2.2.4 应用条件

孔底应力解除法只有在钻孔轴线与岩体的一个主应力方向平行的情况下才能测得原岩主应力的大小和方向。若钻孔轴线和一个主力方向重合，且其主应力值为已知（典型的自重应力），则一个钻孔的孔径变形测量也就能确定该点的三维应力状态。

2.2.3 孔壁应变法

孔壁应变法是在钻孔壁上粘贴三向应变计，通过测量应力解除前后的孔壁应变，利用弹性力学的理论求出岩体原始应力的方法，利用单一钻孔可获得一点的空间应力分量。图 2-9 为施工现场。

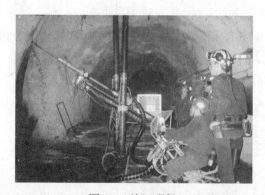

图 2-9 施工现场

2.2.3.1 测量仪器设备

（1）三向钻孔应变计（见图 2-10）。

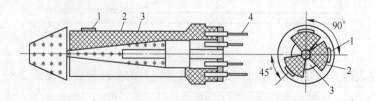

图 2-10 三向钻孔应变计

1—电阻应变片；2—橡胶栓；3—楔子；4—电镀插针

（2）推楔扦、温度补偿室、水银开关、支撑架、固定支架等安装器械。

2.2.3.2　测量过程

（1）钻测试岩芯大孔。从岩体表面向岩体内部打大孔，直至需要测量岩体应力的部位，大孔直径为下一步即将钻的用于安装探头的小孔直径的 3 倍以上，小孔直径一般为 36~38mm，大孔直径一般为 130~150mm，大孔深度至少为巷道、隧道或已开挖硐室跨度的 2.5 倍以上，水平钻孔需上倾 1°~3°，如图 2-11 所示。

（2）钻传感器安装孔。从大孔底打同心小孔，供安装探头用。小孔直径为 36 ~ 38mm，深度一般为孔径的 10 倍左右，打完后需放水冲洗，如图 2-12 所示。

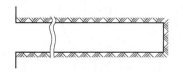

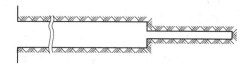

图 2-11　钻一个直径较大的导孔至
　　　　　应力测量预期的深度

图 2-12　在钻孔的底部钻取一个小孔

（3）安装探头和读取初始数据。用专用装置将测量探头，如孔径变形计、孔壁应变计等安装到小孔中央部位，读取初始数据，如图 2-13 所示。

（4）钻应力解除套孔与读取数据。用薄壁钻头继续延深大孔，使小孔周围岩芯实现应力解除，记录由于应力解除引起的小孔变形或应变数，如图 2-14 所示。

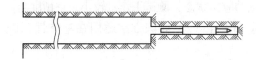

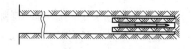

图 2-13　把应变传感器粘在小孔的中间
　　　　　位置且读取初始应变读数

图 2-14　用岩芯套筒对内部粘有应变传感器的
　　　　　一小段岩芯进行应力解除

（5）求岩体应力。取出岩芯，测量弹性模量与泊松比，根据测得的小孔变形或应变数据，通过有关公式求出小孔周围的原岩应力状态，如图 2-15 所示。

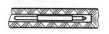

图 2-15　取出岩芯且
读取最终读数

2.2.3.3　应力计算

（1）钻孔孔壁应力和原岩应力关系由 Kirsch 方程确定：

$$\sigma_{\theta i} = (\sigma_x + \sigma_y) - 2(\sigma_x - \sigma_y)\cos 2\theta - 4\tau_{xy}\sin 2\theta \tag{2-6}$$

$$\sigma_{zi} = -2\mu\left[(\sigma_x - \sigma_y)\cos 2\theta + 2\tau_{xy}\sin 2\theta\right] + \sigma_z \tag{2-7}$$

$$\tau_{z\theta i} = -2\tau_{xz}\sin\theta + 2\tau_{xy}\cos\theta \tag{2-8}$$

$$\sigma_{ri} = \tau_{r\theta i} = \tau_{zri} = 0 \tag{2-9}$$

$$\varepsilon_\phi = \varepsilon_z \cos^2\phi + \varepsilon_\theta \sin^2\phi + \gamma_{z\theta}\sin\phi\cos\phi \tag{2-10}$$

（2）孔壁测点应力与应变关系（应变花布置如图 2-16 所示）：

$$\tau_{z\theta} = \frac{E}{2(1 + \mu)}\gamma_{z\theta} \tag{2-11}$$

$$\sigma_z = \frac{E}{1 - \mu^2}(\varepsilon_z + \mu\varepsilon_\theta) \tag{2-12}$$

$$\sigma_\theta = \frac{E}{1-\mu^2}(\varepsilon_\theta + \mu\varepsilon_z) \tag{2-13}$$

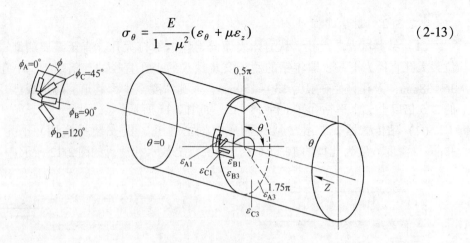

图 2-16　孔壁三向应变花布置

2.2.3.4　应用条件

（1）孔壁应力解除过程中的测量工作可用应变过程曲线来表示，它是判断测量成功与否和检验测量数据可靠性的重要依据。

（2）从应变过程曲线看出，应力解除时应变过程有四个阶段，计算时应取稳定阶段的应变值。

（3）孔壁应变法只需一个钻孔就可以测出一点的应力状态，测试工作量较小，且精度高。

（4）为避免应力集中的影响，解除深度不应小于 45cm。故该方法适用在整体性好的岩体中，不适用于有水场合。

2.2.4　孔径变形法

孔径变形法是在岩体钻孔中埋入孔径变形计，测量应力解除前后的孔径变化量来确定岩体应力。

2.2.4.1　测量仪器设备

孔径变形法所用的变形计有电阻式、电感式和钢弦式等多种。如图 2-17 所示，孔径变形计由刚性弹簧、钢环架、触头、外壳、定位器及电缆组成。当钻孔孔径发生变形时，孔壁压迫触头，触头挤压钢环，使粘贴在上面的应变片数值发生变化。只要测出应变量，换算出孔壁变形大小，就可以转求岩体应力。钢环装在钢环架上，每个环与一个触头接触，各触头互成 45°角，全部零件组装成一体，使用前需要进行标定。图 2-18 为孔径变形计实物。

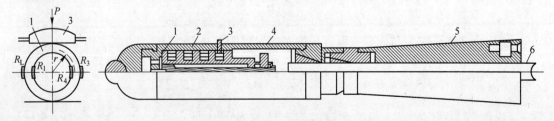

图 2-17　孔径变形计剖面图

1—弹性钢环；2—钢环架；3—触头；4—外壳；5—定位器；6—电缆

图 2-18　孔径变形计

目前，最新的由澳大利亚制造的六方向振弦式孔径变形计已经可以做到无线传输，刚性弹簧测量地下 1500m 处的应力（见图 2-19）。

图 2-19　六方向振弦式孔径变形计

2.2.4.2　测量过程

孔径变形法测试过程与孔壁应变法相同。先钻大孔，之后再钻同心小孔。用安装杆将变形计送入孔中，适当调整触头的压缩量，然后接上应变片电缆并与应变仪连接，再用与大孔等径的钻头套钻。边解除应力，边读取应力，直到全部解除完毕。

2.2.4.3　应力计算

设在无限大均质弹性岩体中钻孔之后，在垂直于孔轴平面内受到均匀的平面应力场作用如图 2-20 所示。

（1）钻孔孔壁径向位移（孔径变形）与岩体应力的关系（G. Kirsch）：

$$u_\theta = \frac{R}{E}[\sigma_x(1 + 2\cos2\theta) + \sigma_y(1 - \cos2\theta) + \tau_{xy}\sin2\theta]$$

$$(2-14)$$

（2）只要测出不同三个方向上的位移，即可得三个方程，求垂直于钻孔平面应力：

$$\sigma_x,\ \sigma_y,\ \tau_{xy}$$

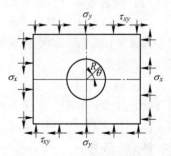

图 2-20　应力场示意图

（3）进一步求出垂直于钻孔平面内的主应力的大小及其方向：

$$\sigma_1,\ \sigma_2,\ \alpha$$

2.2.4.4　应用条件

（1）单孔孔径变形法只有在钻孔轴线与岩体的一个主应力方向平行的情况下，才能测得原岩主应力的大小和方向。

（2）孔径变形法测试元件具有零点稳定性、直线性、重复性和防水性好、适应性强、操作简便等特点。

（3）孔径变形法采取的应力解除岩芯较长，一般不能小于28cm，故不宜用于较破碎岩层的应力测量。

（4）在岩石弹性模量较低，钻孔围岩出现塑性变形的情况下，采用孔径变形法要比孔底和孔壁应变法效果好。

2.3　应力恢复法

应力恢复法是通过液压枕恢复原岩应力，直接测定岩体应力大小的一种测试方法。此法仅用于岩体表层应力测试，见图2-21。若已知岩体中主应力方向，采用该法较方便，比如硐室侧墙的应力测试。

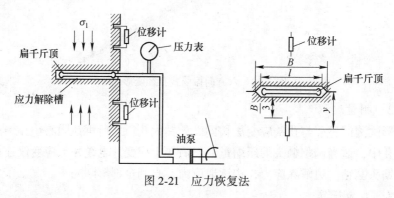

图2-21　应力恢复法

2.3.1　测试方法

（1）安装变形计。在测点附近的岩体表面上先安设变形计或测距仪，读取初始读数。

（2）解除应力，测量变形。在岩体中开凿一个扁槽，其长度要远大于槽的厚度，槽壁与岩体表面垂直。切槽后该处应力 σ_1 被解除，引起附近岩壁变形，用变形计或位移计仪测出此变形量。

（3）应力恢复。在槽中埋入扁千斤顶。用油泵加压，使槽壁变形逐步恢复至未切槽之前状态，停止加压，记录下此时扁千斤顶中的压力。

（4）压力校正。利用扁千斤顶标定关系，可算出施加于岩壁的压力，该压力就是原来岩体的正应力。

2.3.2　应用条件

应力恢复法测试设备简单，能直接测得应力的大小，一般用在围岩测量。如测量巷道、硐室或其他开挖体表面附近的岩体中应力，但是使用时有以下三个问题需要注意：

（1）千斤顶测量时只能在开挖体表面附近的岩体中进行，故其测量的是次生应力场，而非原岩应力场。

（2）该测量原理是基于岩石为完全线弹性的假设，对于非线性岩体，其测得的平衡应力并不等于开槽前应力。

（3）由于开挖的影响，各种开挖体表面的岩体将会受到不同程度的损坏，这些都会造成测量结果的误差，需要对测量结果予以修正。

2.4　水压致裂法

应力解除法测量技术的主要特点是在应力测量中需要金刚石钻头钻进并获得完整岩块。在高应力或极高应力环境下，钻进解除过程中由于钻头附近应力集中往往引起岩块断裂，造成常见的岩块饼化现象，因而无法获得成功测试。使用水压致裂法可以解决这个问题。

水压致裂法是一种地应力直接测量方法。水压致裂法是将钻孔中某一段封闭，向其中注入压力水，使孔壁破裂，通过控制压力求得岩体应力分量。水压致裂法由 Hubbert & Wllis 首次提出，是一种深部压力测量技术。水压致裂法不仅是一种岩体应力测试方法，大型的水压致裂还被运用在改善井底附近油层渗透率，是一种提高油井产量的增产措施。

2.4.1　测量仪器设备

（1）封堵器。由两个膨胀橡胶塞、转换阀、高压水管等组成，见图 2-22。封堵器的直径有 76mm、95mm 等规格，分别适用于不同孔径的钻孔。橡胶塞之间的封堵长度为0.5~1.0m。

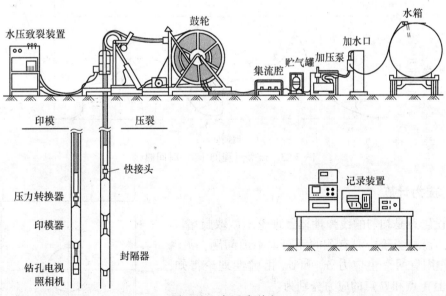

图 2-22　水压致裂法

（2）印模栓塞。用于确定裂隙方向。

（3）压力泵及压力控制系统（控制阀、压力表、流量计）等。

（4）数据采集系统。由 X-T 记录器、磁带记录仪等构成。

2.4.2　测量过程

（1）在已知应力分量方向（例如垂直应力分量的方向与重力方向一致）的情况下，钻与之平行的孔。

（2）选择岩芯完整无宏观节理的孔段作为试验的封堵段，然后将封堵段送入孔中，通入压力水使封堵器橡胶栓塞膨胀。

（3）经高压水管向封堵段注入压力水，使得岩体发生破裂。此时的水压被称为临界破坏压力 p_b，在压力表上面表现为急剧下降，最后停留在某一压力水平。

（4）停止增压，关闭增压阀，压力迅速下降，裂隙停止扩展，并趋于闭合，当压力降到使裂隙处于临界闭合状态时的平衡压力，叫做关闭压力 p_s。

（5）放水卸压，裂隙完全闭合，泵压为零或初始孔隙压力水平，然后再加压使裂缝重新张开，记录所需压力 p_r；重复 2~5 步 2~3 个循环，以便取得合理的压裂参数并正确地判断岩石破裂及裂隙延伸过程。

（6）解除封孔，用印模栓塞记录破裂裂隙的方向。

全部过程用压力–时间曲线表示，如图 2-23 所示，图的上部表示钻孔封堵段孔壁在试验中的状态。

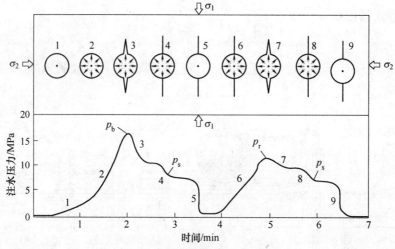

图 2-23　破裂过程的压力–时间曲线

2.4.3　应力计算

假设岩石是均匀的线弹性体，理论上，取封堵段-横截面，就相当于中心有孔的无限大平面问题，见图 2-24。作用有两个主应力 σ_1 和 σ_2 由弹性理论得知，孔周边上 A 点和 B 点的应力分别为：

$$\sigma_{\theta A} = 3\sigma_2 - \sigma_1 \qquad (2\text{-}15)$$

$$\sigma_{\theta B} = 3\sigma_1 - \sigma_2 \qquad (2\text{-}16)$$

使孔壁破裂的临界压力 p_b 等于

$$p_b = 3\sigma_2 - \sigma_1 + \sigma_t - p_0 \qquad (2\text{-}17)$$

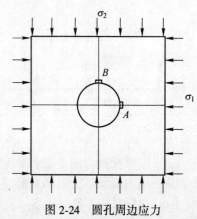

图 2-24　圆孔周边应力

当孔壁破裂后，保持裂隙张开的平衡压力应等于垂直作用于裂隙上的原岩最小应力，即：

$$p_s = \sigma_2 \qquad (2\text{-}18)$$

岩石破坏相当于 $\sigma_t = 0$，则使裂隙重新张开的压力 p_r 为：

$$p_r = 3\sigma_2 - \sigma_1 - p_0 \qquad (2\text{-}19)$$

$$p_b = 3\sigma_2 - \sigma_1 + \sigma_t - p_0 \qquad (2\text{-}20)$$

$$\sigma_1 = 3p_s - p_r - p_0 \qquad (2\text{-}21)$$

封堵段的原岩应力的垂直分量 σ_v 为：

$$\sigma_v = \gamma H \qquad (2\text{-}22)$$

式中，H 为封堵段距离地表深度；γ 为覆盖岩平均容重。

2.4.4 应用条件

（1）水压致裂法是测量岩体深部应力的新方法（岩体深度>5000m），该方法不需要取岩芯和精密电子仪器，测试方法简单，孔壁受力范围广，避免了地质条件不均匀的影响。

（2）测试精度不高，仅用于区域内应力场估算，与其他测试方法相比，水压致裂法测试结果是可靠、可信的。

（3）采用 3 个或 3 个以上钻孔汇交的办法可确定岩体三维原岩应力场。

（4）水压致裂法（各向同性/均质/非渗透）不宜于节理、裂隙发育的岩体应力测量。

（5）该方法设备笨重，钻孔封隔加压技术较复杂。

2.5 Kaiser 效应法

当岩石受外荷载作用，其内部储存的应变能因微裂隙产生和发展而快速释放，从而产生弹性波，发出声响，称为声发射。

1950 年，德国人 J. Kaiser 发现多晶金属的应力从其历史最高点水平释放后，再重新加载，当应力未达到先前最大应力值时，很少有声发射产生，而当应力达到和超过历史最高水平后，则大量产生声发射，这一现象称为凯瑟（Kaiser）效应。从很少产生声发射到大量产生声发射的转折点称为凯瑟（Kaiser）点，该点对应的应力即为材料先前受到的最大应力。即岩体在历史上受到的最大应力值，可由声发射现象加以记忆。也就是说，从岩体上取下一块完整的岩石试样，放在材料试验机上缓缓施加压力，在所加压力未超过它历史上所受到应力之前，是不会产生声发射的。因此，从加压后开始出现声发射现象之前的一级压力，即为该岩体历史上所受到的最大应力。

具体来讲就是：在最理想的情况下，当岩石受到的应力 σ 不超过前期最大应力 σ_m 时，一点声发射也没有，当应力 σ 达到并超过 σ_m 时，声发射现象剧烈产生，如图 2-25 所示，这是 Kaiser 效应的最理想的描述。但是，事实上，即使 $\sigma < \sigma_m$，也会有声发射现象产生的，只是当 σ 接近 σ_m 时，声发射次数出现剧烈的增加，如图 2-26 所示。由于岩石在前面荷载的作用下，岩石内部出现微裂隙，而在后期应力作用下，微裂隙将会出现摩擦移动，因此，即使 $\sigma < \sigma_m$，也会有微弱的声发射。当 $\sigma > \sigma_m$ 时，则伴随着新裂隙的产生，声发射次数出现剧烈增加。其中，声发射次数的剧烈改变点就是 Kaiser 效应点。

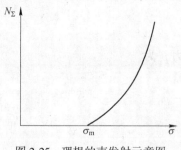

图 2-25　理想的声发射示意图

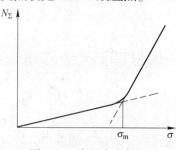

图 2-26　实际声发射图

2.5.1　测量仪器设备

　　声发射仪器可分为两种基本类型，即单通道声发射检测仪和多通道声发射源定位和分析系统。单通道声发射检测仪一般由换能器、前置放大器、衰减器、主放大器门槛电路、声发射率计数器及数模转换器组成。多通道的声发射检测系统则是在单通道的基础上增加了数字测定系统、计算机数据处理和外围显示系统（见图 2-27）。

图 2-27　声发射测量设备

　　声发射传感器（见图 2-28）是利用某些物质（如半导体、陶瓷、压电晶体、强磁性体和超导体等）的物理特性随着外界待测量作用而发生变化的原理制成的。它利用了诸多的效应（包括物理效应、化学效应和生物效应）和物理现象，如利用材料的压阻、湿敏、热敏、光敏、磁敏和气敏等效应，把应变、湿度、温度、位移、磁场、煤气等被测量变换成电量。而新原理、新效应的发现和利用，新型物性材料的开发和应用，使物性型声发射传感器得到很大的发展。因此，了解声发射传感器所基于的各种效应，对其理解、开发和应用都是非常必要的。在声发射检测过程中，通常使用的是压电效应。

图 2-28　声发射传感器

声发射信号经换能器转换成电信号，其输出可低至十几微伏，这样微弱的信号若经过长的电缆输送，可能无法分辨出信号和噪声。设置低噪前置放大器，其目的是为了增大信噪比，增加微弱信号的抗干扰能力，一般前置放大器的增益为 40~60dB。

2.5.2 测试步骤

2.5.2.1 试样制备

在现场测试区域钻孔取岩石试样，标注和记录岩石试样在原环境中的方向。为了获得测点的三维应力状态，需在岩石试样上沿着六个不同方向制备试样。

2.5.2.2 声发射测试

将制备的试样放在单轴压缩试验机上进行加压，同时用声发射仪器监测加载过程中的声发射现象。声发射系统由声发射传感器、前置放大滤波器、信号处理系统三部分组成。将探头固定在试样上，将岩石试样在受压时产生的弹性波转化为电信号，通过放大滤波器对采集的 AE 信号进行放大、滤波、转换等处理，并将转换后的 AE 信号传输到信号采集处理系统，对采集的信号进行对比与特征分析。

2.5.3 注意事项

（1）声发射法利用凯瑟效应测应力，仅仅得到的是历史最大应力；
（2）孔隙多、疏松的岩石凯瑟效应不明显。

2.6 岩体变形测试

地下工程开挖后，岩体应力在调整过程中会引起围岩各种变形（弹性的、塑性的、流变的、结构体滑移和转动），变形逐渐积累就构成围岩位移。岩体位移是易测物理量，能够较清楚地反映围岩状态，因此位移测量是工程岩体稳定性分析和支护设计施工中常用现场测试之一，包括围岩表面位移测量和岩体深部位移测量。

2.6.1 表面位移测量

2.6.1.1 测量仪器

收敛计是测量围岩的表面位移最常用的工具。收敛计不仅能精确迅速地测量两点之间的距离，并且能作为一种长期稳定性监测的仪表；也可以用来监测结构与支撑的变形，以及测量不稳定边坡的移动性。图 2-29 是一种弹簧张力型收敛计的结构示意图，这种收敛

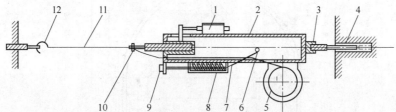

图 2-29 弹簧张力型收敛计结构示意图
1—百分表；2—外壳；3—球铰；4—测点；5—钢尺盒；6—滑轮；7—钢丝绳；
8—弹簧秤；9—调节螺栓；10—钢尺；11—销钉；12—挂钩

计体积小，重量轻，使用方便灵活，图 2-30 为实物。

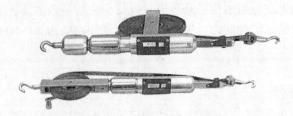

图 2-30   弹簧张力型收敛计外观

2.6.1.2 测量方法

（1）测点布置。在同一断面内布置多个测点成闭合三角形，见图 2-31。测点结构因收敛计而异。向围岩打深孔，孔中注入水泥砂浆，然后插入球铰支座。

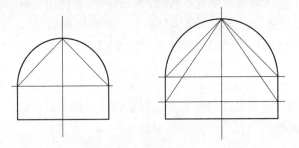

图 2-31   表面测量布点

（2）读数。测点埋设 24h 后测取相对两点距离的初读数。要求收敛计的两端要与测点连上并持平，钢尺拉力均匀一致，待钢尺平稳后，再读数。定位销处钢尺读数称为长度首数，百分表读数为尾数，测距=首数+尾数。每条测线应量测三次，取其平均值。

（3）测量。每隔一定时间测量一次，收敛值就是间隔时间内位移相对变化量。

（4）记录。将测点号、测线长及操作人员等记录在表格内，测点要注意保护，防止被破坏。

2.6.1.3 位移量计算

收敛测量得到的是两固定点连线方向上的位移。为了求出所有测点的位移大小，采用分析计算的方法，以单一闭合三角形为例说明此问题，见图 2-32。

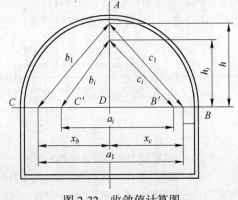

图 2-32   收敛值计算图

收敛测量数据如下：

初始基线长度为 a_1、b_1、c_1；

任意时刻基线长度为 a_i、b_i、c_i。

按假设，$AD \perp BC$，且 D 为不动点，其到各测点的距离分别为 h、x_b 和 x_c，则有

$$x_b = \frac{a_1^2 + b_1^2 - c_1^2}{2a_1} \tag{2-23}$$

$$x_c = \frac{a_1^2 + c_1^2 - b_1^2}{2a_1} \tag{2-24}$$

$$h = \sqrt{b_1^2 - x_b^2} \tag{2-25}$$

2.6.2　深孔位移测量

2.6.2.1　测量仪器

围岩深部位移测量设备有各种类型的机械式或电测式深孔位移计，都由测点锚固装置、测量杆（丝）和孔口测读装置等部分组成，比较常用的是电测式三点位移计，见图 2-33。

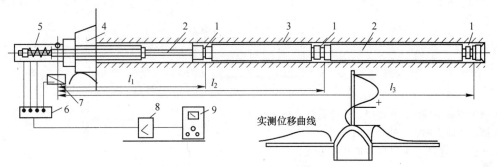

图 2-33　电测式三点位移计

1—锚固装置；2—测量钢丝；3—保护套管；4—混凝土基座；5—位移传感器；
6—分线盒；7—应变计；8，9—记录仪

2.6.2.2　测试过程

（1）根据测试目的布置钻孔。通常一个测试断面内孔数不少于 3 个，孔深 2~10m，每个孔中测点不少于 3 个（测孔布置如图 2-34 所示）。孔径取决于位移计结构和测点数目，通常 $\phi40~120$mm。

（2）钻孔要经过清洗和检查，孔深、孔径符合要求，并记录钻孔岩性的变化。

（3）位移计安装要及时，要测量出各个测点的实际位置。位移计全部安装完毕，测取初读数，孔口测读装置要妥加保护。

2.6.2.3　位移计算

由孔口测得各测点的数据通常是各点与孔口之间的相对位移，如图 2-35 所示。

孔中 A 点的实际位移为 u_A，因围岩表面位移 $u_F > u_A$，所以孔口上实际测得的 A 点位移（相对位

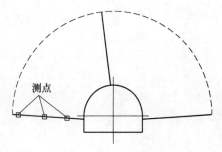

图 2-34　测孔布置

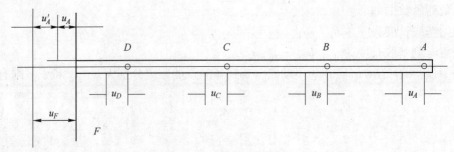

图 2-35　深部位移计算

移）为 u_A'，即：

$$u_A' = u_F - u_A \tag{2-26}$$

$$u_B' = u_F - u_B \tag{2-27}$$

$$u_C' = u_F - u_C \tag{2-28}$$

$$u_D' = u_F - u_D \tag{2-29}$$

　　当钻孔足够深，超出应力影响范围以外，认为 $u_A = 0$ 时，则各测点得到的就是绝对位移。规定向巷道内位移为正，向围岩方向为负。绘各测点 u-t 曲线，并计算它们的累计位移。

习题与思考题

2-1　岩体与岩块的区别在哪里，为什么要分开分析？

2-2　请简述应力解除法的基本原理。

2-3　孔底应力解除法和孔壁变形法在步骤上有什么不同之处？

2-4　水压致裂法使用到了哪些仪器设备？

2-5　声发射测应力使用到了什么原理？

2-6　简述岩体变形测试的方法。

3 岩体声波测试

3.1 基 本 原 理

发声体产生的振动在空气或其他物质中的传播叫做声波，它需借助各种介质向四面八方传播。声波是频率在 20~20000Hz 范围内的振动波，低于 20Hz 为次声波，高于 20000Hz 为超声波。在岩体中传播的声波是机械波。由于其作用力的量级所引起的变形在线性范围，符合胡克定律，也可称其为弹性波。岩体声波检测（Rock Mass Sound Wave Detecting）所使用的波动频率从几百赫到 50kHz（现场岩体原位测试）及 100~1000kHz（岩石样品测试），覆盖了声频到超声频频段，但在检测声学领域简称其为"声波检测"。

无限介质中的波有两种形式：纵波和横波。纵波的质点振动方向与波传播方向相平行，横波的质点振动方向与波传播方向相垂直。声波是一种纵波，是在弹性介质中传播着的压力振动。但在固体中传播时，也可以同时有纵波及横波。

岩体声波检测随检测目的、检测距离的不同，应用不同频率的震源，如表 3-1 所示。

表 3-1　不同频率震源的检测目的、检测距离

检 测 目 的	所用震源	震源频率/kHz	探测距离/m	备注
大距离检测岩体完整性	锤击震源	0.5~5.0	1~50	
跨孔检测岩体溶洞、软弱结构面	电火花震源	0.5~8.0	1~50	
岩体松动范围、风化壳划分评价	超声换能器	20~50	0.5~10	
岩体灌浆补强效果检测	超声换能器	20~50	1~10	
岩体动弹性力学参数、横波测试	换能器/锤击	20~50/0.5~5	0.5~10/1~50	
岩石试件纵波与横波声速测试矿物岩石物性测试研究	超声换能器	100~1000	0.01~0.15	取决于岩石试件尺寸
地质工程施工质量检测	换能器/锤击	20~50/0.5~5	0.5~10/1~50	

不同强度和不同断裂尺度的震源活动释放的震动波对应相应的频率段，如图 3-1 所示，频率越低对应的地震活动震级更大，频率越高对应的破裂尺度也就越小。

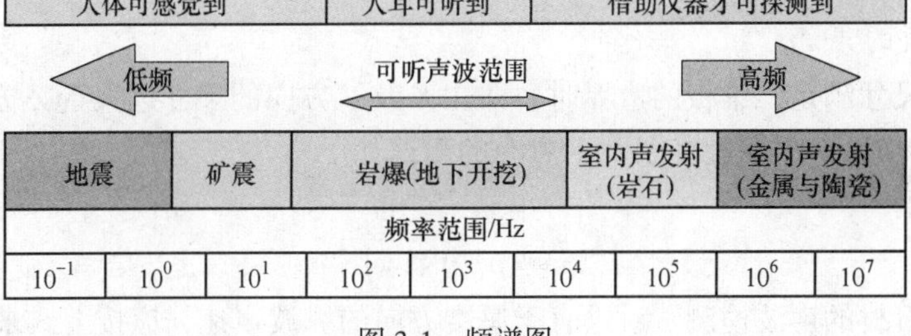

图 3-1　频谱图

3.2　弹性波传播理论基础

3.2.1　岩体的声速

岩体声波检测技术得到广泛应用，有着完善的物理基础。首先，我们讨论岩体的声速与岩体物性间的关系。鉴于岩体的结构特征，以及检测的对象既有大块的岩体，也有小尺寸的岩石试件，由固体中波动方程的解可知，岩体或岩石的几何尺寸与声波波长相对关系不同，边界条件是不一样的，声速的表达式也不一样。

3.2.1.1　无限固体介质中的声速

无限体（介质）指的是介质的尺寸远比波长大，理论及试验证明，当介质与声波传播方向相垂直的尺寸 D，存在 $D > (2\sim5)\ \lambda$，此时的介质可认为是无限体。

无限体纵波的声波传播速度：

$$v_{\mathrm{p}} = \sqrt{\frac{E}{\rho} \times \frac{1-\mu}{(1+\mu)(1+2\mu)}} \tag{3-1}$$

无限体横波的声波传播速度：

$$v_{\mathrm{s}} = \sqrt{\frac{G}{\rho}} = \sqrt{\frac{E}{\rho} \times \frac{1}{2(1+\mu)}} \tag{3-2}$$

式中，E 为弹性模量，Pa；G 为剪切模量，Pa；μ 为泊松比，无量纲；ρ 为密度，kg/m³。

3.2.1.2　有限固体介质中的声速

A　一维杆的声速

（1）一维杆的边界条件。当固体介质的尺寸和波长满足下列关系时，称为一维杆。即：

$$\lambda > 2D$$

$$D < \frac{1}{5}L$$

式中，λ 为波长；D 为一维杆直径；L 为一维杆的长度。

（2）一维杆轴线方向的纵波声速为：

$$v_{\mathrm{B}} = \sqrt{\frac{E}{\rho}} \tag{3-3}$$

显然，v_{b} 与无限体的纵波声速相差 $\sqrt{\dfrac{1-\mu}{(1+\mu)(1-2\mu)}}$，当 $\mu = 0.2 \sim 0.25$，$v_{\mathrm{p}} = (1.05\sim1.1)\ v_{\mathrm{B}}$。

B　二维板的声速

当岩体的尺寸满足二维板的边界时，即在 X 及 Y 方向的尺寸远大于 Z 方向尺寸，且 Z 方向的尺寸 $L_Z < \lambda$ 时，二维板在 X 及 Y 方向的声速如下：

$$v_{\mathrm{p}} = \sqrt{\frac{E}{\rho} \frac{1}{2(1+\mu^2)}} \tag{3-4}$$

板状建筑石材的声波检测，对垂直于厚度方向的纵波声速，应按上式来考虑，同样可以用声速来确定其完整性及动弹性力学性能。

3.2.2 声速与弹性力学参数的关系

岩石物理力学性质是指岩石对物理条件及力作用的反应。泊松比、剪切模量、弹性模量均是岩石的重要力学性质，这些力学参数的测定是声波探测的一项重要内容，无论在室内或现场均可进行。它们与声波波速的传播关系如下所示：

泊松比 $$\mu = \frac{(v_p/v_s)^2 - 2}{2[(v_p/v_s)^2 - 1]} \tag{3-5}$$

剪切模量 $$G = v_s^2\rho \times 10^{-6}(GPa) \tag{3-6}$$

弹性模量 $$E = v_p^2\rho \frac{(1+\mu)(1-2\mu)}{1-\mu} \times 10^{-6}(GPa) \tag{3-7}$$

式（3-5）和式（3-7）中，v_p 为纵波声速，m/s；v_s 为横波声速，m/s；ρ 为岩土密度，kg/m^3。

3.2.3 声速与岩体性质的关系

3.2.3.1 声速与裂隙的关系

岩体是多裂隙非均匀介质，裂隙的发育影响着岩体的稳定性。室内模拟及大量现场测试数据证实，随着裂隙的发育，声波在岩体内将产生绕射、折射以及多次反射，造成声线拉长，使传播时间随裂隙的发育而增长，"视声速"降低为了用声速值定量说明裂隙发育程度，可测量待定岩体的声速 v_{pm} 及岩石标准试件的声速 v_{pr}（因试件内仅有少量裂隙故 $v_{pr} > v_{pm}$），并以 $(v_{pr}^2 - v_{pm}^2)/v_{pr}^2$ 和 $(v_{pm}/v_{pr})^2$ 分别表征岩体裂隙系数及完整性系数。声速与裂隙的这种关系已成为评价岩体完整程度的重要参数。

3.2.3.2 声速与孔隙率的关系

岩体孔隙率影响着声速。目前仍沿用的韦里（Wyllie）公式，建立在将多孔隙岩体近似等效为多孔的岩体骨架（1-φ），及孔内所充填的介质（φ）两部分。声波在其内传播的时间，可视为：

$$1/v_p = \phi/v_{p1} + (1-\phi)/v_{pm}$$

式中，v_p、v_{p1}、v_{pm} 分别为多孔岩体、充填介质、岩体骨架的纵波声速；φ 为孔隙率，则：

$$\phi = (t - t_m)/(t_j - t_m)$$

式中，t 为总的声时；t_j、t_m 分别为充填介质及岩石骨架的声时。可见，孔隙率是声速的相关函数。韦里公式是不完善的，未能考虑传播中的许多复杂因素，故与实际往往有所出入，但就此仍可看出其基本关系，孔隙率大，声速传播速度慢。

3.2.3.3 声速与岩体风化程度的关系

岩体随其风化程度的不同，在内部结构特性，即松散程度、胶结状况、矿物成分、容重、孔隙度、粒度等物理性能上，存在着差异，引起弹性模量、泊松比及密度上的差异。这使声速随风化程度的增加而降低。

3.2.3.4 声速与应力的关系

我国许多单位开展的岩体声速和应力的试验研究表明，多裂隙、多孔隙岩体的声速与岩体所受应力有关。这一现象目前解释为：应力增加时，岩体裂隙、孔隙受挤压，声波易于传播，声速相应增加；当应力超过岩体破坏强度使岩体原有裂隙扩展，或产生新裂隙，或应力解除后，又会出现声速降低，称之为"裂隙效应"。

3.2.3.5　声速与环境温度的关系

温度上升，声速下降。温度下降，声速提高，特别当温度下降到0℃以下，孔隙中的水变成冰，声速由1500m/s（水）变为3600~4300m/s（-5~-8℃冰）。

3.2.4　声波探测设备

岩体声波探测系统由激发装置、换能器和声波仪组成。

3.2.4.1　声波激发方式

声波激发方式有四种，分别是：爆炸激发（用炸药作震源）、锤击激发（使用8~10kg的铁锤，人工锤击岩体）、电火花源激发（在空气或水中高压放电，产生振动）、电声换能器激发（声波换能器利用压电逆效应制成一种电声之间的能量转换装置）。

3.2.4.2　声波的接收

传统的声波仪多使用压电型接收换能器，利用晶体压电效应将经岩体传播后的声波信号转换成电信号，做成接收声波探测器，接收的信号携带了岩体的物理力学及地质信息。图3-2所示为一种圆形压电超声换能器及其原理示意图。

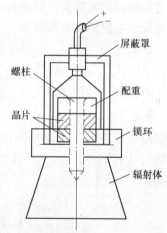

图3-2　一种圆形压电超声换能器及其原理示意图

3.2.4.3　声波放大及数据采集

当代国产性能好的声波检测仪，在将波形显示在屏幕上的同时，可将接收信号的首波波幅及首波的到达时间（即声时）自动加以判读，同时显示其数值。对接收到的波形、波幅、声时等可随时存入电脑硬盘，作为下一步的分析处理。声波信息可在专用的数据与信息处理软件的支持下，对被测介质做出评价。

3.2.5　岩体声波的检测方法

应用声波探测岩体时，主要有下列五种工作方法：穿透法、反射法、折射波法、剖面法、钻孔探测法。

3.2.5.1 穿透法

穿透法是将声波发射换能器和接收换能器放置在介质相对的两个表面上，根据穿透波的传播时间和波形的变化来判断介质的特性。穿透法灵敏度高，波形单纯、清晰、干扰较小，各类波形易于辨认，是一种使用较为广泛的方法；但是对换能器安装的相对准确性要求较高，其原理图如图3-3所示。通常用于厚度比较大、并且两个表面都能安放换能器的情况。

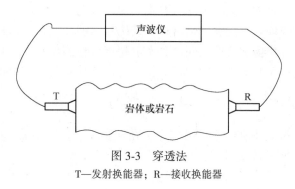

图 3-3　穿透法
T—发射换能器；R—接收换能器

3.2.5.2 反射波法

该方法是将声波发射换能器和接收换能器放置在介质同一表面上，发射换能器向介质内部发射声波，接收换能器接收来自介质内部分层、缺陷的反射波，通过测量反射波传播的时间和波形，来判断介质内部的性质，如图3-4所示。该方法通常用于确定地层厚度、波速和缺陷，以及桩基完整性检测、混凝土厚度检测。

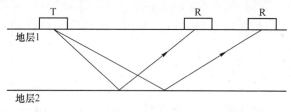

图 3-4　反射波法

3.2.5.3 折射波法

折射波法是将声波发射换能器和接收换能器放置在岩体同一表面上，发射换能器向岩体内部发射声波，接收换能器接收来自下伏岩层的折射波，通过测量折射波传播的时间和波形，来判断介质内部的性质。在采用该方法时，下覆岩土层的波速大于覆盖层的波速，发射换能器和接收换能器的距离应大于盲区。该方法多应用于确定地层厚度、岩层波速等。

3.2.5.4 剖面法

剖面法又称沿面法，它把发射换能器和接收换能器布置在同一表面上，通过测量表面直达波传播时间和波形，来判断介质表层的性质。该方法主要用于判断介质的岩体浅部缺陷和材料的性能。

3.2.5.5 钻孔探测法

钻孔探测法是把发射换能器和接收换能器布置在钻孔中，测量孔壁折射波或孔间透射波传播时间和波形，探测岩体特征随孔深的变化。该方法分为单孔测井法和双孔穿透法。单孔测井是发射换能器和接收换能器同时放入一个钻孔，测量折射波；双孔穿透法发射换能器和接收换能器分别放入两个钻孔，测量透射波。

3.3　超声波检测

超声波测试仪用于测试在混凝土、岩石及其他非金属材料中传播的纵向超声波的传播时间和速度，通过这些数据，能够评估材料及结构的强度和质量。这种方法的原理是利用了材料的超声波波速与其物理特性之间的关系。超声波检测仪常用来测厚、测距、测波速以及探伤，前两种属于简单范畴，因此本节主要对后两种进行详细描述。

3.3.1　超声波的特点

（1）超声波声束能集中在特定的方向上，在介质中沿直线传播，具有良好的指向性。

（2）超声波在介质中传播过程，会发生衰减和散射。

（3）超声波在异种介质的界面上将产生反射、折射和波型转换。利用这些特性，可以获得从缺陷界面反射回来的反射波，从而达到探测缺陷的目的。

（4）超声波的能量比声波大得多。

（5）超声波在固体中的传输损失很小，探测深度大。由于超声波在异质界面上会发生反射、折射等现象，尤其是不能通过气体固体界面，如果金属中有气孔、裂纹、分层等缺陷（缺陷中有气体）或夹杂，超声波传播到金属与缺陷的界面处时，就会全部或部分反射。反射回来的超声波被探头接收，通过仪器内部的电路处理，在仪器的荧光屏上就会显示出不同高度和有一定间距的波形，可以根据波形的变化特征判断缺陷在工件中的深度、位置和形状。

3.3.2　超声波声速测量

超声波在介质中的传播速度与介质的特性及状态有关，因而通过介质中声速的测定，可以了解介质的特性或状态变化。例如，测量氯气（气体）、蔗糖（溶液）的浓度、氯丁橡胶乳液的密度，以及输油管中不同油品的分界面等，这些问题都可以通过测定这些物质中的声速来解决。实验室内声速测量较为简单，但是比室外测量精密。

3.3.2.1　实验室内超声波声速测量

声速测量仪由发射器、接收器、游标卡尺组成，见图3-5。当一交变正弦电压信号加在发射器上时，由于压电晶片的逆压电效应，产生机械振动发生超声波。由可移动的接收器将接收的声振动转化为电振动信号输至示波器。接收器的位置由游标卡尺读数确定。图3-5所示为一种声速测量仪。

声速测量仪的使用方法为：左击或右击换能器，可以改变换能器面与水平方向的夹角。按下右边换能器进行拖动，可以改变两个换能器之间的距离。点击或按下窗体中上部的微调按钮，可以缓慢改变两个换能器之间的距离。

A　信号发生器

图3-6是一种多功能信号发生器，可以输出正弦波、方波、三角波三种波形的交变信

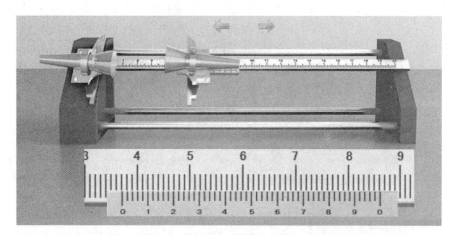

图 3-5 声速测量仪

号，信号频率范围为 10Hz～2000kHz，既可分档调节，又可连续调节。信号幅度可连续调节。

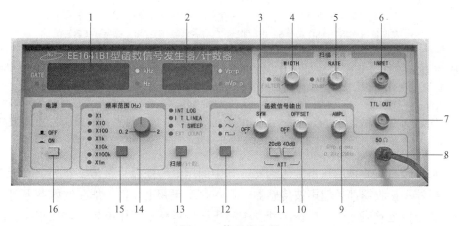

图 3-6 信号发生器

1—频率显示窗口；2—幅度显示窗口；3—输出波形，对称性调节旋钮（SYM）；4—速率调节旋钮（WIDTH）；
5—扫描宽度调节旋钮（RATE）；6—外部输入插座（INPUT）；7—TTL 信号输出端（TTL OUT）；
8—函数信号输出端；9—函数信号输出幅度调节旋钮（AMPL）；10—函数信号输出信号直流电平
预置调节旋钮（OFFSET）；11—函数信号输出幅度衰减开关（ATT）；12—函数输出波形选择按钮；
13—"扫描/计数"按钮；14—频率范围细调旋钮；15—频率范围选择按钮；16—整机电源开关

B　示波器

示波器是一种用途十分广泛的电子测量仪器，如图 3-7 所示。它能把肉眼看不见的电信号变换成看得见的图像，便于人们研究各种电现象的变化过程。利用示波器能观察各种不同信号幅度随时间变化的波形曲线。

C　测试原理

声波的传播速度 v 与声波频率 f 及波长 λ 的关系为：

$$v = f\lambda$$

测出声波的频率和波长，就可以求出声速，其中超声波的频率可从信号发生器中的频率显示读出，超声波的波长可用相位法测出。

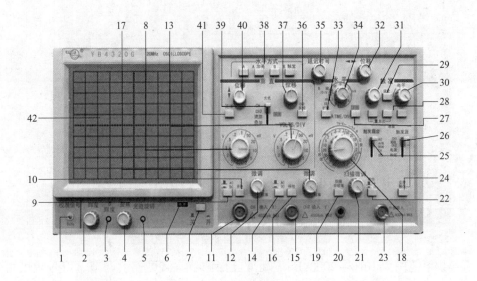

图 3-7 示波器

1—校准信号输出端子（CAL）；2，4—辉度旋钮（INTENSITY）；3—辉度指示灯；

5—灰度旋钮（INTENSITY）；6—电源指示灯；7—电源开关；8，13—衰减器开关；

9，10，14，16—交流—直流—接地耦合选择开关（AC—DC—GND）；11—通道 1 输入端；

12，17—垂直微调旋钮；15—通道 2 输入端；18—主扫描因素选择开关；19—扫描非校准状态开关键；20—接入端口；

21—扫描微调控制键；22—触发极性按钮；23—外触发输入插座；24—交替触发；25—触发耦合；

26—触发源选择开关；27—X-Y 控制键；28—触发方式选择；29—电平锁定；30—触发电平旋钮；31—释抑；

32—水平位移；33—扩展控制键；34—延时扫描 B 时间系数选择开关；35—时间选择旋钮；36—CH2 极性开关；

37，40—垂直移位；38—水平工作方式选择；39—垂直方式工作开关；41—微调旋钮；42—显示屏

产生和接收超声波是用超声波传感器，其中的压电陶瓷晶片是传感器的核心，声速测量仪的发射器和接收器都是超声波传感器。当一交变正弦电压信号加在发射器上时，由于压电晶片的逆压电效应，产生机械振动发生超声波。可移动的压电超声波接收器，由于压电晶片的正压电效应，将接收的声振动转化为电振动信号。本试验中压电陶瓷晶片的固有频率为 40kHz，当正弦电压信号的频率调节到 40kHz 时，传感器发生共振，输出的超声波能量最大。

在 40kHz 附近微调外加电信号的频率，当接收传感器输出的电信号幅度达到最大时，可以判断电信号与发射传感器已达到共振。

沿着波传播方向上的任何两个相位差为 2π 整数倍的位置之间的距离等于波长的整数倍，即 $l = n\lambda$（n 为正整数）。沿传播方向移动接收器，总可以找到一个位置使得接收器的信号与发射器的激励信号同相，继续移动接收器，接收的信号再一次和发射器的激励信号同相时，移过的这段距离必然等于超声波的波长。

为了判断相位差，可根据两个相互垂直的简谐振动的合成所得到的利萨如图形来测定。将正弦电压信号加在发射器上的同时接入示波器的 X 输入端，将接收器接收到的电振动信号接到示波器的 Y 输入端，

根据振动和波的理论，设发射器 S_1 处的声振动方程为：

$$x = A_1\cos(\omega t + \varphi_1)$$

若声波在空气中的波长为 λ，则声波沿波线传到接收器 S_2 处的声振动方程为：

$$x = A_2\cos(\omega t + \varphi_2) = A_2\cos\left[\omega t + \varphi_1 - \frac{2\pi(x_2 - x_1)}{\lambda}\right]$$

S_1 处和 S_2 处的声振动的相位差为：

$$\Delta\varphi = \varphi_2 - \varphi_1 = -\frac{2\pi(x_2 - x_1)}{\lambda}$$

负号表示 S_2 处的相位比 S_1 处落后，其值取决于发射器与接收器之间的距离 $(x_2 - x_1)$。

示波器 Y 轴和 X 轴的输入信号是两个频率相同但有一定相位差的正弦波，而荧光屏上光点的运动则是频率相同、振动方向相互垂直的两个简谐振动的合运动，合运动的轨迹方程为：

$$\frac{x^2}{A_1^2} + \frac{y^2}{A_2^2} - \frac{2xy}{A_1 A_2}\cos(\varphi_1 - \varphi_2) = \sin^2(\varphi_2 - \varphi_1)$$

该方程是椭圆方程，椭圆的图形由相位差决定。

图 3-8 给出了相位差从 0 到 2π 之间几个特殊值的图形。假如初始时图形如图 3-8（a），接收器移动距离为半波长 $\frac{\lambda}{2}$ 时，图形变化为图 3-8（c），接收器移动距离为一个波长 λ 时，图形变化为图 3-8（e），所以通过对利萨如图形的观测，就能确定声波的波长。在两个信号同相或反相时呈斜直线来判断相位差的大小，其优点是斜直线情况判断相位差最为敏锐。

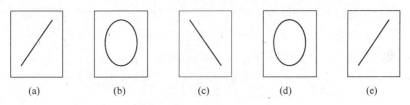

$$\text{（a）}\qquad\text{（b）}\qquad\text{（c）}\qquad\text{（d）}\qquad\text{（e）}$$

图 3-8　同频率垂直振动合成的利萨如图形

（a）$\Delta\varphi=0$；（b）$\Delta\varphi=\pi/2$；（c）$\Delta\varphi=\pi$；（d）$\Delta\varphi=3\pi/2$；（e）$\Delta\varphi=2\pi$

D　试验步骤

（1）连接及调试声速测量系统。按图 3-9 连接信号源、声速测试仪及示波器，接通仪器电源，使仪器预热 15min 左右。观察 S_1 和 S_2 是否平行。

（2）谐振频率的调节。根据测量要求初步调节好示波器。将信号源输出的正弦信号频率调节到换能器的谐振频率，以使换能器发射出较强的超声波，能较好地进行声能与电能的相互转换，以得到较好的试验效果，方法如下：

1）将测试方式设置到连续方式，按下 CH1 开关，调解示波器，能清楚地观察到同步的正弦信号。

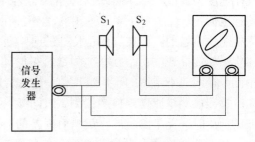

图 3-9　声速测量系统

2) 调解信号源上的"发射强度"旋钮，使其输出电压在20Vp-p左右。将 S_1 和 S_2 靠近，按下 CH2 开关，调整信号频率，观察接收波的电压幅度变化，在某一频率点处（34.5～39.5kHz 之间，因不同的换能器或介质而异）电压幅度最大，改变 S_1、S_2 的距离，使示波器的正弦波振幅最大，再次调节正弦信号频率，直至示波器显示的正弦波振幅达到最大值，此频率即是压电换能器 S_1、S_2 相匹配的频率点，记录此频率 f。

（3）相位比较法测声速。

1) 调节 S_2 靠近 S_1 但不能接触，由近而远改变 S_2 的位置，观察示波器，记录相继出现 10 个振幅极大值所对应的各接收面的位置 x_i（$i=0$, 1, 2, …, 10）。

2) 将示波器打到"X-Y"显示方式，适当调节示波器，出现利萨如图形。

3) 移动 S_2 并观察示波器上利萨如图形的变化，选择图形为某一方向的斜线时的位置为测量的起点，连续记录 12 组图形为相同方向斜线时 S_2 的位置 x_i'（$i=0$, 1, 2, …, 9）。

4) 用逐差法处理数据，求出波长 λ。

3.3.2.2　超声波声速测量工程实例

（1）工程背景。凡口铅锌矿深部矿体埋藏深、地应力高。深部开拓工程建设表明，深部岩体比上部岩体要破碎，巷道冒顶、片帮现象显著增多，局部工程破坏严重，表现出明显的地压现象。为确保安全生产，建立了一套多通道全数字型微震监测系统，采用微震监测技术对深部矿床开采进行地压监测。为了解深部岩体的声传播特性、合理选择微震监测系统的设备及传感器，以及系统布置，进行了此次深部岩体声波传播速度测试。

（2）测试方法。时间参数的测试采用 CE9201 岩土工程质量检测仪，CE9201 检测仪是一种多功能智能化仪器，该仪器采用专门设计的机内电脑与大屏幕液晶显示器，通过密封键盘和液晶显示器进行人机对话，可进行现场数据采集、现场处理、打印结果并存储数据与结果，随机备有 PC 机处理软件。测试流程如图 3-10 所示。

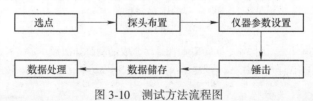

图 3-10　测试方法流程图

（3）测试原理。岩体测试系利用弹性波在岩体中的传播特征，用瞬态（锤击或电火花源）及稳态（发射探头）声波激发讯号，通过探头接收系统，测定某一路径的声波传播走时，根据其路径距离计算波速，其示意图如图 3-11 所示。岩体声传播速度的确定是利用速度公式 $v_i = l/t$ 求得每次锤击所得岩体声传播速度，再利用所得的各速度值求出平均速度值 $v_p = (v_1 + \cdots + v_n)/n$，其中 v_i 为声波在岩体中的传播速度；l 为皮尺测量岩体长度；t 为检测仪测量的声波在岩体中传播的时间差；v_p 为在相同距离、相同采样间隔下声波在岩体中平均传播速度；v_n 为每次测量所得的速度值；n 为测量次数。最后，采用不同距离、不同采样间隔下求得的平均速度值 v 作为岩体的声传播速度，这样可以减少测量误差。

检测仪测试原理：检测仪测试时间参数是利用外触发（锤击）、两通道检波器接收声波的前后时间差来测量的，读取时间差的关键在于波形初始点的确定。

（4）探头布置。此次测试对象是深部矿体及围岩，测点的选定在一定程度上影响测

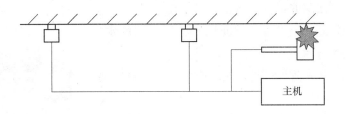

图 3-11　岩体波速测试示意图

试数据的准确性。因此，现场测试过程中测点一般布置在具有代表性的矿岩表面，布置在锤音清脆的巷壁上，尽量减小波形衰减，减少测量的误差。

（5）数据处理。

3.3.3　超声波探伤

超声波探伤是利用材料及其缺陷的声学性能差异对超声波传播波形反射情况和穿透时间的能量变化来检验材料内部缺陷的无损检测方法。无损检测是在不损坏工件或原材料工作状态的前提下，对被检验部件的表面和内部质量进行检查的一种检测手段。

脉冲反射法在垂直探伤时用纵波，在斜射探伤时用横波。脉冲反射法有纵波探伤和横波探伤。在超声波仪器示波屏上，以横坐标代表声波的传播时间，以纵坐标表示回波信号幅度。对于同一均匀介质，脉冲波的传播时间与声程成正比。因此，可由缺陷回波信号的出现判断缺陷的存在，又可由回波信号出现的位置来确定缺陷距探测面的距离，实现缺陷定位，还可以通过回波幅度来判断缺陷的当量大小。

3.3.3.1　超声波仪器

超声波仪器包括主机（见图 3-12）、探头 1 只（见图 3-13，高精度直探头、斜探头选 1 只）、探头线（见图 3-14）、锂电池（内含）、充电器、电源连接线。

图 3-12　主机

图 3-13　探头

3.3.3.2　超声波检测的步骤

（1）检测前的准备。

1）熟悉被检工件（工件名称、材质、规格、坡口形式、焊接方法、热处理状态、工件表面状态、检测标准、合格级别、检测比例等）。

2）选择仪器和探头（根据标准规定及现场情况，确定探伤仪、探头、试块、扫描比例、探测灵敏度、探测方式)。

3) 仪器的校准（在仪器开始使用时，对仪器的水平线性和垂直线性进行测定）。

4) 探头的校准（进行前沿、折射角、主声束偏离、灵敏度余量和分辨力校准）。

图 3-14　探头线

5) 仪器的调整（时基线刻度可按比例调节为代表脉冲回波的水平距离、深度或声程）。

6) 灵敏度的调节（在对比试块或其他等效试块上对灵敏度进行校验）。

(2) 检测操作。

1) 用连接线连接探头和主机，并按下 ON 键打开主机，并重置仪器。

2) 选择合适的通道号后，打开通道，设置探头参数和声速（一般系统会默认一个声速）。

3) 点击测量，并将探头在试件上缓慢移动，当发现缺陷波的时候，按下定量键，此时主机将记录 AVG 曲线并保存。

(3) 检验结果及评级。根据缺陷性质、幅度、指示长度依据相关标准评级。

(4) 对仪器设备进行校核复验。

(5) 出具检测报告。

3.3.3.3　超声波探伤的优缺点

超声波探伤的优点是检测厚度大、灵敏度高、速度快、成本低、对人体无害，能对缺陷进行定位和定量。超声波探伤对缺陷的显示不直观，探伤技术难度大，容易受到主客观因素影响，探伤结果不便于保存。超声波检测要求工作表面平滑，只有富有经验的检验人员才能辨别缺陷种类，适合于厚度较大的零件检验，使超声波探伤也具有其局限性。

超声波探伤仪的种类繁多，但脉冲反射式超声波探伤仪应用最广。一般在均匀材料中，缺陷的存在将造成材料不连续，这种不连续往往又造成声阻抗的不一致。由反射定理我们知道，超声波在两种不同声阻抗的介质界面上会发生反射，反射回来的能量大小与交界面两边介质声阻抗的差异和交界面的取向、大小有关。脉冲反射式超声波探伤仪就是根据这个原理设计的。

脉冲反射式超声波探伤仪大部分都是 A 扫描式的。所谓 A 扫描显示方式，即显示器的横坐标是超声波在被检测材料中的传播时间或者传播距离，纵坐标是超声波反射波的幅值。譬如，在一个工件中存在一个缺陷，由于缺陷的存在，造成了缺陷和材料之间形成了一个不同介质之间的交界面，交界面之间的声阻抗不同，发射的超声波遇到这个界面之后就会发生反射，反射回来的能量又被探头接收到，在显示器屏幕中横坐标的一定位置就会显示出来一个反射波的波形，横坐标的这个位置就是缺陷波在被检测材料中的深度。这个反射波的高度和形状因不同的缺陷而不同，从而反映缺陷的性质。

3.4 微震、声发射监测

3.4.1 概述

国内外大量研究资料表明，岩体在破坏之前，必然持续一段时间以声的形式释放积蓄的能量，这种能量释放的强度，随着结构临近失稳而变化。每一个声发射与微震都包含着岩体内部状态变化的丰富信息，对接收到的信号进行处理、分析，可作为评价岩体稳定性的依据。因此，可以利用岩体声发射与微震的这一特点，对岩体的稳定性进行监测，从而预报岩体塌方、冒顶、片帮、滑坡和岩爆等地压现象。室内研究表明：当对岩石试件增加负荷时，可观测到试件在破坏前的声发射与微震次数急剧增加，当负荷加到其破坏强度的60%时，几乎所有的岩石会出现声发射与微震现象，其中有的岩石即使负荷加到其破坏强度的20%，也可发生这种现象，其频率约为 $10^3 \sim 10^4$ Hz。

当岩体受到外力作用，例如地下残余应力、人为或自然界对岩体产生扰动引发的应力集中等，一旦外力超过岩体的强度，将使岩体内部破坏。这种破坏往往要经历一个过程，开始时局部产生微破裂，出现一些新的裂隙，当外应力增加，这种破裂的数量（次数）继续增加，新生的裂隙增加并延伸。如果外应力再增加，上述现象会累积发展，最终造成整块岩体破损坍塌。在上述岩体受力破坏的过程中，每产生一次破裂，能量被释放并转换成一次脉冲波动，形成一组声脉冲，称为"声发射"。每出现一次声发射，称为一次声发射"事件"。

声发射系统由声发射传感器、前置放大滤波器、信号处理系统三部分组成。将探头固定在试样上，将岩石试样在受压时产生的弹性波转化为电信号，通过放大滤波器对采集的AE信号进行放大、滤波、转换等处理，并将转换后的AE信号传输到信号采集处理系统，对采集的信号进行对比与特征分析。

3.4.2 测量仪器设备

美国物理声学公司（PAC）生产的6通道PCI-Ⅱ型声发射信号采集分析系统，如图3-15所示。整个监测系统由传感器、前置放大器、插入声发射处理卡的主机和处理软件组成，能够对声发射信号实时地采集、存储，在与之相连的计算机平台上记录、显示相关参数变化曲线和波形曲线。

3.4.2.1 传感器

声发射传感器是利用某些物质（如半导体、陶瓷、压电晶体、强磁性体和超导体等）的物理特性随着外界待测量作用而发生

图 3-15 声发射监测系统

变化的原理制成的。它利用了诸多的效应（包括物理效应、化学效应和生物效应）和物理现象，如利用材料的压阻、湿敏、热敏、光敏、磁敏和气敏等效应，把应变、湿度、温度、位移、磁场、煤气等被测量变换成电量。而新原理、新效应的发现和利用，新型物性

材料的开发和应用，使物性型声发射传感器得到很大的发展。因此，了解声发射传感器所基于的各种效应，对其理解、开发和应用都是非常必要的。在声发射检测过程中，通常使用的是压电效应。图 3-16 所示为一种陶瓷声发射探头。

图 3-16　声发射探头

3.4.2.2　前置放大器

声发射信号经换能器转换成电信号，其输出可低至十几微伏，这样微弱的信号若经过长的电缆输送，可能无法分辨出信号和噪声。设置低噪前置放大器，其目的是增大信噪比，增加微弱信号的抗干扰能力。前置放大器的增益为 40~60dB，图 3-17 所示为 PAC 配套的一种前置放大器。

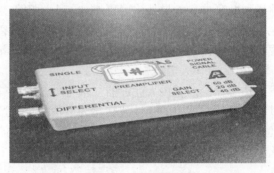

图 3-17　前置放大器

3.4.2.3　数据采集系统

AEwin 是 32 位的 Windows 软件，可以运行于 PAC 公司的多种产品上，进行数据的采集和重放，其数据采集界面如图 3-18 所示。它可以在 Windows 98/ME/2000/XP 等操作系统下运行。AEwin 软件容易学习、操作及使用，不但具有采集图像及分析等全面功能，而且增加了许多更新的增强功能以简化数据分析及显示任务。在桌面上还可以同时运行多个 AEwin 窗口界面，可以让其中一个进行数据采集和实时显示，另外一个或几个进行已有数据的重放和分析。

项目文件的设置一般要在试验前提前通过 AEwin Windows 软件进行设置，基本设置如下：

（1）硬件参数设置。选择此菜单后，设置界面如图 3-19 所示。

1）设置通道数。在通道数设置文本框中，输入此次试验所用的传感器个数。

2）波形类型设置。声发射波形分为突发波和连续波，默认值为突发波。

3）浮动门槛设置。系统默认，不用调整。

4）外部模拟量选择。外部模拟量是试验机的压力（最大量程 2000，单位：kN）。

图 3-18　数据采集界面

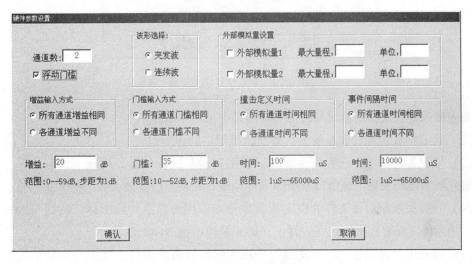

图 3-19　硬件参数设置界面

5）增益设置（一般不用改）。增益的设置范围：0~60dB，步距为 1dB，不高于门槛设置值（煤块的值小于岩石的）。默认值为 20dB。

6）门槛设置（一般不用改）。门槛的设置范围：10~53dB，步距为 1dB，输入方法与增益设置相同，默认值为 35dB。

（2）参数设置总览。当所有的参数和选项都设置完毕，可以用鼠标点击此菜单，弹出一参数和选项设置表，检查所有设置是否正确，参数设置总览图如图 3-20 所示。

3.4.3　测试步骤

3.4.3.1　试样制备

在现场测试区域钻孔取岩石试样，标注和记录岩石试样在原环境中的方向。为了获得测点的三维应力状态，需在岩石试样上沿着六个不同方向制备试样。

3.4.3.2　声发射测试

（1）将连接有探头的数据线的另一端与前置放大器的输入端连接；另外的一条数据

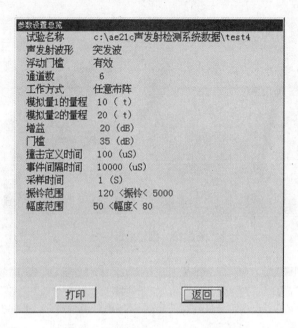

图 3-20　参数设置总览界面

线一端连接前置放大器的输出端，另一端连接声发射采集主机。

（2）将岩样放置在加载系统上，并使压机固定岩样。

（3）依照事件尺寸，设置项目文件；根据实验室试验机及环境噪声影响水平，设置声发射监测系统的采集门槛值以及所需采样频率，并调整前置放大器上的采集门槛。

（4）将探头依据项目文件的设定准确地分布。探头需涂抹凡士林，使其与岩样密切接触，并用橡皮泥将探头固定在岩样上，防止其因机械振动而脱落。

（5）打开声发射设备，对声发射探头依次进行轻微的敲打，观测声发射采集系统是否有数据显示，以确定探头的连接是否良好。

（6）重置声发射采集系统，同时开启加载系统和声发射设备，保证数据同时记录；当事件破坏后，停止数据采集，并保存。

3.4.3.3　数据处理

数据处理详见本书第 7 章。

3.4.3.4　注意事项

（1）声发射属于精密仪器，在安装和使用过程中一定要轻拿轻放，尤其是探头。

（2）为了准确地测量，试验测试前，应对测试环境有详细的了解，合理地设置门槛值。

（3）声发射传感器必须与所测物体紧密接触，以确保足够的声耦合，传感器可用瓷夹具、胶带或其他机械设备固定。

（4）传感器的布置首先应考虑的是必须探测诸如高应力区、几何不连续区等有缺陷或易于发生破坏的地方，但应避免大开口部位对声信号的屏蔽和衰减。

习题与思考题

3-1 声波的激发方式有哪些，各有什么优缺点？

3-2 对比五种声波的检测方法，描述其适用条件？

3-3 声波探测系统由哪几部分组成，各部分的作用是什么？

3-4 超声波是如何产生的？

3-5 超声波测距的优缺点有哪些？

3-6 声发射现象的影响因素有哪些？

3-7 声发射操作应当注意哪些事项？

3-8 声发射在操作过程中减小误差的方法有哪些？

4 岩体振动测试

在物质的运动中，振动和冲击是运动的主要形式，是自然界中广泛存在的现象。振动问题是近代工程领域中的重要课题。随着生产技术的发展，动力结构有向大型化、高速化、复杂化和轻量化发展的趋势。由此而带来的振动问题更为突出。振动是许多专业技术的基础，它在航空、航天、机械、船舶、车辆、建筑和水利等工业技术部门中占有愈来愈重要的地位。因此，掌握振动测试技术中的基本概念、原理、分析方法和测试技术，对解决工程实际问题中的振动问题是十分重要的。

4.1 振动测试原理

4.1.1 振动信号分类

振动信号按时间历程的分类如图 4-1 所示，即将振动分为确定性振动和随机振动两大类。

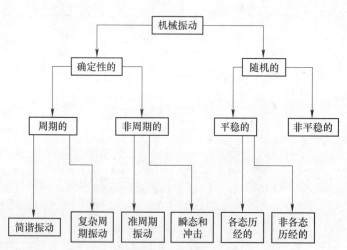

图 4-1 振动信号的分类

确定性振动可分为周期性振动和非周期性振动。周期性振动包括简谐振动和复杂周期振动。非周期性振动包括准周期振动和瞬态振动。准周期振动由一些不同频率的简谐振动合成，在这些不同频率的简谐分量中，总会有一个分量与另一个分量的频率之比值为无理数，因而是非周期振动。

随机振动是一种非确定性振动，它只服从一定的统计规律性，可分为平稳随机振动和非平稳随机振动。平稳随机振动又包括各态历经的平稳随机振动和非各态历经的平稳随机振动，仪器设备的振动信号中既包含有确定性的振动，又包含有随机振动，但对于个别线性振动系统来说，振动信号可用谱分析技术化作许多谐振动的叠加。因此，简谐振动是最基本也是最简单的振动。

4.1.2　振动测量方法分类及简单原理

振动测量方法按振动信号转换的方式可分为电测法、机械法和光学法，其简单原理和优缺点见表 4-1。

表 4-1　振动测量方法分类及简单原理

名称	原　　理	优缺点及应用
电测法	将被测对象的振动量转换成电量，然后用电量测试仪器进行测量	灵敏度高，频率范围及动态、线性范围宽，便于分析和遥测，但易受电磁场干扰。是目前最广泛采用的方法
机械法	利用杠杆原理将振动量放大后直接记录下来	抗干扰能力强，频率范围及动态、线性范围窄、测试时会给工件加上一定的负荷，影响测试结果，用于低频大振幅振动及扭振的测量
光学法	利用光杠杆原理、读数显微镜、光波干涉原理，激光多普勒效应进行测量	不受电磁干扰，测量精度高，适于对质量小及不易安装传感器的试件作非接触测量。在精密测量和传感器、测振仪标定中用得较多

4.2　测振仪响应特性

由于各种测振传感器性能不在振动测量中，而根据测试目的和实际条件，合理地选用测振传感器是十分重要的，选择不当往往会影响测量精度，甚至得出错误的结论。振动的响应是振动系统拾振部分对各个谐振动响应的叠加，这就需要运用线性系统的叠加原理加以处理。在许多情况下，例如惯性式测振传感器，振动系统的振动是由载体的运动所引起的。设载体的绝对位移为 z_1，质量块 m 的绝对位移为 z_0，则质量块的运动方程为：

$$m\frac{\mathrm{d}^2 z_0}{\mathrm{d}t^2} + c\frac{\mathrm{d}(z_0 - z_1)}{\mathrm{d}t} + k(z_0 - z_1) = 0$$

质量块 m 相对于载体的相对位移为：

$$z_{01} = z_0 - z_1$$

则上式可改写成：

$$m\frac{\mathrm{d}^2 z_{01}}{\mathrm{d}t^2} + c\frac{\mathrm{d}z_{01}}{\mathrm{d}t} + kz_{01} = -m\frac{\mathrm{d}^2 z_1}{\mathrm{d}t^2}$$

设载体的运动作为谐振动，即

$$z_{1<t>} = z_{1m}\sin\omega t$$

则有：

$$m\frac{\mathrm{d}^2 z_{01}}{\mathrm{d}t^2} + c\frac{\mathrm{d}z_{01}}{\mathrm{d}t} + kz_{01} = m\omega^2 z_{1m}\sin\omega t$$

则有以下几种情形的响应特性：

（1）z_{01} 相对于载体的振动位移 z_1，此时相当于测振仪处于位移计工作状态下，幅频特性和相频特性分别为：

$$A_d = \frac{z_{01m}}{z_{1m}} = \frac{(\omega/\omega_n)^2}{\sqrt{[1 - (\omega/\omega_n)^2]^2 + (2\zeta\omega/\omega_n)^2}}$$

$$\varphi_d = \arctan\frac{2\zeta(\omega/\omega_n)}{1 - (\omega/\omega_n)^2}$$

其幅频特性曲线和相频特性曲线分别如图 4-2 和图 4-3 所示。

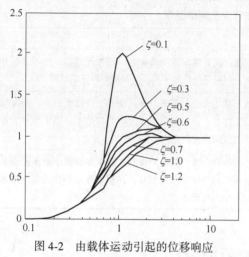

图 4-2　由载体运动引起的位移响应

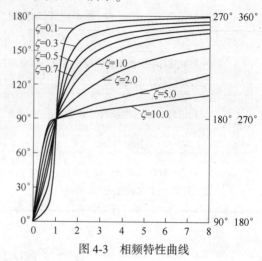

图 4-3　相频特性曲线

（2）z_{01} 相对于载体振动速度，此时相当于测振仪处于速度计的工作状态下，幅频特性和相频特性分别为：

$$A_v = \frac{z_{01m}}{z_{1m}} = \frac{1}{\omega_n\sqrt{(\omega_n/\omega - \omega/\omega_n)^2 + 4\zeta^2}}$$

$$\varphi_v = \arctan\frac{2\zeta(\omega/\omega_n)}{1 - (\omega/\omega_n)^2} + \frac{\pi}{2}$$

其幅频特性曲线和相频特性曲线分别如图 4-4 和图 4-3 所示。

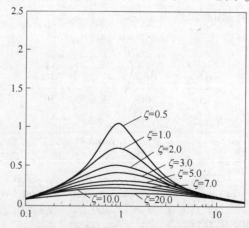

图 4-4　由载体运动引起的速度响应

（3）z_{01} 相对于载体振动加速度，此时相当于测振仪处于加速度计的工作状态下，幅频特性和相频特性分别为：

$$A_a = \frac{z_{01m}}{z_{1m}} = \frac{1/\omega_n^2}{\sqrt{[1-(\omega/\omega_n)^2]^2 + (2\zeta\omega/\omega_n)^2}}$$

$$\varphi_a = \arctan \frac{2\zeta(\omega/\omega_n)}{1-(\omega/\omega_n)^2} + \pi$$

其幅频特性曲线和相频特性曲线分别如图 4-5 和图 4-3 所示。

从图 4-2～图 4-5 可以看出：

（1）测振仪在不同工作状态下，其有效工作区域是不相同的。在位移计状态下，其工作条件为 ">>1"，即工作在过谐振区。对于加速度计来说，其工作条件为 "<<1"，即工作在亚谐振区。而对于速度计来说，则要求其工作在 "=1"，即谐振区附近。

我们知道，当用测振仪测量被测对象的振动时，位移计对被测物的振幅在 z_{1m} 时敏感，而加速度计则对被测物的振动加速度的幅值敏感。因此，位移计总是被用来测量低频大振幅的振动，而高频振动则选用加速度计较为合适。

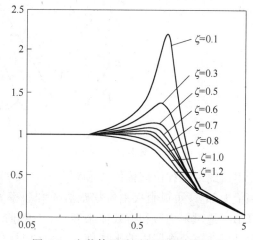

图 4-5 由载体运动引起的加速度响应

根据位移计和加速度计的工作特性和测量范围可以看出，位移计的必须设计得很低，而加速度计的则要设计得很高。因此，通常位移计的尺寸和重量较大，而加速度计的尺寸和重量很小。

（2）阻尼比的取值对测振仪幅频特性和相频特性都有较大的影响。对位移计和加速度计而言，当取值在 0.6～0.8 范围内时，幅频特性曲线有最宽广而平坦的曲线段，此时，相频特性曲线在很宽的范围内也几乎是直线。对于速度计而言，则是阻尼比越大，可测量的频率范围越宽。因此，在选用速度计测量振动速度的响应时，往往使其在很大的过阻尼状态下工作。

4.3 振动测试参数选择与处理

4.3.1 振动的测试参数选择

4.3.1.1 简谐振动中的测试参数

位移、速度和加速度为时间谐和函数的振动称为简谐振动，这是一种最简单最基本的振动。其函数表达式分别为：

$$x(t) = A\sin(\omega t) = A\sin(2\pi ft)$$

$$v(t) = \omega A\cos(\omega t) = \omega A\sin(2\pi ft + \pi/2)$$

$$a(t) = -\omega^2 A\sin(\omega t) = \omega^2 A\sin(2\pi f t + \pi)$$

式中，A 为位移幅值，cm 或 mm；ω 为振动圆频率，s^{-1}；f 为振动频率，Hz。

$x(t)$、$v(t)$ 和 $a(t)$ 三者之间的相位依次相差 $\pi/2$，如图 4-6 所示。若令：速度幅值 $V=\omega A$，加速度幅值 $a_0 = \omega^2 A$，则有：

$$a_0 = \omega V = \omega^2 A = (2\pi f)^2 A$$

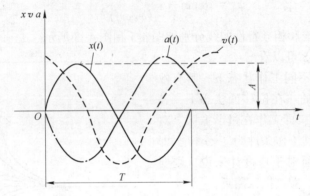

图 4-6   简谐振动的实测位移、速度、加速度时间历程示意图

由此可见，位移幅值 A 和频率 ω（或 f）是两个十分重要的特征量，速度和加速度的幅值 V 和 a_0 可以直接由位移幅值 A 和频率 f 导出。在测量中，振动测试参数的大小常用峰值、绝对平均值和有效值来表示。所谓峰值是指振动量在给定区间内的最大值，均值是振动量在一个周期内的平均值，有效值即均方根值，它们从不同的角度反映了振动信号的强度和能量。

在测量仪表上，峰值一般用 peak-peak（峰-峰）表示，而有效值则用 RMS（Root Mean Square）表示。位移绝对平均值 u_x 的表达式为：

$$u_x = \frac{1}{T}\int_0^T |x(t)|\,dt$$

绝对平均值亦常用 $\bar{x}$ 来表示。位移有效值 x_{RMS} 的表达式为：

$$x_{RMS} = \sqrt{\frac{1}{T}\int_0^T x^2(t)\,dt}$$

它反映了振动的能量或功率的大小。对于简谐振动，其位移峰值 x_{peak} 就是它的幅值 A，而位移的有效值为：

$$x_{RMS} = \sqrt{\frac{1}{T}\int_0^T A^2\sin^2(\omega t)\,dt} = \frac{1}{\sqrt{2}}A$$

峰值与有效值之比，称为波峰系数或波峰指标。简谐振动的波峰系数为：

$$F_c = \frac{A}{x_{RMS}} = \sqrt{2}$$

有效值与均值之比，称为波形系数。对于简谐振动，其波形系数为：

$$F_f = \frac{x_{RMS}}{u_x} = \frac{\pi}{2\sqrt{2}}$$

波峰系数 F_c 和波形系数 F_f 反映了振动波形的特征，是机械故障诊断中常用来作为判据的两个重要指标。

在振动测试过程中，为了计算、分析方便，除了用线性单位表示位移、速度和加速度外，在分析仪中还常用"dB"（分贝）来表示，称为振动级。这种量纲是以对数为基础的，其规定分别如下：

$$x_{dB} = 20\lg \frac{x_1}{x_2} dB$$

$$v_{dB} = 20\lg \frac{v_1}{v_2} dB$$

$$a_{dB} = 20\lg \frac{a_1}{a_2} dB$$

式中，a_1 为测量而得的加速度均方根值（有效值）或峰值，mm/s^2；a_2 为参考值，一般取 $10^{-2}mm/s^2$，或取 1；v_1 为测量而得的速度均方根值（有效值）或峰值，mm/s；v_2 为参考值，一般取 $10^{-5}mm/s$，或取 1；x_1 为测量而得的位移均方根值（有效值）或峰值，mm；x_2 为参考值，一般取 $10^{-8}mm$，或取 1。

采用对数量纲时，前述简谐振动的波峰系数 F_c 和波形系数 F_f 可分别表示为：

$$F_c = 20\lg\sqrt{2} = 3dB$$

$$F_f = 20\lg \frac{\pi}{2\sqrt{2}} \approx 1dB$$

4.3.1.2 有阻尼系统自由衰减振动中的测试参数

在振动测试过程中，当振动系统中有阻尼作用时，其振动规律为衰减振动。例如，当认为阻尼与速度的一次方成正比时，其运动微分方程为：

$$m\ddot{x} + c\dot{x} + kx = 0$$

解得振动的位移函数为：

$$x(t) = Ae^{-nt}\sin\left(\sqrt{p_n^2 - n^2}t + a\right)$$

$$x(t) = Ae^{-nt}\sin(p_d t + a)$$

$$x(t) = Ae^{-nt}\sin(2\pi f_d t + a)$$

式中，A 为初始位移振幅；c 为阻尼系数，n 为衰减系数，即 $2n = c/m$；p_d 为振动的角频率，$p_d = \sqrt{p_n^2 - n^2}$；$p_d = 2\pi f_d$；f_d 为振动频率，$f_d = 1/T_d$；T_d 为振动周期；a 为初相位。

这种衰减振动的实测振动波形示意图如图 4-7 所示。

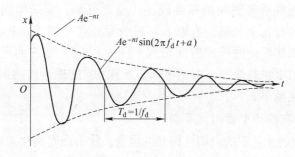

图 4-7 衰减振动的实测波形

由此可知，在振动测试过程中，除了振幅 A、振动频率 f_d、振动周期 T_d 之外，衰减系数 n 或阻尼系数 c 也是一个重要的特征量，且只能通过振动测试求出。

4.3.1.3 复杂周期振动中的测试参数

复杂周期振动是由一系列频比 f_n/f_m（或 ω_n/ω_m，$n \neq m$）为有理数的简谐振动叠加而成。当自变量增加到某一定值时，其函数值又恢复到同一个值，所以复杂周期振动又简称为周期振动，用周期性函数表示为：

$$x(t) = x(t \pm nT) = x(t \pm n/f_1) \quad n = 1, 2, \cdots$$

式中，T 为周期，f_1 称为基频。复杂周期振动可以按如下公式展开为傅里叶级数：

$$x(t) = \frac{x_0}{2} + \sum_{n=1}^{\infty} (a_n \cos n\omega_1 t + b_n \sin n\omega_1 t)$$

$$x(t) = \frac{x_0}{2} + \sum_{n=1}^{\infty} x_n \sin(n\omega_1 t + \varphi_n)$$

其中

$$x_n = \sqrt{a_n^2 + b_n^2}$$

$$\varphi_n = \arctan\left(\frac{b_n}{a_n}\right)$$

$$x_0 = \frac{2}{T} \int_{-\frac{T}{2}}^{\frac{T}{2}} x(t) \, dt$$

$$a_n = \frac{2}{T} \int_{-\frac{T}{2}}^{\frac{T}{2}} x(t) \cos n\omega_1 t \, dt = \frac{2}{T} \int_{-\frac{T}{2}}^{\frac{T}{2}} x(t) \cos n 2\pi f_1 t \, dt$$

$$b_n = \frac{2}{T} \int_{-\frac{T}{2}}^{\frac{T}{2}} x(t) \sin n\omega_1 t \, dt = \frac{2}{T} \int_{-\frac{T}{2}}^{\frac{T}{2}} x(t) \sin n 2\pi f_1 t \, dt$$

式中，x_n 为第 n 次谐波分量的幅值；φ_n 为相位差；x_0 为均值；a_n 为余弦分量；b_n 为正弦分量；ω_1（或 f_1）为基频，其余为倍频。与基频对应的分量称为基波，与倍频相对应的分量均称为高次谐波。

以频率 f 为横坐标，幅值 x_n 或相位差 φ_n 为纵坐标，绘制成的曲线图称为频谱曲线图，并分别称为幅频曲线图或相频曲线图。这种分析方法称为频谱分析法，它基于傅里叶级数展开定理。复杂周期振动的频谱曲线图为离散谱。图 4-8（a）表示在实测中得到的两个简谐振动合成的周期振动曲线的时间历程记录，在实际测试中虚线是没有的，它是数据处理后经计算而得到的简谐振动分量的时间历程。图 4-8（b）是它经后续设备分析仪数据处理后得到的幅频曲线图。由此可知，复杂周期振动不一定包括全部谐波成分，有时只有几个分量，有时其基频分量也可以没有。图 4-8（c）表示在实测中记录的一矩形周期振动曲线的时间历程。图 4-8（d）是它的记录时间历程信号经数据处理后所得到的幅频曲线图，由图可知，基频为 f 的矩形周期振动的高次谐波的幅值随频率增高而迅速减小。

4.3.1.4 准周期振动中的测试参数

两个或两个以上的无关联的周期性振动的混合，称为准周期性振动（Quasi-periodicvibration），其特点是各频率之比不为有理数。其表达式为：

$$x(t) = \sum_{n=1}^{\infty} x_n \cos(\omega_n t + \varphi_n)$$

式中，各阶频率之比 ω_n/ω_m（$n \neq m$）不为有理数。例如，

$$x(t) = x_1 \sin(2t + \varphi_1) + x_2 \sin(3t + \varphi_2) + x_3 \sin(\sqrt{50t} + \varphi_3)$$

该式虽由三个简谐振动叠加而成，但不是周期性函数，因为 $2/\sqrt{50}$ 和 $3/\sqrt{50}$ 不是有理数（基本周期无限长）；但经测试而得到的频谱仍然为离散谱。

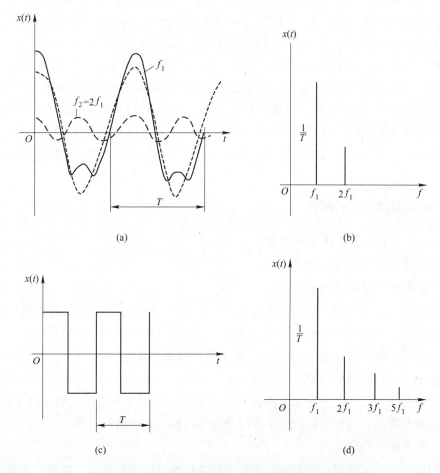

图4-8 复杂周期振动的实测时间历程曲线及相应的幅频曲线图
（a）合成周期振动曲线；（b），（d）幅频曲线图；（c）矩形周期振动曲线

4.3.1.5 非周期振动中的测试参数

若描写机械振动量随时间变化的曲线是非周期的，就称这种振动为非周期振动。

为了进一步分析非周期振动，频谱分析法仍是十分有效的方法。频谱分析法是把一个时间域的振动信号函数转变到频率域函数的一种计算方法。非周期振动的频谱分析法与周期振动的频谱分析法基本思想类似，不同之点是周期振动的频谱分析法是基于傅里叶级数展开，而非周期振动的频谱分析法则基于傅里叶积分。两种方法统称为频谱分析法。

傅里叶积分的数学表达式如下：

如果一个实测的振动信号函数为 $x(t)$，$0<t<T$，则它的傅里叶积分（频谱）为：

$$x(f) = \int_{-\infty}^{+\infty} x(t)\, \mathrm{e}^{-j2\pi ft}\,\mathrm{d}t$$

式中，f 为频率变量；$x(f)$ 为频率 f 的复函数。把 $x(f)$ 转化成模 $|x(f)|$ 与相位角 $\varphi(f)$ 形式，则有：

$$x(f) = |x(f)|\,\mathrm{e}^{\varphi(f)}$$

$|x(f)|$ 与 $\varphi(f)$ 都是频率 f 的实函数。把频率 f 作为横坐标，$|x(f)|$ 或 $\varphi(f)$ 作为纵坐标所绘成的曲线图称为频谱曲线图。由 $|x(f)|$ 绘成的曲线称为幅频曲线，而由 $\varphi(f)$ 绘成的曲线称为相频曲线。但非周期振动的频谱曲线图是连续谱。频谱曲线图是由测试设备中的分析设备对实测信号 $x(t)$ 进行数据处理后自动绘制而成。

由此可知：在工程振动测试中，频谱分析法是很重要的方法。这种方法能够使我们知道被测量的振动信号的频谱量，它为我们正确选择测量方法和仪器提供了重要依据，也为分析机械动力系统的振动特性提供了有效工具。根据系统的振动信号的频谱，就可判断振动系统的动力学特征，在隔振技术中可用来帮助我们确定隔振系统的有关参数及对隔振效果进行进一步检查分析。因此，频谱分析法在工程振动测试中得到了广泛的应用。

4.3.2　振动基本参数的测量

4.3.2.1　简谐振动频率的测量
振动频率测量常用方法如下。

A　用数字式频率计直接测读

振动信号通过传感器、放大器变成电压信号后输入频率计，可直接读出其频率值。此种方法简便，具有较高的精度、稳定性，且不只限于对简单谐波形的测量。

B　振动波形与时标信号比较法（简称录波比较法）

把振动波形的时程曲线记录于记录纸上，同时记录时标信号，然后进行比较。例如，如果时标信号为 1s，则只要计算在两条时标信号间的完整波个数即是振动信号的频率值。为了减少读数误差，有时可以统计十条时标线间的振动个数进行计算。

C　利萨如图形测读法

利用阴极射线示波器观察利萨如图形也能进行振动频率的测量，它的具体方法如下：
将被测的振动信号变为电压信号 y，输入到阴极射线示波器的 y 轴；再用音频信号发生器输出一个正弦电压信号 x，输入到示波器的 x 轴。调动音频信号发生器的信号频率 f_x，当它与被测信号频率 f_y 相等时，示波器上即出现一个椭圆。当两者呈现其他比例关系时，会出现某种特定的图形。

4.3.2.2　振动幅值的测量
A　振动楔测量振幅法

振动楔也称为振动标，它是由一块上面印有三角形的轻质金属薄板或纸板制成。测量振动物体幅值时，将振动楔固定于该物体上，它随着振动物体振动。用振动楔测量振幅简单、直观、方便，但精度较差。其适用范围是：频率大于 10Hz，振幅大于 0.1mm。

B　读数显微镜测振幅法

试验时，可在振动物体上贴一小块金刚砂纸，用灯照亮后，物体静止时，在读数显微镜中可观察到某些反射特别亮的光点。物体振动后，这些亮点即变成为亮线，亮线长度即为振幅 $2A$ 值。

此方法只能用于频率高于 10Hz 的振幅测量，除可观察振幅稳定的周期振动外，还可观察两个方向互相垂直的振动。

C　位移时程曲线的记录

如果需记录位移时程曲线，可用位移传感器进行测量并记录。

4.3.2.3　相位的测量

A　用相位计测读

相位计有模拟式和数字式两种。模拟式相位计输出直流电压，它与输入信号相位差成正比，便于与 x-y 记录仪相配使用；数字式相位计则直接显示相位差角，测量精度较高。

B　波形比较

把被测信号送入双线示波器的 y_1 轴，另外取基准信号输入到示波器的 y_2 轴，调节扫描旋钮，使荧光屏上只出现一个周期波，从波形图中可测读 Δt 及 T 值，则被测信号与基准信号间的相位差值 φ，可由下式计算得到：

$$\varphi = \frac{\Delta t}{T} \times 360°$$

4.3.3　结构动力特性参数测量

结构动力特性参数通常指结构的固有频率、阻尼比、振型等参数。测试方法主要有自由振动法、共振法、脉动法。

自由振动法是借助于外荷载使结构产生一初位移（或初速度），使结构由于弹性而自由振动起来，由此记录下它的振动波形，从而得出其自振特性。激振方法有突加荷载、突卸荷载。

共振法即利用专门的激振设备（电磁式激振器或偏心式起振机等），对结构施加一简谐荷载，使结构产生一恒定的强迫简谐振动，借助共振原理得到结构的自振特性。强迫振动频率可由激振设备的信号发生器调节并读取，或由专门的测速、测频仪读取。

脉动法是借助于被测结构物周围的不规则微弱干扰（如地面脉动、空气流动等）所产生的微弱振动作为激励测定建筑物自振特性的一种方法。这种脉动是经常存在的。此法可反映被测建筑物的固有频率。其最大优点是不用专门的激振设备，简便易行，不受结构物大小的限制。在用脉动法测量结构动力特性时，要求拾振器灵敏度高，测量时只要将拾振器放在被测物上即可。

4.3.3.1　结构固有频率

采用共振法时，共振频率与固有频率有着确定的关系，且存在着位移共振、速度共振、加速度共振三种情况。

（1）位移共振。位移的振幅值达到最大值时，称为位移共振，也就是通常所称的

"共振"。此时，$\omega_y = \omega_0 \sqrt{1-2\xi^2}$，式中 ω_0 为系统的共振频率，$\dfrac{n}{\omega_0} = \xi$。

（2）速度共振。如果测定振动的速度值，当速度达到最大值时，即称速度共振。速度的幅值为 ωA。当有阻尼时，速度共振频率就是结构的固有频率。

（3）加速度共振。如果测定振动的加速度值，当加速度达到最大值时，称为加速度共振。加速度的幅值为 $\omega^2 A$。

4.3.3.2 阻尼比

阻尼比 $\zeta = \dfrac{c}{c_{\text{cr}}} = \dfrac{c}{2m\omega_n}$，$\omega_n$ 为自振频率。对数衰减率为 $\delta = \dfrac{1}{j} \ln \dfrac{u_i}{u_{i+j}}$，代入小阻尼体系阻尼比的近似计算式，可得 $\zeta = \dfrac{1}{2\pi j} \ln \dfrac{u_i}{u_{i+j}}$。

4.3.3.3 振型曲线的测量

对于比较复杂、大型、刚度较大的结构，需用传感器及测振仪器，测出被测结构上各点的振幅（或加速度）值及相位，以绘出其振型曲线。用示波器记录在共振时各点振动信号，然后读出同一瞬时各点振幅值、各振幅间的相位关系，按各点振幅值及相位关系，画出振型曲线。

用双线示波器测量各点间的相位关系，取双线示波器中的一条扫描记录参考点的信号，而参考点可以选取激振力信号或其他信号点。另一条扫描线逐点显示各测点的波形，以参考点波形为基准，与其比较，逐点读出各测点的相位。

动力系数的测定方法：将挠度计（可采用应变式机电百分表）布置在被测结构的跨中处，并连线于动态电阻应变仪及记录仪。而动参数的测量方法有机械式仪表测量、光学式仪表测量及电测量方式。目前，多以电测量方式为主。

4.4 爆破振动测试

4.4.1 爆破振动测试的意义

通过对爆破振动进行监测，一是可以了解和掌握爆破地震波的特征、传播规律、对建筑物的影响及破坏机理等；二是根据测试结果可及时调整爆破参数和施工方法，制定防震措施，指导爆破安全作业，避免或减少爆破振动的危害。

4.4.2 爆破振动测试仪的原理

爆破测振仪是对爆破振动和冲击信号进行长时间现场采集、记录和存储的便携式专用设备。整套仪器由现场采集记录仪、速度或加速度传感器和分析处理软件组成。仪器通过信号接口与传感器直接相连，放置于振动测试点，采集现场振动信号并保存；爆破后通过通信接口与 PC 机连接，分析处理软件读取记录仪内保存数据，并进行显示，分析提取特征参数和打印输出结果。

4.4.3 爆破振动测试仪

目前,爆破测振仪的种类有很多,如低频型爆破测振仪、冲击型爆破测振仪、遥感型爆破测振仪、无线网络测振仪等。现有的成都中科测控研产的无线测振仪,适用于全天候无人值守工程爆破环境振动监测,可用于公路铁路、桥梁及隧道、矿山、大坝边坡、库岸稳定安全监测等类似领域的各种无人值守长期实时远程振动监测。无线网络测振仪及其工作原理图如图 4-9 和图 4-10 所示。

图 4-9 无线网络测振仪

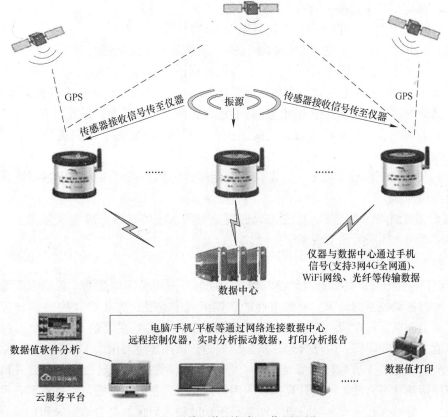

图 4-10 无线网络测振仪工作原理图

4.4.3.1　操作流程

A　现场安装采集

（1）仪器安装。安装 4G 卡，选定测点，刚性固定安装仪器（向上、水平、X 箭头指向振源）。

（2）振动采集。开启设备，采集振动信号（同时采集速度和加速度）。

（3）结果预览。通过笔记本或者平板现场预览测试结果（振动特性值、波形）。

B　振动报告

（1）事件回放。设备与计算机建立通信，回放振动事件。

（2）信息编辑。编辑、填写现场测试相关信息（项目、测点、监测人员、环境信息等）。

（3）提交打印。提交、打印已编辑的振动报告。

（4）登录相应权限账号，远程通过电脑读取分析数据并控制仪器设置相关参数。

4.4.3.2　注意事项

爆破地震效应监测时，不可能在每一处建（构）筑物设置振动测点，而只能有针对性地选取具有代表性的位置进行振动测试。从地震波的传播规律可知，离爆源较近的地方，爆破振动普遍较大，因而进行爆破振动测试时，应遵循以下原则：

（1）选取离爆区最近的建（构）筑物处布置振动测点；

（2）选取居民争议最大处布置振动测点；

（3）在较为重要的建（构）筑物处布置振动测点；

（4）在年久失修抗震能力较弱的建（构）筑物处布置振动测点。

传感器安装时，应该注意定位方向，要使传感器与所测量的振动方向一致，否则会带来测量误差。若测量竖向分量，则使传感器的测振方向垂直于地面；若测径向水平分量，则使传感器的测振方向垂直于由测点至爆心连线方向。传感器安装还有以下几条原则：

（1）若测点表面为坚硬岩石或混凝土，可以采用环氧砂浆、环氧树脂胶、石膏或其他强度黏合剂；

（2）可在浇筑混凝土墩子时，先预埋固定螺栓，然后再用压板将传感器地板与预埋螺栓紧固相连；

（3）如被测表面为土质，可先将表面覆土夯实，将传感器直接埋入夯实土中，用木锤将传感器与土体敲紧使二者紧密接触。

4.4.3.3　工程实例

某电厂一座 150m 高烟囱进行拆除爆破的同时开展爆破振动监测。根据当天爆破振动的特点和对振动控制的要求，有侧重性的在爆区周边重要设施和建（构）筑物旁边分别布设了 6 个测点，每个测点安放 1 台无线测振仪。检测参数主要是 XYZ 三个方向的爆破振动速度、主振频率等，以便合理评价爆破安全。所用传感器用快干石膏粉牢固粘结在地表，各测点传感器 X 方向指向爆区中心。爆破前 2h，将所有测点布设完毕并开机，进入开机等待检测状态。此时，将计算机联入因特网，通过密码认证后可以查看到各台仪器的工作状态，并可进行采集参数设置和调整，振动波输入后仪器会自动记录和传输到远端服务器上。工作人员根据爆破振动的数据和波形，发现 2 号测点振动最大，于是迅速做出分析并电话通知现场有飞石落地影响，及时撤离作业人员，减少甚至避免了人员伤亡。图 4-11~图 4-15 分别为爆破振动记录仪、现场布置图及 2 号测振点的振动图。

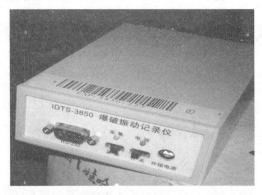

图 4-11　爆破振动记录仪

图 4-12　爆破振动测点布置现场图

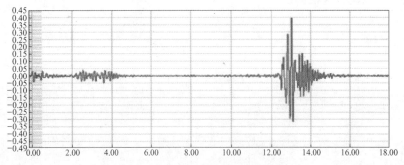

图 4-13　2 号测振点 X 向振动图

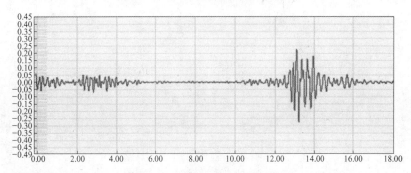

图 4-14　2 号测振点 Y 向振动图

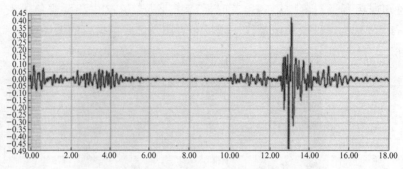

图 4-15　2 号测振点 Z 向振动图

习题与思考题

4-1　振动测试及信号分析的任务是什么?

4-2　简述振动的分类及其定义。

4-3　振动测试仪包括几个部分?

4-4　信号采集及分析过程中会出现什么问题,怎样解决?

4-5　在振动测试过程中,分贝 (dB) 是怎样定义的,请举例说明。

4-6　振动的基本参数有哪些?

4-7　选一种斜拉桥或者拱桥 (可从网上搜一种),合理布置相应的测振传感器测点位置 (画出测点布置图)。

4-8　爆破振动测试的目的是什么?

5　围岩松动圈测试

巷道开挖前，岩体处于三向应力平衡状态，开挖后围岩应力将发生两个显著变化：一是巷道周边径向应力下降为零，围岩强度明显下降；二是围岩中出现应力集中现象，一般情况下集中系数大于2。如果集中应力小于岩体强度，那么围岩将处于弹塑性稳定状态；当应力超过围岩强度之后，巷道周边围岩将首先破坏，并逐渐向深部扩展，直至在一定深度取得三向应力平衡为止，此时围岩已过渡到破碎状态。我们将围岩中产生的这种松弛破碎带定义为围岩松动圈，简称松动圈，其力学特性表现为应力降低。松动区之外为塑性极限平衡区及弹性区。围岩松动圈与冒落拱、冒落高度意义不同，松动圈内边界从径向应力等于零的巷道表面算起，围岩冒落后松动圈边界又从新的稳定边界计算。国内外大量的测试结果表明，在煤矿、矿山、隧道工程中，围岩松动圈普遍存在，真正只存在弹塑性状态的围岩极少。在实验室相似模型试验条件下，改变围岩强度和应力的相互关系，可产生不同大小的围岩松动圈，围岩的状态特征决定支护的作用，弹塑性状态的围岩能够自稳，只有当围岩进入到破碎状态，才产生支护问题。围岩松动圈的大小主要与围岩强度和原岩应力有关。当原岩应力相同时，围岩强度低，松动圈大，反之松动圈小；当围岩强度相同时，原岩应力小，松动圈小，反之松动圈大。

5.1　围岩松动圈变形特点

岩体开挖后，形成一个自由变形空间，使原来处于挤压状态的围岩，由于失去了支撑而发生向洞内松胀变形；如果这种变形超过了围岩本身所能承受的能力，则围岩就要发生破坏，并从母岩中脱落形成坍塌、滑动或岩爆。我们称前者为变形，后者为破坏。研究表明：围岩变形破坏形式常取决于围岩应力状态、岩体结构及洞室断面形状等因素。本节重点讨论围岩结构及其力学性质对围岩变形破坏的影响，以及围岩变形破坏的预测方法。

在岩体力学中，把岩体划分为整体状、块状、层状、碎裂状和散体状五种结构类型。它们各自的变形特征和破坏机理不同，现分述如下：

(1) 整体状和块状岩体围岩。这类岩体本身具有很高的力学强度和抗变形能力，其主要结构面是节理，很少有断层，含有少量的裂隙水。在力学属性上可视为均质、各向同性、连续的线弹性介质，应力应变呈近似直线关系。这类围岩具有很好的自稳能力，其变形破坏形式主要有岩爆、脆性开裂及块体滑移等。岩爆是高地应力地区由于洞壁围岩中应力高度集中，使围岩产生突发性变形破坏的现象。伴随岩爆产生，常有岩块弹射、声响及冲击波产生，对地下硐室开挖与安全造成极大的危害。

脆性开裂常出现在拉应力集中部位。如洞顶或岩柱中，当天然应力比值系数小于1/3时，洞顶常出现拉应力，容易产生拉裂破坏。尤其是当岩体中发育有近铅直的结构面时，即使拉应力小也可产生纵向张裂隙，在水平向裂隙交切作用下，易形成不稳定块体而塌落，形成洞顶塌方。块体滑移是块状岩体常见的破坏形式，它是以结构面切割而成的不稳定块体滑出的形式出现。其破坏规模与形态受结构面的分布、组合形式及其与开挖面的相对关系控制。典型的块体滑移形式如图 5-1 所示。

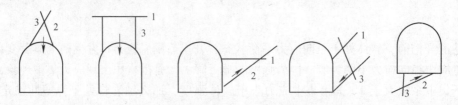

图 5-1 坚硬块状岩体中的块体滑移开式示意图
1—层面；2—断裂；3—裂隙

这类围岩的整体变形破坏可用弹性理论分析，局部块体滑移可用块体极限平衡理论来分析。

（2）层状岩体围岩。这类岩体常呈软硬岩层相间的互层形式出现。岩体中的结构面以层理面为主，并有层间错动及泥化夹层等软弱结构面发育。层状岩体围岩的变形破坏主要受岩层产状及岩层组合等因素控制，其破坏形式主要有沿层面张裂、折断塌落、弯曲内鼓等。不同产状围岩的变形破坏形式如图 5-2 所示。在水平层状围岩中，洞顶岩层可视为两端固定的板梁，在顶板压力下，将产生下沉弯曲、开裂。当岩层较薄时，如不及时支撑，任其发展，则将逐层折断塌落，最终形成图 5-2（a）所示的三角形塌落体。在倾斜层状围岩中，常表现为沿倾斜方向一侧岩层弯曲塌落，另侧边墙岩块滑移等破坏形式，形成不对称的塌落拱。这时将出现偏压现象（见图 5-2（b））。在直立层状围岩中，当天然应力比值系数大时，洞顶由于受拉应力作用，使之发生沿层面纵向拉裂，在自重作用下岩柱易被拉断塌落。侧墙则因压力平行于层面，常发生纵向弯折内鼓，进而危及洞顶安全（见图 5-2（c））。但当洞轴线与岩层走向有一交角时，围岩稳定性会大大改善。经验表明，当这一交角大于 20°时，硐室边墙不易失稳。

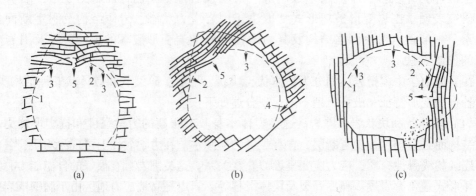

(a)   (b)   (c)

图 5-2 层状围岩变形破坏特征示意图
（a）水平层状岩体；（b）倾斜层状岩体；（c）直立层状岩体
1—设计断面轮廓线；2—破坏区；3—崩塌；4—滑动；5—弯曲、张裂及折断

这类岩体围岩的变形破坏常可用弹性梁弹性板或材料力学中的压杆平衡理论来分析。

（3）碎裂状岩体围岩。碎裂岩体是指断层、褶曲、岩脉穿插挤压和风化破碎加次生夹泥的岩体。这类围岩的变形破坏形式常表现为塌方和滑动（见图5-3）。破坏规模和特征主要取决于岩体的破碎程度和含泥多少。在夹泥少、以岩块刚性接触为主的碎裂围岩中，由于变形时岩块相互镶合挤压，错动时产生较大阻力，因而不易大规模塌方。相反，当围岩中含泥量很高时，由于岩块间不是刚性接触，则易产生大规模塌方或塑性挤入，如不及时支护，将愈演愈烈。

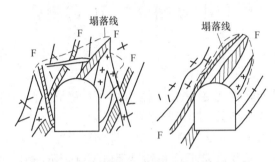

图 5-3　碎裂围岩塌方示意图

这类围岩的变形破坏，可用松散介质极限平衡理论来分析。

（4）散体状岩体围岩。散体状岩体是指强烈构造破碎、强烈风化的岩体或新近堆积的土体。这类围岩常表现为弹塑性、塑性或流变性，其变形破坏形式以拱形冒落为主。当围岩结构均匀时，冒落拱形状较为规则（见图5-4（a））。但当围岩结构不均匀或松动岩体仅构成局部围岩时，则常表现为局部塌方、塑性挤入及滑动等变形破坏形式（见图5-4）。

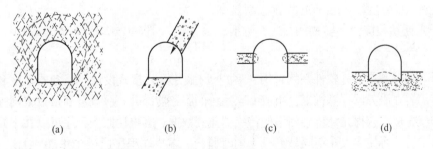

(a)　　　　　　　(b)　　　　　　　(c)　　　　　　　(d)

图 5-4　散体状围岩变形破坏特征示意图

（a）拱形冒落；（b）局部塌方造成的偏压；（c）侧鼓；（d）底鼓

这类围岩的变形破坏，可用松散介质极限平衡理论配合流变理论来分析。

应当指出，任何一类围岩的变形破坏都是渐进式逐次发展的。其逐次变形破坏过程常表现为侧向与垂向变形相互交替发生、互为因果，形成连锁反应。例如，水平层状围岩的塌方过程常表现为：首先是拱脚附近岩体的塌落和超挖；然后顶板沿层面脱开，产生下沉及纵向开裂，边墙岩块滑落。当变形继续向顶板以上发展时，形成松动塌落，压力传至顶拱，再次危害顶拱稳定。如此循环往复，直至达到最终平衡状态。又如块状围岩的变形破坏过程往往是先由边墙楔形岩块滑移，导致拱脚失去支撑，进而使硐顶楔形岩块塌落等。其他类型围岩的变形破坏过程也是如此，只是各种变形破坏的形式和先后顺序不同而已。分析围岩变形破坏时，应抓住其变形破坏的始发点和发生连锁反应的关键点，预测变形破坏逐次发展及迁移的规律。在围岩变形破坏的早期就加以处理，这样才能有效地控制围岩变形，确保围岩的稳定性。

5.2　松动圈应力与位移测算

5.2.1　应力测试

现有的矿山巷道围岩监测所使用的监测方法多采用机械式监测传感器、液压式监测传感器、电磁式监测传感器或有源在线式监测方法。这些方法存在以下技术问题：监测内容单一，监测数据少；采用人工间断观测和采集；监测结果滞后，不能实时监测；监测数据离散，监测信息不完整；易受电磁干扰和外界环境干扰；不防潮，可靠性低，使用寿命短，无法满足巷道围岩应力的长期监测要求。本节介绍的光纤布拉格光栅传感器具有无源特性，且传输距离远、精度高，已被广泛应用于岩土工程领域。

5.2.1.1　光纤光栅钻孔应力计结构设计与力学分析

A　硬件设计

光纤光栅钻孔应力计结构简单，易于安装。其主要包括锥形防退套、光纤光栅应变体、尾部导向杆、光纤出线口、光纤尾纤和光纤接线头等，光纤的一端与光纤光栅传感器相连，另一端连接到光纤光栅静态解调仪上。光纤光栅钻孔应力计实物如图 5-5 所示。

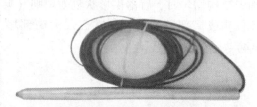

图 5-5　光纤光栅钻孔应力计

B　软件设计

光纤光栅钻孔应力计软件系统采用"客户机/服务器"模式设计。服务器程序和数据库管理系统部署在服务器计算机上，组成专家系统的服务器部分。服务器通过以太网连接光纤光栅解调仪主机，获得光纤传感网络的传感器监测数据。客户端监控程序可以在不同的计算机上部署多套，可使多人在不同计算机上同时监测。客户端程序通过 TCP/IP 协议，从服务器获得实时监控数据和数据库系统中的数据。软件系统总体结构如图 5-6 所示。

C　基于光纤光栅的围岩应力监测系统

基于光纤光栅的围岩应力监测系统如图 5-7 所示，包括地面和井下两个部分。地面部分包括光纤光栅解调仪和计算机数据处理系统；井下部分包括围岩监测装置，通过光纤与矿用传输光缆将监测装置连接至地面光纤光栅解调仪。

利用光纤光栅对围岩应力进行监测的工作原理：钻孔应力计在围岩应力的作用下，由

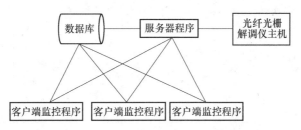

图 5-6 光纤光栅钻孔应力计软件系统总体结构

于所承受的应力发生变化，导致光纤光栅的中心波长产生漂移，通过光纤光栅解调仪及计算机处理，得到围岩应力的相对受力状态。

系统安装步骤：（1）在煤矿井下巷道围岩中钻孔，钻孔直径比光纤光栅测力装置的直径大 3~5mm，钻孔长度依据设计要求而定。（2）将钻孔的顶部装入锚固剂，迅速将钻孔应力计推入钻孔中。在推进钻孔应力计的过程中，应使钻孔应力计与锚固剂充分接触，便于锚固。（3）将光纤连接头引出钻孔的外部并与光纤连接，将钻孔用水泥砂浆封

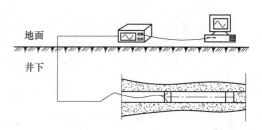

图 5-7 基于光纤光栅的围岩应力监测系统

孔。（4）将光纤光栅钻孔应力计的光纤连接头与光纤连接，然后连接光纤光栅解调仪，光纤光栅解调仪连接头与解调仪连接。（5）通过光纤光栅解调仪探测波长的变化，将波长变化信号解调并传输至计算机，计算机上的数据处理软件计算各个测点的应力状态。

计算机安置在地面控制室，是在线监测系统的控制中心。计算机安装光纤数据处理软件，实时显示监测画面，并保存监测数据，进行应力预警预报。通过该系统可测出围岩应力状况的实时变化，获得变化规律，实现在线监测，为巷道围岩的稳定性和安全性提供合理依据，针对性地采取措施预防巷道围岩灾害的发生。

5.2.1.2 围岩应力监测实例

沙曲矿位于山西吕梁地区柳林县境内，河东煤田中段，吕梁山背斜两翼。矿区大致呈北西—南东向弧形，长约22km，宽为 4.5~8km，面积为128km²，矿区煤炭资源丰富，煤质优良。沙曲矿主采煤层瓦斯含量较高，矿井瓦斯涌出量较大，属高瓦斯矿井。

按照沙曲矿煤岩层的地质赋存特征布置监测位置，在 14301 轨道巷设置 2 个测站，测站 1 位于距上山 350m 处，测站 2 位于距上山 600m 处。每个测站均安装 6 个光纤光栅钻孔应力计，左帮、右帮各安装 3 个光纤光栅钻孔应力计，距煤壁分别为 1m、3m、5m。

2015 年 2 月 3 日测站 1、测站 2 的监测数据变化曲线如图 5-8 所示，相应数据见表 5-1。由图 5-8 可知，测站 1 围岩相对应力最大值在左帮，为 3.93MPa；测站 2 围岩相对应力最大值在左帮，为 5.81MPa。由表 5-1 可知，煤体应力值随测点深度增加而增大，这是由于巷道空间自由面的产生，使巷道围岩处于卸压状态，越靠近巷道表面，煤体卸压程度越大，应力值就越小。由于测点距离工作面较远，还未受工作面超前应力影响，测值未有较大变化。通过对围岩应力实时监测，掌握了围岩的应力变化，为研究巷道围岩应力场及其变形破坏机理提供了基础数据。

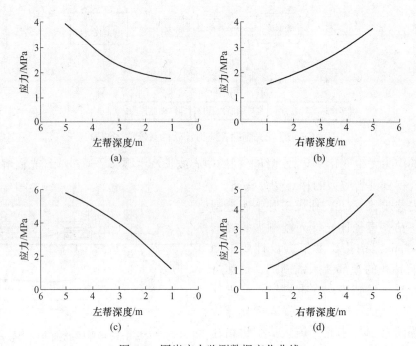

图 5-8 围岩应力监测数据变化曲线

（a）测站 1 左帮应力；（b）测站 1 右帮应力；（c）测站 2 左帮应力；（d）测站 2 右帮应力

表 5-1 围岩应力监测数据

测点深度/m	测点 1		测点 2	
	左帮应力/MPa	右帮应力/MPa	左帮应力/MPa	右帮应力/MPa
1	1.77	1.56	1.26	1.04
3	2.27	2.40	4.02	2.54
5	3.93	3.78	5.81	4.79

5.2.2 位移测试

5.2.2.1 多点位移计法

为研究巷道围岩的稳定性或围岩内部位移情况，通常应用大量的多点位移计，得到大量的监测数据。通过对这些监测数据的分析，也可得到围岩松动圈的厚度范围。应用多点位移计可测量得到围岩内部不同深度位置处的岩石位移变化值，通过位移计测试的位移量随时间变化的曲线，可看出围岩中不同深度岩石向巷道内收敛的情况。位移量随时间变化大，说明该点位置以内的岩体有破裂。因此，由不同点的位移与时间的变化大小，可找到松动区与微扰动区（塑性区和弹性区）的分界点，其原理如图 5-9 所示。

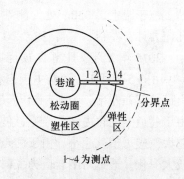

图 5-9 多点位移计法

图 5-9 中，对巷道围岩中多点位移计的 1~4 号测点观测一段时间，如果 3 号测点相对于 2 号测点的位移变化远大于 4 号测点相对于 3 号测点的位移变化，那么可以认为 2 号测点和 3 号测点之间发生了较大的裂隙破坏，则松动圈与塑性区的分界点就在 2 号和 3 号测点之间。工程实践证明该测试方法具有一定可行性。

多点位移计法测松动圈比较直观可靠，测试时间长，可得到围岩松动圈随时间变化的情况。但多点位移计法的工作量很大，需较长时间的连续观测和大量的数据分析，而且多点位移计的测点较少，测量精度不高。

当被测结构物发生变形时，将会通过多点位移计的锚头带动测杆，测杆拉动位移计产生位移变形，变形传递给振弦式位移转变成振弦应力的变化，从而改变振弦的振动频率。电磁线圈激振振弦并测量其振动频率，频率信号经电缆传输至读数装置，即可计算出被测结构物的变形量，并可同步测量埋设点的温度值。多点位移计如图 5-10 所示。

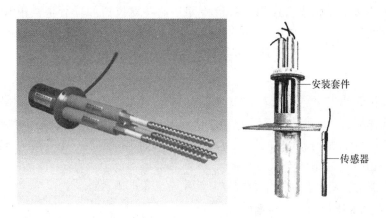

图 5-10　多点位移计

多点位移计的安装步骤如下：

（1）安装测杆束。按测点数将灌浆锚头组件与不锈钢测杆、测杆接头、测杆保护管及密封件、测杆减阻导向接头、测杆定位块等可靠连接固定后集成一束，捆扎可靠，整体置入钻孔中。如遇长测杆（>6m），可分段置入、孔口连接。

（2）灌浆锚固。全部测杆完全置入孔中，使测杆束上端面尽量处于同一平面内并距 ϕ160mm 扩孔底面以下约 5cm，测杆护管比测杆短约 15cm。位置定位可靠后浇注混凝土砂浆至测杆保护管上端面以下约 20cm，凝固后方可撤去约束。浇注混凝土砂浆时要特别注意保护测杆保护管口及测杆端口，避免受到损伤或沾到混凝土砂浆。

（3）安装测头基座。先将测杆护管调节段（长度现场调整）及带刺接头插入测杆保护管中，此时全部测杆及保护管的上端应基本处于相同平面内。放入事先连接好的安装基座和 PVC 传感器定位芯座，将测杆及其护管与定位芯座上的多孔一一对准后落下定位，注意调节基座法兰的底面位置使测杆不受轴向压力为宜，可用底面加填钢制垫片实现。调节准确后钻地脚螺栓孔并用地脚螺栓将此组件可靠固定于 ϕ160mm 孔底面上。

（4）安装位移传感器。将位移传感器逐一通过 PVC 定位芯座上对应定位孔与测杆端接头，加螺纹胶旋紧固定可靠。如果发现测杆连接面陷得太深而使传感器无法拧入时，可以加装仪器商预备的加长件。待胶凝固后，在监测状态下用频率读数仪调节传感器"零点"，并通过安装在芯座上的装置机构锁定位置。按测点数逐一完成上述调节。每支仪器的埋设零点由监测设计者按该测点的"拉压"范围而定。

（5）安装保护罩。用频率读数仪逐一测读各支传感器并做好记录，若全部测读正常，即可装上保护罩，此时保护罩的电缆出口处已装好了橡胶保护套。将全部测点传感器的信号电缆集成一束，从橡胶护套中沿保护罩由内向外穿出。安装保护罩时，可在保护罩的 M90×1.5 外螺纹上涂以适量螺纹胶。连接可靠后，整理电缆，再逐一检测一遍各支仪器的读数是否正常。

（6）接长电缆。现场接长电缆处须具备交流电源。仪器电缆与接长电缆间须用锡焊连接芯线并不得使用酸性助焊剂，芯线外层及电缆表层护套上均应使用热缩套管包裹可靠。全部电缆连接工作完成后再用读数仪检测一遍各支仪器的读数是否正常。若认为必要，安装基座及传感侧头组件可用混凝土砂浆予以包裹整齐。

完成以上步骤后，多点位移计的安装即告完成。

5.2.2.2 工程实例

A 测试仪器及方案

现场试验选用辽宁丹东某仪器厂生产的 DDXJW-1 型钢弦式多点位移计对隧道松动圈进行测量，多点位移计测杆长度为 8m，有 4 个测点，其间距按照 2m、4m、6m、8m 布设。

选择鹧鸪山隧道左洞两个未注浆断面进行松动圈测试，里程分别为 ZK187+785（断面 1）、ZK187+760（断面 2）。断面 1 与断面 2 所处围岩级别均为 V 级，不同的是断面 1 采用上下台阶法施工，断面 2 采用预留核心土施工。每个断面设置了 2 个测站，分别在拱肩和拱腰两个不同方向进行围岩内部位移的监测。

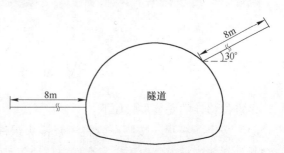

图 5-11 多点位移计布置图

两断面测点布置如图 5-11 所示，多点位移计的现场安装如图 5-12 所示。

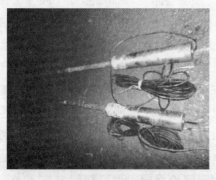
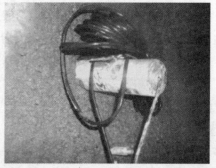

图 5-12 多点位移计现场安装图

B 测试结果与分析

图 5-13 是采用 ZX-16T 型振弦频率仪采集得到的 ZK187+785 断面多点位移计实测曲线，该断面采用"上下台阶法"施工。由图 5-13 可知，围岩在洞壁表面变形最大，且沿径向向围岩深部变形逐渐减小，在 7m 深度及更远处，围岩位移较小，变形微弱，围岩在各个时间的位移-深度曲线的斜率相近，且无突变现象。从现场试验结果看，汶马高速鹧鸪山隧道Ⅴ级围岩采用"两台阶施工"时，其松动圈的范围大约在6~8m。

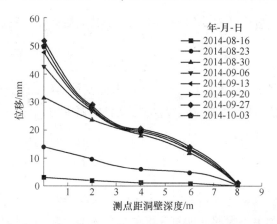

图 5-13 ZK187+785 断面多点位移计实测曲线

5.3 松动圈围岩应变测试

5.3.1 振弦式应变计

振弦式应变计是一种用振弦来进行测量的应变传感器，其最大的优点是传感器结构简单，工作可靠，输出信号为标准的频率信号，非常方便计算机处理或代手段的电路调理，如图 5-14 所示。VWS 型振弦式应变计适用于长期埋设在水工结构物或其他混凝土结构物内，测量结构物内部的应变量，并可同步测量埋设点的温度。加装配套附件可组成多向应变计组、无应力计、岩石应变计等测量应变的仪器。大弹模应变计主要用于高仓位混凝土连续浇筑，如地下连续墙、防渗墙、灌注桩等工程场合。振弦式应变计具有智能识别功能。

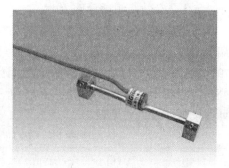

图 5-14 振弦式应变计

5.3.1.1 结构

VWS 型振弦式应变计由前后端座、不锈钢护管、信号传输电缆、振弦及激振电磁线圈等组成。

5.3.1.2 工作原理

当被测结构物内部的应力发生变化时，应变计同步感受变形，变形通过前、后端座传递给振弦，转变成振弦应力的变化，从而改变振弦的振动频率。电磁线圈激振振弦并测量其振动频率，频率信号经电缆传输至读数装置，即可测出被测结构物内部的应变量。同时可同步测出埋设点的温度值。

5.3.1.3 计算方法

当外界温度恒定、应变计仅受到轴向变形时，其应变量 ε 与输出的频率模数 ΔF 具有如下线性关系：

$$\varepsilon = k\Delta F = F - F_0$$

式中，k 为应变计的测量灵敏度，10^{-6}/F；ΔF 为应变计实时测量值相对于基准值的变化量，F；F 为应变计的实时测量值，F；F_0 为应变计的基准值，F。

5.3.2 工程实例

5.3.2.1 监测系统布置

盘道岭隧洞变形监测系统采用 DT 隧道自动化监测系统，主要由现场信号传感器、DT 远程监测单元组、监测中心数据处理与分析三部分构成。隧洞围岩位移观测采用 BOR-EX 型振弦式多点位移计，长期埋设在隧道内，量测结构物深层多部位的位移、沉降、滑移等。分别在混凝土结构内部及表面安装 SM-5B/ EM-5 振弦式应变计观测围岩压力应变，当衬砌结构内部围岩位移发生变化时，应变计同步感受形变，测量由此引起的衬砌结构内部的应变量。

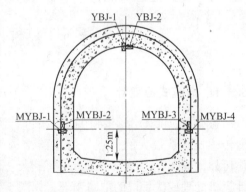

5.3.2.2 监测断面布置

盘道岭隧洞变形监测断面分别布置于重点病险洞段下游约 10m 处，桩号分别为 79+105、79+485，避免了与后期隧洞除险加固区域的重叠。监测断面应变计布置如图 5-15 所示。应变计埋设深度及方向见表 5-2。

图 5-15 应变计埋设示意图

表 5-2 79+105 断面应变计埋设深度及方向

应变计	MYBJ-1	MYBJ-2	YBJ-1	YBJ-2	MYBJ-3	MYBJ-4
深度/cm	50	50	0	0	50	50
方向	纵向	横向	纵向	横向	纵向	横向

5.3.2.3 围岩位移变形监测分析

盘道岭隧洞监测时段为 2012 年 3 月 28 日~2013 年 9 月 29 日，监测数据采集频率为 15min/次，每天 24h 连续监测。此次监测分析为每隔 5 天采集数据，79+105 断面共采集位移变化数据 245175 个、应变变化数据 58842 个，79+485 断面共采集位移变化数据 308550 个、应变变化数据 74052 个（受设备检修、停电等影响，下载数据量与实际有所差异）。由于数据量庞大，因此仅以较典型性的 79+105 断面监测数据作为整理分析的依据。首先以天为单位求取平均值，再逐月进行数据平均，最后以时间为横轴，以位移变化量及应变量为纵轴绘制出较清晰的监测时段内的位移、应变变化趋势曲线，并分析位移与应变之间的相关性。

5.3.2.4　观测断面围岩位移与应变监测数据

根据 2012 年 3 月~2013 年 9 月监测数据，对该洞段围岩位移发生量随时间的变化进行了整理分析。79+105 监测断面不同孔位的位移、应变（ε）关系曲线见图 5-16 和图 5-17（位移指向洞内为负，指向洞外为正）。

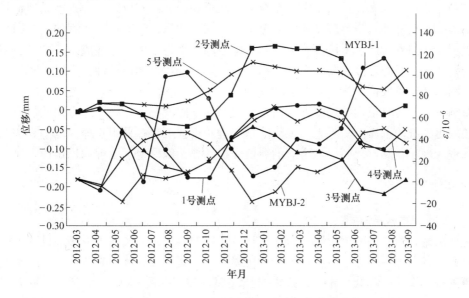

图 5-16　79+105 断面 1 号孔位移、应变曲线

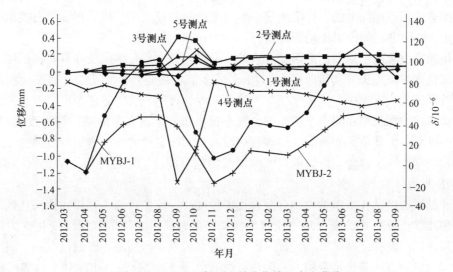

图 5-17　79+105 断面 2 号孔位移、应变曲线

5.4　松动圈范围确定

松动圈理论在地下空间的开发与利用领域已得到广泛的认可和推广应用，特别是松动圈支护理论对煤矿的生产和安全起到了巨大的作用。所谓松动圈就是巷道开挖后，围岩在次生应力作用下所产生的松弛破碎带。松动圈反映了巷道围岩普遍存在的客观物理力学状态。松动圈支护理论认为，支护结构承担的载荷来自巷道围岩松动圈所施加的碎胀力，并根据松动圈的深度设计锚杆长度等支护参数。如果说松动圈理论为现代煤矿开采提供了新的理论途径，那么松动圈测试方法就是该理论应用到工程实践的必要手段，反过来也促进了松动圈理论的发展和完善。1907 年太沙基就观测到了围岩的松动冒落拱，并依此提出了支护自重载荷的概念，形成了沿用至今的太沙基理论。其实可以认为太沙基理论对于冒落拱范围的理论推导就是早期对松动圈范围的探索。此后，随着地下工程的发展和科学理论的进步，在国外又产生了许多有关围岩松动范围的理论成果，这些成果有的是根据相关理论推导而来，有的是由经验而来，但都具有一定的合理性和适用性，可以将其关于围岩破碎范围的结论当成得到松动圈范围的理论方法。但是，由于理论方法受工程实际复杂因素的影响较大，具有很大的局限性，而现场实测松动圈没有做任何原理方面的假设，得到测试结果更加准确可靠。实际上，现代隧道工程和煤巷工程多采用物理探测的方法对围岩松动圈进行现场实测，从而提出合理的巷道支护参数，确保地下工程的稳定性。

5.4.1　声波法

5.4.1.1　声波法原理

声波法是目前公认的测量围岩松动圈比较成熟的方法，大量的工程实践证明了该方法的可行性。其测试原理为：声波在岩石中传播，其波速会因岩体中裂隙的发育、密度的降低、声阻抗的增大而降低；相反，如果岩体完整性较好、受作用力（应力）较大、密度也较大，那么声波的传播速度也应较大。因此，对同一性质围岩岩体来说，测得的声波波速高，则围岩完整性好，波速低说明围岩存在裂缝，围岩发生了破坏。采用声波测试仪器测出距围岩表面不同深度的岩体波速值，做出深度和波速曲线，然后再根据有关地质资料可推断出被测试巷道的围岩松动圈厚度。

应用超声波测试松动圈，按测试方式的不同可以分为单孔测试法和双孔测试法。所谓单孔测试法即发声探头 F 和接收探头 J（1 个或多个）在同一个测孔中，通过量测在不同深度声波经围岩自发声探头到接收探头的传播速度，评判岩石的破坏程度。双孔测试法即发声探头和接收探头不在同一个测孔中，发声探头在一个测孔中的某一深度发射超声波，接收探头在另一测孔中的相同深度接收超声波，从而确定声波在围岩中的传播速度。发声探头和接收探头同步移动，得到围岩不同深度的超声波速，通过分析，确定松动圈厚度，如图 5-18 所示。

双孔测试法因钻孔工作量大，对围岩损害程度高，且发声探头和接收探头达到同步移动较为困难。而单孔测试法相对比较容易操作，可容易得到随围岩深度变化的大量测试值，如果在同一测孔定期测试，经过一段时间的测试可以得到围岩破裂情况随时间变化的规律，所以这种方法是比较常用的。但该方法有以下 3 个缺点：（1）对于煤巷或软岩巷

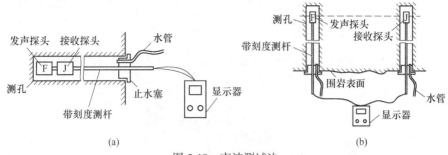

图 5-18 声波测试法

（a）单孔测试法 （b）双孔测试法

道，成孔比较困难，测试过程中容易出现塌孔现象。（2）探头和岩石之间需要水耦合，所以在测试时，孔中应该充满水，如果测孔中的裂隙较发育，孔中水流失严重，则需要接水管不断输水，而水压不稳定会对测试结果产生影响。（3）对巷道顶部的测孔，很难有效封堵水。所以，声波法宜在围岩完整性较好、裂隙较少发育或开挖时间较短的巷道中测试松动圈的厚度。

5.4.1.2 工程实例

研究隧道贯穿徽成盆地边缘地带的丘陵，为左右行分离式的双洞隧道。隧道长 330m，最大埋深 72m。在勘察深度范围内山体上部覆盖第四系中更新统冲洪积黄土（Q2 al+pl），其下为中更新统圆砾（Q2 al+pl），下伏新近系砂砾岩及泥质砂岩（N2），隧道进出口坡体表层覆盖崩坡积薄层黄土状土（Q4 c+dl）。隧道洞身段地层工程地质特征详细描述如下：

（1）泥质砂岩（N2）。红褐色为主，泥质胶结，成岩性一般，胶结较差，遇水易软化，锤击易碎，脱水易干裂，属极软岩—软岩，岩体较破碎—较完整，以薄夹层形式夹于厚层砂砾岩中。岩体产状总体向倾向南西，倾角平缓，一般为 120°~180° ∠2°~5°，层理构造明显，为洞身通过的主要地层。

（2）砂砾岩（N2）。红褐色为主，局部呈青灰色，泥钙质弱胶结，胶结较差，层状构造，粗粒结构，遇水易崩解，最大粒径可见 3~4cm，颗粒磨圆度一般，呈浑圆状，属极软岩—软岩，岩体较完整，岩芯呈短柱状及碎块状。岩体产状总体向倾向南东，倾角平缓，一般为 120°~180° ∠2°~5°，层理构造明显，为洞身通过的主要地层。

本次松动圈声波测试采用声波单孔测试方法，测试仪器为武汉中岩科技公司所产的 RSM-SY5 型声波仪，单孔测试采用一发双收，由下而上沿孔壁连续观测，移动步距为 20cm。测试断面为隧道左洞 K38+160 断面，岩体为 N2 中风化泥质砂岩、砂砾岩，岩体类别为Ⅳ，隧道左洞 K38+160 断面松弛深度声波检测成果见图5-19、图 5-20、表 5-3、表 5-4。

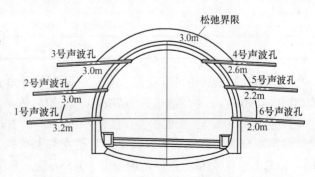

图 5-19 K38+160 断面松弛深度声波测试解释成果图

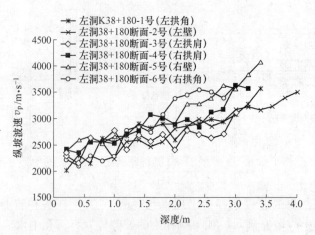

图 5-20 K38+160 断面单孔声波测试曲线图

表 5-3 左洞 K38+160 断面松弛深度声波测试成果统计

监测部位	松弛深度 /m	松弛岩体 v_p/m · s^{-1}		原始岩体 v_p/m · s^{-1}	
		范围	平均	范围	平均
左拱脚 1°	3.2	2020~3077	3690	3077~3571	3310
左壁 2°	3.0	2247~3175	2660	3175~3509	3280
左拱肩 3°	3.0	2151~2778	2570	3125~3125	3125
右拱肩 4°	2.6	2353~3125	2760	3125~3636	3380
右壁 5°	2.2	2381~3279	2750	3279~4082	3580
右拱脚 6°	2.0	2105~3390	2590	3390~3846	3540

表 5-4 某隧道左洞 K38+20~K38+165 洞壁孔间岩体声波穿透测试成果

编号	距离	岩 性	纵波速度/m · s^{-1}	平均 v_p/m · s^{-1}
1°~2°	1.0	泥质砂岩, 砂砾岩	3136	
3°~4°	0.7	泥质砂岩, 砂砾岩	3097	
5°~6°	0.9	泥质砂岩, 砂砾岩	3020	3083
7°~8°	1.02	泥质砂岩, 砂砾岩	3158	
9°~10°	0.7	泥质砂岩, 砂砾岩	3017	
11°~12°	0.6	泥质砂岩, 砂砾岩	3071	

根据单孔测试成果可以看出：隧道左洞 K38+160 断面，松弛岩体声波纵波速度范围为 2020~3390m/s，平均波速为 2670m/s，原始岩体声波纵波速度范围为 3077~4082m/s，平均波速为 3370m/s，断面松弛深度范围为 2.0~3.2m，其中左壁松弛深度较大。根据孔壁岩体声波穿透测试成果可以看出：隧道左洞 K38+120~K38+165 洞壁围岩，深度范围 0.6~1.02 段，岩体纵波速度范围 3017~3158m/s，平均纵波波速 3083m/s。对比单孔声波测试资料可看出，孔间穿透松弛段岩体的平均纵波速度较单孔声波松弛段岩体高 300~

400m/s，分析原因主要为：单孔声波测试，孔壁垂向上细小裂隙发育，松弛段孔壁岩体较破碎，波速较低；而孔间穿透测试，两孔间岩体横向上贯通状裂隙发育较少，相对较完整，波速较高。

5.4.2　地震波法

5.4.2.1　地震波法原理

地震波法主要是根据探测围岩纵波波速的差异来判断其松动范围，根据探测方式及原理的不同可分为层析成像法和折射波法，其中层析成像法还分为单孔层析成像法和跨孔层析法。层析成像法在日本应用较多，国内使用的矿井资源探测仪所具备的松动圈测试功能就采用该方法。使用单孔层析成像法测试时，需在代表性的巷道断面上钻测试孔，然后在孔中安装贴壁式速度或加速度检波器；用小锤或震源枪在孔边激发高频地震波，检波器采集得到一组孔中震波波形数据（见图5-21）。

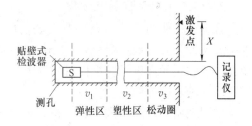

图 5-21　单孔层析法测试原理

v_1，v_2，v_3—声波传播速度；

X—激发点距测孔的距离

岩体松动变形越严重、裂隙越发育，则采集到的地震波波速和频率越低。解析时将每孔单道波形记录数据按由浅到深的顺序解编，对纵波到达时间判读，进而确定各层波速值，结合具体的地质和岩性情况，进行松动圈分析。

地震波层析成像法测试精度较高，测试结果较可靠，能够得到地震波测试图像，较声波法更加直观地进行松动圈分析，而且探头与岩壁之间无须水的耦合。但是该方法具有与声波法相似的缺点（如在软弱、破碎岩体中成孔困难等），除此之外，测试成本较高、安装困难等都制约了该方法的应用，所以地震波层析成像法在国内使用较少。

折射波法因其能实现无损检测而逐渐得到广泛应用。在工程实践或试验中可采用单边激发和两端激发2种方式观测。如图5-22所示，以两端激发方式为例，介绍折射波法测试围岩松动圈原理。

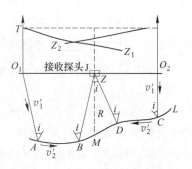

图 5-22　折射波法测试原理

A，B，M，D，C—松动界面上的点

O_1O_2 为巷道表面，分别以 O_1 和 O_2 为震源向周围岩体中发射弹性波。弹性波经围岩在松动界面 L 处发生反射和折射，其中大部分进入微扰动岩体；而以临界入射角 i 入射到分界面处的折射波沿界面传播并折回表面，被在 O_1O_2 之间的接收探头 J（Z 点）接收到，并能够记录到来自 O_1 和 O_2 的弹性波分别沿路径 O_1ABZ 及 O_2CDZ 传播的时间 t_1 和 t_2。Z_1、Z_2 为 Z 在 O_1O_2 间移动。认为弹性波自 O_1 激发沿路径 $O_1ABMDCO_2$ 传播到 O_2 所用的时间和自 O_2 激发沿路径 $O_2CDMBAO_1$ 传播到 O_1 所用的时间相等，定为 T。设扰动岩体的波速为 v_1'，微扰动岩体的波速为 v_2'，令 $t_0 = t_1 + t_2 - T$，定义差数 $f(x) = t_1 - t_2 + T$，则利用 $t_0 - f(x)$ 时距曲线法折射波解释可得到 Z 点处的松动距离 R，即：

$$R = v_1' v_2' (t_1 + t_2 - T) / (2 \sqrt{v_2'^2 - v_1'^2})$$

其中，v_1' 可通过求沿路径 O_1Z 传播的直达波用时的斜率倒数得到，v_2' 可通过求差数 $f(x)$ 的斜率得到。

折射波法无须钻孔就可达到测试围岩松动圈的目的，实现无损检测，这是有别于其他测试方法的重要特点。所以，折射波法可在裂隙发育程度高、岩性较差、特殊地质条件（富含岩溶水或瓦斯等）的巷道中使用。但该方法的缺点是要求被测围岩中有明显的松动界面，且围岩松动圈分析比较复杂。

5.4.2.2　测试仪器及方案

现场试验使用的仪器是瑞典某公司的 RAMAC/GPR 地质雷达，该雷达采用 100MHz 的屏蔽天线，其有效探测距离为 15~30m，可有效探测隧道松动圈的范围。该仪器由发射单元、接收单元、天线、主控器、专用笔记本微机、系统专用电源、信号线、数据采集软件、后处理软件等组成。

采用地质雷达测试围岩松动圈的测线布置如图 5-23 所示，测线沿上台阶环向布设，每个测试断面分成 5 段（编号依次为①~⑤）进行探测。

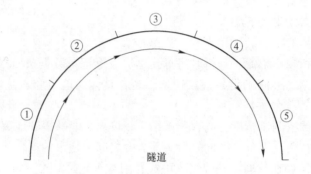

隧道

图 5-23　围岩松动圈测线布置示意图

由于松动圈围岩裂隙内存在水、空气等填充物，其相对介电常数较完整岩体相差大，地质雷达发射的电磁波经过松动围岩与完整围岩的分界面时必然发生强烈反射，因此从收集处理的雷达探测剖面图上即可确定围岩松动范围。

5.4.2.3　工程实例

上下台阶法施工松动圈探测以 ZK187+785 断面为例（上文声波法工程实例），预留核心土法施工松动圈探测以 ZK187+760 断面为例。由于测线沿中轴线对称布置，故仅选择拱部测线，即第 3 条测线测试结果对比分析两种开挖方式松动圈的范围。图 5-24 为上下台阶法开挖拱部地质雷达探测成果图，图 5-25 为预留核心土开挖拱部地质雷达探测成果图。

从以上两张探测成果图中可以看出，靠近临空面处反射波均出现同相轴不连续、频率降低特征，说明图中所圈范围内地下水含量较高、围岩破碎，且强反射呈片状、带状分布，越向内部强反射分布越少，强弱反射分界处即为松动圈结束的深度。从两种工法下松动圈分布范围看，图 5-24 所示上下台阶法施工时拱部松动圈分布范围为 4.0~6.5m，图 5-25所示上下台阶预留核心土法施工时拱部松动圈分布范围为 2.5~5m。

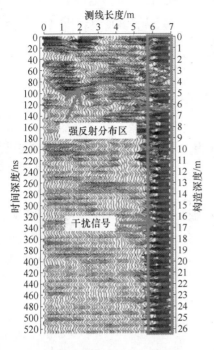

图 5-24 ZK187+785 实测结果

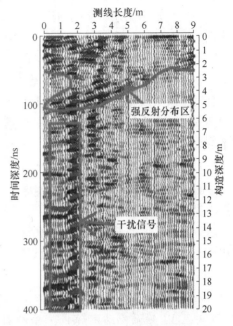

图 5-25 ZK187+760 实测结果

5.4.3 地质雷达

5.4.3.1 雷达测试围岩松动圈基本原理

巷道围岩松动圈有许多测试方法，其中使用地质雷达技术是目前比较先进的，矿井利用地质雷达对松动圈的测定越来越多。地质雷达基于介质间的电导率、介电常数等电性差异，以高频电磁波（主频为数十兆赫至数百兆赫）在电性界面的反射来探测地下目标体。在地下一定深度内如果存在有异常物体，并且其与周围介质间存在明显的电性差异时，由地质雷达天线在巷道表面向巷道围岩发射的高频电磁波遇到异常物体与周围介质电性分界面时，就会被反射回巷道表面被接收天线接收，根据介质中电磁波传播速度和接收的反射信号及其双程走时，便可确定围岩深部裂隙区域与较完整岩体分界面的位置和深度。

作为一种主动的电磁探测系统，地质雷达由计算机、控制面板、发射电路、发射天线、接收电路和接受天线 6 部分组成。其工作原理为：利用一个天线 T 发射高频宽频带电磁波送入围岩，经深部较完整岩体与裂隙岩体的分界面反射回巷道表面，被另一天线 R 接受。它通过记录电磁反射波信号的强弱及到达时间来判定电性异常体的几何形态和岩性特征。从几何形态来看，地下异常体可概括为点状体和面状体两类，前者有洞穴等，后者有裂隙、断层、层面等。它们在雷达图像上有各自特征，点状体特征为双曲线反射弧，面状体呈线状反射，异常体的岩性可通过反射波振幅来判断，如位置可通过反射波走时确定。算法如下：

$$h = \sqrt{v^2 t^2 + x^2/4}$$
$$v = c/\xi$$

式中，h 为裂隙面深度；t 为反射波的到达时间；x 为天线间距；v 为电磁波在岩土中的传播速度；c 为电磁波在空气中传播的速度，$c=0.3\text{m/ns}$；ξ 为介电常数，可查有关参数或测定取得。由于相比地质体的埋深而言，天线间距较小，在计算中可忽略不计，因此上式可简化为 $h=vt/2$。

实测结果表明，电磁波在干燥的煤中传播速度为 $0.13\sim0.15\text{m/ns}$，在干燥的砂岩和石灰岩中，约为 $0.11\sim0.13\text{m/ns}$；地下巷道的围岩通常较为潮湿，且在松动湿水后介电常数会发生较大改变，不同的含水量和松动状况，介电常数的改变量也会不同。试验现场观测到围岩的含水量较大，个别钻孔中甚至有水渗出，因此，对电磁波的波速做出折减，取平均波速为 0.1m/ns。

5.4.3.2　测试设备特点

一般而言，地质雷达的探测深度与雷达天线频率成反比，探测精度与天线频率成正比。这意味着，地质雷达的探测深度与其探测精度之间有一定的矛盾。为拓展地质雷达的应用领域，调和探测精度与深度之间的矛盾，特配备了 Ramac 公司的全套雷达天线系统，含10MHz 非屏蔽天线、100MHz 非屏蔽天线、250MHz 屏蔽天线、500MHz 屏蔽天线、1000MHz 屏蔽天线，以实现雷达工作的各种工作方式。考虑到巷道内部金属物多，电磁干扰多，本次地质雷达测试特采用 250MHz 屏蔽天线对 42 采区变电所进行围岩松动圈探测。

5.4.3.3　地质雷达测试围岩松动圈测试断面布置

地质雷达测试时以围岩松动圈产生的宏观裂隙形成的物性界面为主要特征，在此范围内，岩体为破裂松弛状。地质雷达对巷道断面进行一周扫描，发出的电磁波在其中传播时，波形呈无序状态，无明显同相轴；当电磁波经过松动圈与非破坏区交界面（松动圈界面）时，则会有强反射，可根据反射波图像特征来确定围岩松动圈的范围。在试验中，为了能够探测巷道内每个断面测区不同位置围岩的松动圈发育值，在每个巷道断面两帮及顶板围绕巷道周边约间隔40cm选择一个探测点，来探测巷道围岩松动圈厚度，测试顺序是右帮→拱顶→左帮→底板。

5.4.3.4　变电所围岩松动圈雷达实测分析

测试结果如图 5-26 所示。因 42 采区变电所原支护采用金属棚式支护，且巷道内多电器设备等，在第 1、5、13、25、37、40 测点（分别对应图中横坐标 0、0.4、1、2、3、3.2 处）有电缆、水管、U 型钢等障碍物的干扰。排除以上干扰，可从图中看到在 85ns处出现较密集的断续反射波。根据钻孔窥视仪的分析结果，对应部位围岩松动破坏范围约为 4.1m，据此可得围岩中的电磁波速约为 0.1m/ns，与假设的电磁波速相同。

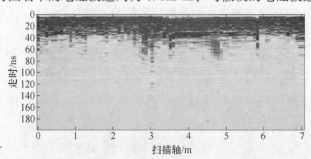

图 5-26　变电所测试断面的雷达探测图像

从雷达剖面图可看到在巷道底板有连续反射，表明底板的围岩整体性良好，破碎深度在1m内，两帮、拱顶与肩窝在相近深度观测到断续反射，表明松动范围相差不大，在 3~4m 左右。根据地质雷达探测图像，绘制变电所松动圈发育形态如图 5-27 所示。由地质雷达实测结果可以知道：（1）从实测图来看，变电所围岩松动圈的范围较大，最大达 3.7m；（2）同一断面不同位置松动圈尺寸不同，顶部及左帮松动圈大，底部松动圈范围较小；（3）同一断面中，强度高的岩体松动圈厚度较小，强度低的岩体松动圈厚度较大。

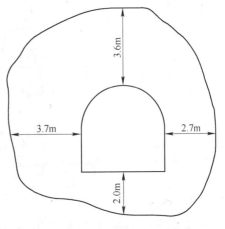

图 5-27 变电所围岩松动圈图

5.4.4 钻孔摄像方法

5.4.4.1 钻孔摄像测试系统

全景数字钻孔摄像煤矿巷道围岩松动圈测试系统由硬件和软件两部分组成。硬件部分主要包括全景摄像头、深度测量轮、钻孔摄像主机和计算机，此外还包括绞车及专用电缆等。软件部分则包括钻孔图像实时监视与实时处理（图像无缝拼接、平面图展开、三维钻孔岩芯生成等），以及松动圈的分析程序。该系统能够实现松动圈测试功能的关键就在于如何识别松动圈，而围岩裂缝圆形度指标的应用解决了这一难题。根据围岩裂缝图像的特征，围岩裂缝的形状一般都是细长的，圆形度 C 的值可以反映围岩裂缝的形状特征。圆形度 C 的计算公式为

$$C = P^2 / (4\pi A)$$

式中，P 为裂缝的周长；A 为裂缝的面积。

根据圆形度 C 的值可以判断全景摄像所得到围岩裂缝图的裂缝是否为真裂缝：圆形度 C 值越大，此裂缝可能是真裂缝；圆形度 C 值越小越接近 1，则此裂缝是伪裂缝。真裂缝多的区域，即图像分析中 C 值大的区域，可判断认为是围岩的破裂区（松动圈）；裂缝明显较少或伪裂缝多的区域（C 值多接近 1）可判断认为是围岩的微破裂区。

如图 5-28 和图 5-29 所示，测试时先在巷道围岩壁上钻取一定深度的测试孔，再用高压气管深入测孔的底部将测孔内的岩屑等吹干净，以免影响摄像效果。将连接好的全景摄像头用测杆伸入测孔的底部，记下测杆的刻度（即摄像头的探测深度），并调整深度脉冲发生器使主机从该深度开始记录。逐渐匀速外抽测杆和电线，并保持二者的同步，电线带动小绞车转动触发深度脉冲发生器，使主机记录的深度按外轴测杆的速度同步减小，从而将摄像图像与其相应深度一一对应起来。

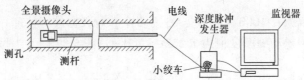

图 5-28 全景数字钻孔摄像煤矿巷道围岩松动圈测试系统

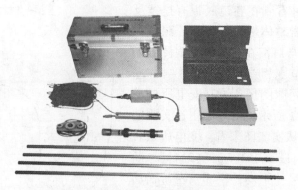

图 5-29 数字式全景钻孔摄像系统

测量结束后，将摄像数据导出，并采用相关软件程序分析孔壁圆形度 C 的值，并设定 1 个阀值（如 $C=3$）来判定围岩碎裂区范围，从而可得到巷道围岩松动圈厚度。全景数值钻孔摄像煤矿巷道围岩松动圈测试系统利用先进的钻孔摄像技术将围岩的内部结构环境直观地展现在人们的眼前，并利用相关的软件程序对采集的摄像资料定量分析，从而得到巷道围岩的松动范围。该测试方法测量准确、精度高，反映的信息量大，可以对采集的数据进行更加深入的分析，为巷道的稳定性分析和支护设计提供可靠的依据。但是该方法测试仪器价格昂贵，操作复杂，而且后续的分析软件有待进一步开发，以使测试数据得到更充分的利用。

5.4.4.2 工程实例

山东省七五生建煤矿南四轨道大巷由许楼西大巷运 11 号开门，以 193°方位，开门点位于 3 下煤层底板中，巷道长度为 1750m，共布置了 2 个测站，见图 5-30。测站 1 至测站 2 的距离为 20m，测站布置中对条件相同的地段进行了合并与归纳，只取其中一段进行观测。每一测站共设 5 个测孔，具体布置见图 5-31。钻孔摄像测点采用 89m 的孔，孔深为 3m。

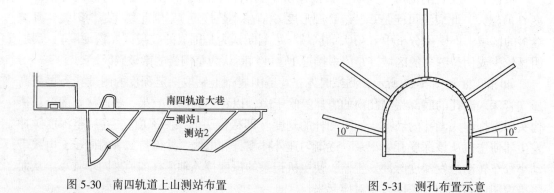

图 5-30 南四轨道上山测站布置   图 5-31 测孔布置示意

钻孔摄像共摄取图片 1000 张，数据 25 万多个。对数据进行整理、解释，得出采用钻孔数字摄像测量围岩松动圈厚度值为 1.332~1.428m，图 5-32 即为 1 号孔中围岩图像特征提取图。

对于 1 号孔，孔深在 2.004~3.000m 范围内，围岩裂缝的圆形度 C 基本处于 1~3 范

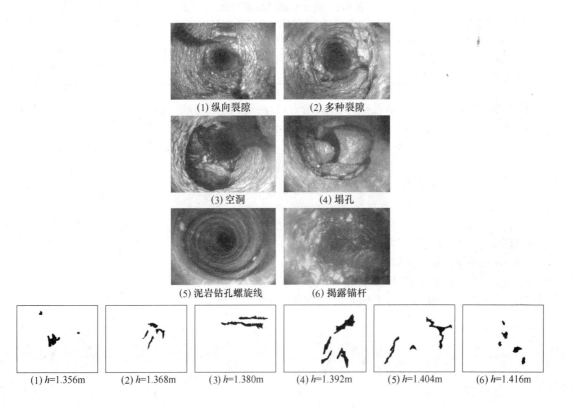

(1) 纵向裂隙   (2) 多种裂隙

(3) 空洞   (4) 塌孔

(5) 泥岩钻孔螺旋线   (6) 揭露锚杆

(1) h=1.356m   (2) h=1.368m   (3) h=1.380m   (4) h=1.392m   (5) h=1.404m   (6) h=1.416m

图 5-32   钻孔围岩特征提取图

围内，而孔深在 1.008~2.004m 范围内，围岩裂缝的圆形度 C 变化比较明显，见图 5-33（a）。由图 5-33（a）可知，在孔深为 1.404m 处围岩裂缝的圆形度为 10.407，而孔深 1.416m 处的围岩裂缝的圆形度为 1.888。因此，可以断定在 0~1.404m 范围内的围岩裂缝形状呈细长状，而在 1.416~3m 范围内的围岩裂缝形状呈圆形状。细长状的裂缝可能是在围岩松动圈形成过程中产生的，而圆形状裂缝可能是地质钻孔过程中由于岩石掉落而产生的。故可以断定该孔处的围岩松动圈的厚度值为 1.404m。2 号孔测试结果如图 5-33（b）所示，由图可知，该孔处的围岩松动圈的厚度值为 1.352m。南四轨道上山 5 个测站的钻孔摄像测试结果与超声波测量比较如表 5-5 所示。

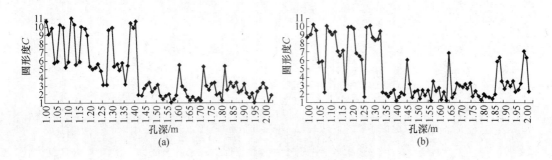

图 5-33   圆形度与孔深的关系曲线

(a) 1 号孔；(b) 2 号孔

表 5-5　松动圈测试结果对比

序号	孔 1	孔 2	孔 3	孔 4	孔 5
钻孔摄像	1.404	1.352	1.414	1.365	1.420
声波测量	1.41	1.38	1.44	1.36	1.45

　　从表 5-5 中可以看出，钻孔摄像测试围岩松动圈厚度值与超声波测量的松动圈厚度值基本吻合。由此，可以验证上面建立的围岩裂缝检测系统是有效的。

习题与思考题

5-1　试述围岩松动圈的概念及其在巷道支护中的应用。

5-2　试述各类结构围岩的变形破坏特点。

5-3　试述测力锚杆的测力原理及使用方法。

5-4　现在围岩松动圈的常用测试方法有哪些，有何优缺点？

6 采空区探测

6.1 采 空 区

6.1.1 采空区概况

采空区是开采地下资源所留下的地下空洞,见图 6-1。由于开采方式的不同,采空区顶板覆岩会产生冒落坍塌,往往在地表形成连续沉降盆地或不规则沉降变形,对地表建筑物的稳定性造成很大影响。

我国是一个发展中国家,由于基础建设的不断开展,对矿产资源的需求和使用一直处于快速增长阶段。然而矿产资源开采利用过后,由于地质条件的改变形成了大量的采空区,经济资本限制和人力资本的不充足导致很多的采空区没有得到妥善的处理,使得大多数的采空区闲置一旁。由于采空区改变了原有的地质构造,导致地质构造失衡,出现了地面塌陷的现象。由于采空区没有得到妥善处理,表现出的种种不良后果,为地质工作、矿区活动、施工建设和国家财产带来了一定的损失。如对采空区进行治理,对采空区的地理位置、埋深、现状情况进行了解是关键,只有对采空区的空间分布状态有了充分的了解,治理才能有效进行。

图 6-1　地下采空区

6.1.2 采空区灾害及常用探测方法

我国矿山安全事故频发,矿山特大安全事故时有发生。在矿山特大事故中,主要诱因有两个:一个是瓦斯,另一个就是采空区。目前我国大多数矿山,譬如广西大厂矿务局、栾川钼矿、厂坝铅锌矿、广东大宝山矿、秦岭金矿、贵州开阳磷矿等,经十余年的民间掠夺式开采,留下大量未处理的采空区,严重影响了矿山的安全生产。我国由于地下采空区造成地表塌陷的面积超过 1150km。地下采空区对工程的危害是显著的,主要体现在两个方面：一是采空区顶板大面积冒落，造成地表沉陷和开裂，破坏地面环境和影响露天作业；另一个就是在矿山开采过程中，采空区围岩受爆破震动影响，导致岩体裂隙发育，甚至贯通地表或连通老窿积水，发生突水事故，从而淹没坑道和工作面，造成损失。如2001年7月广西南丹发生的特大透水事故，就是因为民窿留下大量的采空区积水相互贯通而造成的。

采空区一般隐蔽在地下且行人难以进入，在缺少资料的情况下，对采空区的位置、大小、数量等需要进行精确探测。理想的探测手段与方法应该满足劳动强度低、成本低、现场实施安全便捷、精确度高等特点。目前，常用的地下采空区物理探测技术有：重力勘探法、三维地震测试、三维激光扫描测试法等。

6.2　重力勘探法

微重力法（高精度重力法）勘探是应用高精度重力仪（10μGal级）测量岩体密度差异，来探查空穴和溶洞。

重力测量最早用于大地测量，后来用于研究区域地质构造和探测金属与非金属矿床。随着微伽级高精度重力仪器的诞生，测量精度大幅提高，能够分辨微小对象和低缓微弱异常，并取得很好的应用效果。微重力法以地下介质间的密度值差异作为其物理基础，通过研究局部密度不均体引起的重力加速度变化的数值、范围及规律来解决地质问题。微重力法不受电磁场等人文干扰、接地条件的影响及工作场地大小等因素的限制，对埋深浅、探测目标微小的具有较好的分辨能力。此外，微重力法野外工作方法简单，成本低、效率高、干扰小，能够弥补其他物探方法的不足。

对于上覆松散介质密度值与下伏完整稳定岩层密度值存在差异的地质体，可通过重力场的变化规律来推测接触带的深度、形状、微弱层厚度、完整基岩分布。对于空洞（人防、岩溶、采空、陷落柱）及其影响带与其周围完整岩土体存在密度值差异，并产生相应的重力异常，可通过重力异常规律来推测空洞的产状要素和几何形状。

6.2.1　实测工作布置和数据采集

6.2.1.1　工作布置
根据实际地形与需要进行工作布置。

6.2.1.2　地形测量
采用 GPS 三台进行测量，静态测量标准偏差称：±5mm+1×10⁻⁶D。测量采用 54 北京坐标系和 85 国家高程基准。

6.2.1.3　重力测量
采用 LCR-D 型 166 型重力仪，测量前对仪器进行了调校及检查。为有效控制重力仪零点掉格，采用相对重力测量，设置重力基点，每个工作日均对基点进行基—辅—基观测，数据采集基点 3 次、辅点 2 次，误差小于 0.005 格。重力观测采用单次逐点观测法起闭于基点，数据采集 2 次，每个单元闭合时间均不大于 8h，误差小于 0.005 格。

6.2.2 资料处理

6.2.2.1 正常重力值

正常重力值采用国际大地测量协会 1980 年公式 $\gamma^0 = 978032.7[1+0.0053024\sin^2\varphi - 0.0000058\sin^2(2\varphi)]$ 计算。式中，φ 为测点纬度值。

6.2.2.2 地形修正值

陡坎按台阶法，复杂地形按锥形柱体法对近区（0～20m）地改值进行计算，并进行地形修正。远区（20～200m）利用地形图读数进行地形修正。

6.2.2.3 布格修正值

采用 $\Delta g_{B修} = \{0.3086[1+0.0007\cos(2\varphi)]-0.72\times10^{-7}h-0.0419\rho+0.02095/(R\rho h)\}h$ 进行布格修正和中间层修正。式中：$\Delta g_{B修}$ 为布格修正值；φ 为测点纬度值；ρ 为中间层密度，$2.1g/cm^3$；h 为测点海拔高程；R 为圆域地形修正半径。

6.2.2.4 测量重力值

重力值利用中心点固体潮理论值对观测点进行固体潮修正。混合零点位移利用闭合单元内零点位移随时间线性变化规律修正。

6.2.2.5 布格重力异常值

采用 $g_B = \Delta g_测 + \Delta g_{B修} + \Delta g_{地修} - \gamma^0$ 进行布格重力异常值计算。式中：g_B 为布格重力异常值；$\Delta g_测$ 为测点绝对重力值；$\Delta g_{B修}$ 为布格修正值；$\Delta g_{地修}$ 为地形修正值；γ^0 为正常重力值。

6.2.2.6 剖面成果图绘制与判释

依据布格重力异常值及地形绘制对比剖面图（见图 6-2），重力值低于其他测点，为疑似采空区或采空变形破坏区。

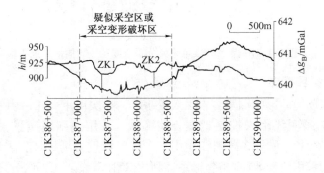

图 6-2 重力测量剖面

6.2.3 工程实例

山东省临沂市西外环改建项目涑河—祊河段为采空塌陷隐患区，对拟建临沂市西外环改建项目危害大。为了弄清该研究区煤矿采空区地面塌陷危害性程度，采用微重力测量、地质钻探和现场踏勘方法，探明地下采空区分布范围、采空区类型和覆岩变形破坏规律，评价采空区地面塌陷现状的稳定性。

6.2.3.1　区域地质条件

临沂市涑河—祊河一带地层整体为单斜构造，倾向北东。地表为第四系覆盖，下伏基岩为白垩系砂砾岩、凝灰岩，石炭—二叠系泥岩、粉砂岩、砂岩、石灰岩及薄煤层等。区内侵入岩主要为燕山期安山岩、闪长玢岩、闪长岩等，在石炭—二叠系软弱层中顺层侵入。石炭—二叠系地层为区内主要含煤地层，可采煤层主要为 16 煤和 17 煤，煤层相对稳定，层厚 0.1~1.5m。1960 年该区域煤矿普查工作圈定的可采区内，16 煤平均厚度 0.70m，17 煤平均厚度 0.77m。区内查明断层 4 条，自北向南依次编号为 F1、F2、F3 和 F4，其中 F1、F2 和 F3 断层整体倾向南，倾角 60°左右，F4 断层整体倾向北，倾角 65°左右，这四条断层将区内煤田切割成相互独立的小区块，详见图 6-3。

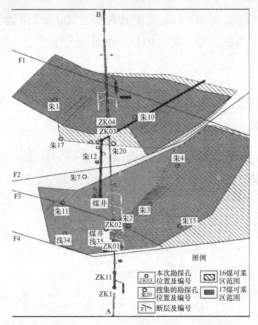

图 6-3　16 煤、17 煤可采区分布范围及地质构造平面

6.2.3.2　采空区探测

充分考虑外部环境的影响因素（村庄、厂房），本次微重力工作共布置了 10 条测线进行测量。其中 7 条测线用来控制拟建公路区域，采用规则网布置，线距 10m，点距 10m，测线方位角 358°；另外 3 条测线是用来了解区域重力场特征，采用不规则网布置。上述测线、测点均采用西安 80 直角坐标系，利用 RTK 预设。在工区分别开展了静态试验和动态试验。

A　静态试验

开工前，在工区附近选择较平稳的场所，对仪器进行了静态试验，每 30min 读数一次，连续观测了 28h，经理论固体潮改正后，绘出了仪器的静态零点位移曲线，见图 6-4。本台仪器的静态曲线近似于线性，零点位移率为每小时 $0.001052 \times 10^{-5}\,\text{m/s}^2$，零点位移曲线与直线的最大偏差为 $0.007 \times 10^{-5}\,\text{m/s}^2$，远优于设计的观测均方误差，说明重力仪稳定性良好。

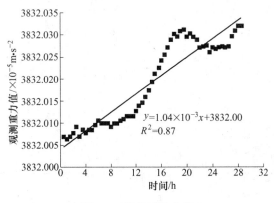

图 6-4　静态试验曲线

B　动态试验

开工前，进行了重力仪的动态试验工作，地点选在工区附近的两个试验点，两点间单程观测时间间隔控制在 20min 以内。对重力仪动态观测结果进行了理论固体潮改正后，绘制了重力仪的零点位移曲线，见图 6-5。由图 6-5 可知，重力仪的动态零点位移曲线均呈线性，1 号点的动态零点位移率为每小时 $0.003645 \times 10^{-5} \mathrm{m/s^2}$，2 号点的动态零点位移率为每小时 $0.004836 \times 10^{-5} \mathrm{m/s^2}$。试验结果表明，动态平均零点位移率为每小时 $0.004241 \times 10^{-5} \mathrm{m/s^2}$，统计仪器的动态观测精度为 $0.007 \times 10^{-5} \mathrm{m/s^2}$，不大于设计的测点重力观测均方误差的二分之一，可以投入使用。

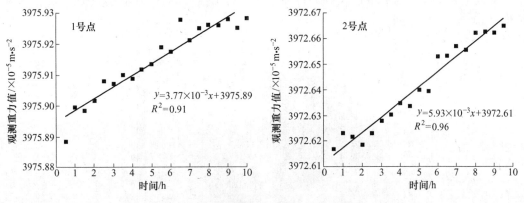

图 6-5　动态试验曲线（野外工作开始前）

野外工作结束后，进行了重力仪的动态试验工作，地点同样选择两个试验点，试验点之间重力差大于 $3.0 \times 10^{-5} \mathrm{m/s^2}$，两点间单程观测时间间隔控制在 20min 以内。对重力仪动态观测结果进行了理论固体潮改正后，绘制了重力仪的零点位移曲线，见图 6-6。由图 6-6 可知，重力仪的动态零点位移曲线也均呈线性，1 号点的动态零点位移率为每小时 $0.004325 \times 10^{-5} \mathrm{m/s^2}$，2 号点的动态零点位移率为每小时 $0.003289 \times 10^{-5} \mathrm{m/s^2}$。试验结果表明，动态平均零点位移率为每小时 $0.003807 \times 10^{-5} \mathrm{m/s^2}$，统计仪器的动态观测精度为 $0.006 \times 10^{-5} \mathrm{m/s^2}$，不大于设计的测点重力观测均方误差的二分之一，说明工作期间仪器处于稳定状态。

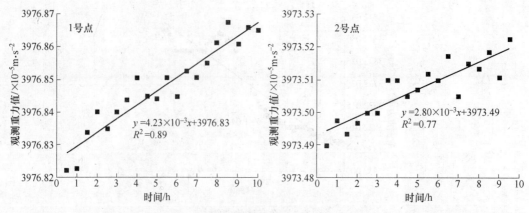

图 6-6　动态试验曲线（野外工作结束后）

本次重力工作投入 Burris 高精度重力仪，在仪器出厂时已进行了格值标定，并附有 $0\sim7000\times10^{-5}\mathrm{m/s^2}$ 测程范围内的格值表。为了消除系统误差，基于国家格值标定场进行了格值校正系数的标定，最终确定仪器格值校正系数为 1.000098。

对有效观测数据依次进行了固体潮改正、相对重力值计算、地形改正、正常场改正、布格改正和仪器高度改正，最终得到布格异常值。利用 surfer 将布格重力异常值网格化，绘制成等值线平面图，见图 6-7。由图 6-7 可以看出，尽管 10 条剖面不均匀分布，并且中间有很大的空白地段，但从拟合成的图中可见，该平面图的态势大致反映了工作区的基本情况，重力趋势以北北西为主，形成了非常明显的单斜重力走势，其单斜规律比较连续完整，形成了一个较大的单斜式区域场特征。其重力加速度异常值变化范围在 $-0.6\sim1.92$ 毫伽（$10^{-5}\mathrm{m/s^2}$）之间。

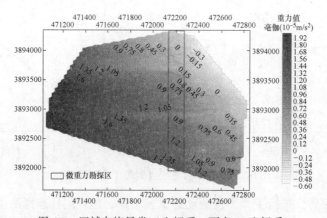

图 6-7　区域布格异常（坐标系：西安 80 坐标系）

由于采空区密度比围岩小，所以其引起的重力异常应该为重力低异常。异常圈定原理为：将采空区看作是一个低密度的球形异常体，单一球体在地面引起的异常是不等间距的同心圆，一旦叠加上一个单斜的异常，叠加后的异常等值线是向异常升高的一方扭曲。

根据异常圈定原理，将本区异常圈定为 5 个，分别为 I 号异常、II 号异常、III 号异常、IV 号异常和 V 号异常，详见图 6-8。纵观这五处异常，沿拟建工程轴线方向整体规模较小，在工程轴线方向上异常长度均在 $20\sim50\mathrm{m}$ 范围以内。其中 I 号异常、III 号异常、IV

号异常和Ⅴ号异常向东均未封闭,推断异常位置为煤矿采空区,这四处异常相比背景值,异常幅度均较小,推断这些位置的煤矿采空区顶板已塌陷且趋于密实;Ⅱ号异常呈近条带状,勘探范围内为封闭负异常特征,因该异常区附近未发现大规模近南北向异常,所以推断该异常可能为地下主巷道分支巷道的反映。

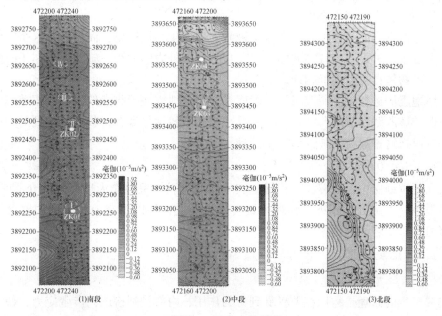

图6-8　重力布格异常

6.3　三维地震测试

地震勘探法的探测成本非常高,超过总成本的百分之八十,正因为高成本的支出使得大多数国家不得不进行技术创新和研究,地震仪器也在不断更新换代,在初始阶段以光点记录仪技术为主的仪器设备发展到了现代以全数字为主要技术的地震设备。设备的更新解决了很多以前很难处理的问题,而且能够使得操作更加容易、智能化、探测的效率得到了很大的提升,若是小规模的探测,其需要的人力、物力成本也较以前有了很大改观。地球物理技术的发展与其他行业技术的发展有很大关联。同样,地震法作为有效的地球物理方法之一,更是与其他行业的发展密切相关。例如计算机技术,计算机硬件和软件的更新换代,也促使了地震设备、技术的更新,这些变化使得地震法的自动化和智能化程度逐步得到提升。计算机的出现使得采集数据、处理数据的精确性和操作性都得到提高,同时后期数据处理完成后的解释工作也更加方便。目前,由于地震法的效率高、精确度高等优点,很多国家对地震法都投入了大量研究,我国也积极参与相关科研工作,技术也得到了很大提高。

6.3.1　地震勘探的基础理论

6.3.1.1　弹性理论

当施加外力时,由于外力的作用物体的形状和体积会随着外力的大小而发生相应的改变，物体的这种变化称其为形变，撤掉施加的力，那么物体也会随之发生改变，变成原来的形态，这就是弹性的原理。如果对这种变化比较敏感，称其为完全弹性介质，所发生的形变就是弹性形变，例如橡皮筋、橡胶棒等。如果当施加的外力去掉的时候，物体的形态没有恢复到之前的状态，这种改变就是塑性形变，拥有此特征的一类物体就是塑性体，这种改变就是塑性形变，例如玻璃等。

任何物体都有它的弹性极限，在这个极限之内发生弹性形变，而超过了这个极限就会发生塑性形变。这种极限与许多方面有关，包括施加外力的大小、施加外力作用时间的长短，还有每种物体自身的内部构造。

当使用地震法进行探测研究时，一般就是震源与地震波接收点的位置会相差较远，由于人为制造的震源触发时间非常短暂，并且距离相差较远导致在接收点感受到的力度非常小，因此可以把这种形变按弹性形变来处理。

6.3.1.2 应力和应变

既然在地震勘探中，地震波所传播的实际岩层可以抽象地作为理想弹性介质来研究，因此，在震源（外力）作用下，弹性体就会发生形变，可以用应力和应变的概念来描述这种作用力和形变之间的关系。

6.3.1.3 地震波理论

A 地震波的形成

地震波产生的原理是物体在外界受到力的作用，内部受到挤压，产生应力，使得内部相邻质点的位置发生相对变换。为了说明地震勘探中利用地震波的本质，首先来讨论地震波的形成过程。

当对某物体施加一个力的时候，根据力的大小和物体所能承受的极限，该物体会发生不同的变化。若是施加的力大，超过物体所能承受的极限就会发生塑性形变；若是施加的力在承受的极限范围内就会发生弹性形变。

在进行地震法的试验时，若是采用炸药震源，其过程也是经历这几个阶段。首先，将炸药填埋在需要爆破的区域，在引爆炸药时，会产生巨大能量，对炸药周围的岩石产生强大的应力，由于破坏力超过了周围岩石的极限，岩石发生破碎或者断裂。随着能量的释放，距离震源较远的岩石，受到的应力随着距离的增加而逐渐减少。当应力未达到岩石所能承受的极限时，就会发生弹性形变，从而各种波就能够以岩石等为介质，进行有效的传播，在试验中就能够通过接收这些波，然后进行处理分析波的一些规律，进而达到探测地质情况的目的。

B 纵波与横波

地震产生多种波的形态，其中主要研究的是横波与纵波。当波的传播方向与质点的振动方向一致时，称其为纵波；当波的传播方向与质点的震动方向垂直时，称其为横波。纵波的传播速度不仅快于横波，而且纵波的传播速度是地震波里传播速度最快的。其中横波、纵波传播路径如图 6-9 所示，通常用 v_s 表示横波的传播速度，用 SH 表示横波质点振动在水平片面中的分量。v_p 表示纵波的传播速度，用 SV 表示横波质点振动在垂直面中的分量。

横波和纵波虽然都是研究的主要地震波，是相同的震源产生的波，但是它们还有很多不同之处，主要表现在以下几个方面。首先是区别横波与纵波的主要方法是判断它们质点的振动方向与波的传播方向。若是振动方向与传播方向相同，那么其为纵波；若是质点的振动方向与波的传播方向垂直，那么其为横波。其次是判断波的速度，若是能判断出其速度大小，根据纵波的速度要快于横波的这个特点，也可以对其进行区分。横波和纵波的速度方程如下式所示：

$$v_p = ((k + 2\mu)/\rho)^{\frac{1}{2}}$$

$$v_s = (\mu/\rho)^{\frac{1}{2}}$$

式中，v_p 为纵波的速度；k 是体积模量；μ 为剪切模量，ρ 为密度，v_s 为横波的速度。通过上面两个方程，可以看出纵波的速度要大于横波的速度。因此，当横波和纵波同时从同一震源出发，经过相同介质，到达相同检波器位置，那么纵波一定先于横波到达。

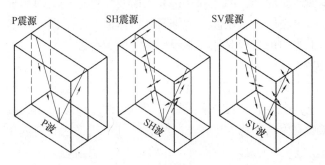

图 6-9　P 波、SH 波、SV 波的传播路径

图 6-10 给出了九分量波的类型。SHSH、SVSV、PP 波是纯纵波和纯横波，SHSV、SHP、SVSH、SVP、PSH、PSV 均为转换波。其中 SHSH、SHSV、SVSV、SVSH 是四分量横波，其传播路径与 PP 波基本一致。

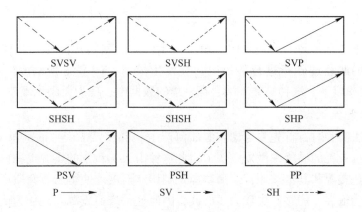

图 6-10　九分量波的类型

6.3.2　地震采集技术

地震探测试验中很重要的一个步骤就是探测数据的采集，采集数据的有效性、准确性直接关乎是否能够对地质资料进行解释。因此，在数据采集过程中要严格以采集原理为依据并充分地了解地质条件。

6.3.2.1 地震波的识别

A 常见规则干扰波

a 声波

声音的传播速度在 340m/s 左右，声波传播速度快、频率高，当触发震源时或者生活噪声，都会对地震波产生干扰。

b 直达波

在震源出发后，有一种波不经过地质体内部传播，只是沿着地表进行传播，这种波就是直达波，一般这种波会对有用波产生干扰。

c 面波

地震波里有横波和纵波，它分布在整个地质体中，因此它们也称为体波。还有一种波，它只是出现在弹性界面处，因此称这种波为面波。在地震法探测时，主要采集的波为横波和纵波，横波和纵波属于有用波，由于面波传播速度非常慢、频率又很低，对收集的有用波具有一定的干扰作用，因此把面波看作是一种干扰波。

d 工业电干扰

地震检波器可以检测到 50 的工业用电波，因此在进行地震法探测时，一定要注意周围的高压电线，防止其产生的干扰波对有用波产生干扰。最好的办法是远离高压电线，这样由于距离较大能够避免其干扰。

B 不规则干扰波

a 微震

微震不是震源所引起的振动，它主要是由于其他物体运动所引起。例如行驶当中的汽车，由于轮胎与地面产生摩擦，会使得接触面产生形变，从而引发震动，这种震动会产生干扰波，影响地震法探测时数据采集。因此，应避免周围物体发生微震，或尽量减小微震。

b 高频背景

当震源位于非常坚硬的介质中时，由于发生较为强烈的塑性形变，会产生较强的能量。当其产生的波经过砂石进行传播时，会发生散射，产生高频率波，其频率通常在 80Hz 以上 120Hz 以下，这种高频率波会在采集的数据中表现为无序无规律的波形曲线。

6.3.2.2 地震的激发

地震探测法实验时，首先要考虑震源如何产生。自然界中产生的震源是不能利用的，那么就必须通过人工的手段来激发震源，因此这种由人工激发的震源也称为人工震源。人工震源分为炸药震源和其他震源，炸药震源是利用炸药爆炸使得岩石介质产生塑性形变的原理，由于其能量强，能够产生较为多的波，因此这种炸药震源一直作为地震法的主流震源，其他震源例如使用大锤来激发也作为有效的震源被广泛使用。

A 炸药震源

炸药一直作为矿山开采工作中必不可少的工具，其特点是在一个密闭的空间发生化学反应，迅速释放大量的能量，若是这些能量遇到岩石等坚硬物体，会把能量转化为超强的压力，从而使得其周围岩石发生塑性形变，产生强烈的冲击波。

在进行地质探测时，尤其是探测区域位于金属矿时，其震源地点一定要结合其地质资料进行最优化的选择。这里要避免选择在坚硬的岩石中，坚硬的岩石需要进行钻井，这不仅使得实验周期加长，还会大大增加实验费用的开支，严重影响效率。其次就是炸药量的选择问题，若是炸药选择太多，会产生大量无用的波、高频波，探测结果会杂乱无章。若是炸药量选择太少，由于其能量不能满足其波所需穿过的厚度较大的介质体，不能准确探测地层信息，因而应该结合地质情况，选择最优的炸药量。

B　非炸药震源

炸药震源由于其种种优点一直处于支配地位，但其也有局限性，例如黄土高原、地质环境干旱地区都是低速带，这时使用炸药震源就不会取得很好的效果。其次就是炸药震源需要进行爆破，会破坏地质环境，有些情况下是不允许出现这种具有较大破坏的情况。例如在进行考古探测时，选择非炸药震源较为合适，因为非炸药震源是一种可控且不会产生破坏的有效手段。最后考虑到经济因素，炸药震源需要更多的人力物力。因此，在进行小型探测实验时，就可以选择非炸药震源。

非炸药震源最大的优点有以下两点：第一是震源激发地震波频波率的可控性，可以根据所需地震波频率对震源进行设置，能够取得更良好的探测效果。由于这个突出的特点，美国等西方发达国家一直致力于这种可控震源的研究工作，期望能够开发出效果更好的可控震源系统。其次就是非炸药震源不会对探测地区产生破坏作用，这点是那些需要对地质体进行保护的地区能进行地震法探测的主要原因，这种不破坏生态环境的震源也符合我国一直提倡的发展理念，即坚持走可持续发展的道路。因此，我国许多专家、机构对此也进行了大量的研发工作。

6.3.3　工程实例

某勘探区地处于陕西榆林神木县北部，交通便利。南区地表起伏很大，沟谷极其发育，地形切割严；北区地表相对平缓，多为风沙滩地貌。勘探区内地表大部分为第四系风成沙及黄土所覆盖，基岩多出露于较大的沟谷之中，依据地表出露和钻孔揭露信息，地层由老到新为：中生界三叠系上统延长组，侏罗系中统延安组，侏罗系中统直罗组，新近系保德组、第四系。

6.3.3.1　地震地质条件

A　表、浅层地震地质条件

勘探区多为低山丘陵地带，沟谷及山梁发育，地形切割比较严重。这些地表条件使得地震勘探的测网布置和野外施工具有极大的难度，而且勘探区内地表大部分为第四系风成沙及黄土所覆盖，基岩多出露于较大的沟谷之中，地表松散沉积物对地震波吸收、衰减作用强烈。由此分析，低、降速带稳定性较差，故表、浅层地震地质条件较差。

B　中、深层地震地质条件

勘探区的主要煤层沉积稳定，煤层顶板为泥岩、粉砂质泥岩，局部为细砂岩，底板以粉砂岩和泥岩为主，煤层结构简单，但煤层多且埋藏浅，煤层之间的间距小。接收排列短，影响速度分析的精度；排列长，接收不到煤层反射波；煤层间距小，可能会形成多层煤的复合反射波，同时上组煤层会对下组煤有较强烈的能量屏蔽作用。总体上讲，本区中、深层地震地质条件比较好。因此，本勘探区只要克服地表施工难度大的困难，整体来说勘探区的地震地质条件比较好，可以进行地震勘探。

6.3.3.2　三维地震勘探技术措施

A　控制点布设

为了方便施工时架设基准站及满足测线施工放样精度要求，在测区内加密了6个控制点。加密控制点标志采用大木桩、红漆或在固定物上刻十字。GPS控制点的布设应满足：(1)控制点应布设在靠近测区、方便使用的地方；(2)控制点应布设在视野开阔地，便于今后保存和使用；(3)控制点上空10°~15°没有成片的障碍物，便于今后展开布控；(4)测站200m的范围内没有强电磁波干扰源，如大功率无线电发射设备、高压输电线等。

B　测线施工放样测量

为提升施工放样的效率和精确度，基准站选用就近选取的原则。每次迁移基准站都需重新进行点校正，点校正后必须在另外的已知点上进行检核，以保证点校正的正确性。放样时，当流动站获得固定解后再进行放样工作，流动站选用2m固定长度的对中杆。为了避免在施测过程中产生大的误差，在整个测区施工过程手簿中参数设定好后严禁改动。

本次三维地震勘探工程设三维地震测线12束，接受测线70条，测量点18110个，其中激发点3336个，接收点14778个，施测面积约2.96km²。

C　三维地震勘探资料分析

勘探区主要为黄沙覆盖，地表起伏较大，煤层埋藏较浅，勘探数据处理的难点是如何减弱强面波扰乱及线性干扰。为了确保资料的高保真度、高信噪比和高分辨率，尽可能在勘探前做好去噪和压制鸣震、多次波等干扰；注意保护有效波的低频成分，选择适当的滤波通带，避免出现多相位和同相轴连片现象。

由于该区地表高程变化较大，表层横向速度变化大，资料处理的关键技术之一是如何做好地表一次静校正。通过静校正处理，基本消除了各个点位由于低速带引起的误差。处理中，选取了1280m为基准面，基岩的替换速度为3000m/s。根据资料可知南区静校正量差异较大，地表起伏较大，北区静校正量差异较小，地表相对平缓。图6-11为初至折射静校正前后的地震单张记录，从对比结果不难看出：经过初至折射静校正之后，资料的信噪比有了明显的提高，单炮及剖面处理效果有了很大的改善。

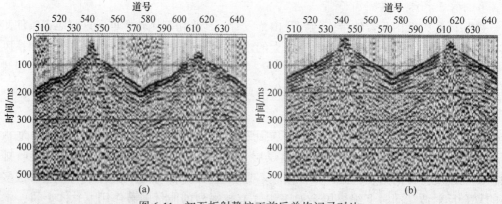

图6-11　初至折射静校正前后单炮记录对比

(a)初至折射静校正前；(b)初至折射静校正后

　　为准确圈定采空区的范围，首先应充分了解采空区的反射波特征。根据本勘探区的煤层赋存和埋藏特点，建立了一个采空区数值模型。根据本区煤层赋存情况，在模型中有 4 层煤，从上到下依次为 2-2、3-1、4-2、5-2 煤。2-2 煤埋深在 110m，煤层厚 8m；3-1 煤埋深在 150m，煤层厚 3m，与 2-2 煤间距 40m；4-2 煤埋深在 190m，煤层厚 3.5m，与 3-1 煤间距 40m；5-2 煤埋深在 280m，煤层厚 6m，与 4-2 煤间距 90m。

　　将模型进行弹性波模拟，得到的自激自收地震记录如图 6-12 所示，从图 6-12 中可以清楚地看到由采空区引起的下方紊乱的类似于串珠状的波形，而且开采方式不同，得到的波形紊乱程度也不一样，从单层、两层被采到三层、四层被采体现的紊乱程度越来越明显，但总体上被采空煤层下方的辅助相位都有类似于串珠状波形的紊乱特征。根据采空区反映在模拟地震时间剖面上的这一特点，可将煤层反射波以下的辅助相位是否成串珠状特征作为判定采空区的重要参考依据。

　　小煤矿一般为房柱式采煤，该方式采煤的采取率较低，煤层采空之后还存在大批煤柱，故地震反射波能量较弱或连续性较差，在时间剖面上经常显示出 3 种现象：（1）煤层反射波变弱，在采空区边界处反射波同相轴频率和产状产生突变，在采空区内部反射波同相轴不连续且杂乱无章（见图 6-13）；（2）房柱式采煤影响范围内的煤层反射波能量、频率、产状与周围非采空区煤层反射波存在明显差异，同时非采空区域煤层反射波较强，其下覆层位反射波很弱，而采空区范围内煤层反射波同相轴能量弱，其下覆层位反射波能量较强，形成明显反差（见图 6-14）；（3）煤层被完全采空后，仅残余少量煤柱，这在地震时间剖面上表现为煤层反射波缺失（见图 6-15）。

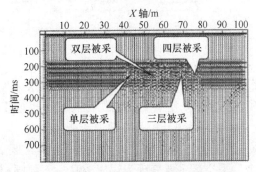

图 6-12　自激自收模拟示意图

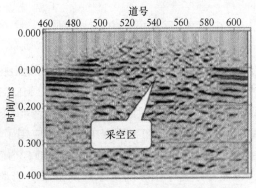

图 6-13　采空区的反射波同相轴不连续现象

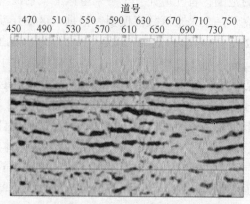

图 6-14　采空区的反射波同相轴上弱下强现象

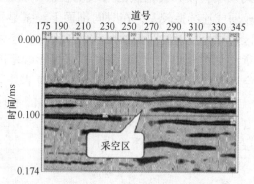

图 6-15　采空区的反射波同相轴缺失现象

D　地质成果

（1）南区 5-2 煤层采空区 2 个，异常区 2 个；4-2 煤层采空区 2 个，异常区 1 个；3-1 煤层无采空区，异常区 1 个。采空区主要表现为煤层同相轴凌乱，下部同相轴紊乱且增多，异常区则表现为同相轴的小部分短距离缺失或能量变弱。

（2）北 2-2 煤层采空区 1 个，异常区 2 个；3-1 煤层异常区 2 个；4-2 煤层异常区 1 个；5-2 煤层异常区 1 个。采空区主要表现为煤层凌乱，下部同相轴紊乱，异常区主要为同相轴缺失，反射波能量变弱。

6.4　三维激光扫描测试

随着激光技术和电子技术的发展，激光测量已经从静态的点测量发展到动态的跟踪测量和三维测量领域。20 世纪末，美国的 CYRA 公司和法国的 MENSL 公司率先将激光技术发展到三维测量领域。该技术的产生为测量领域提供了全新的测量手段，在 2000 年的时候，美国宇航局（NASA）就已经在设计加工过程中成功地应用了三维激光测量技术。传统的三维数据采集手段主要有单点采集三维坐标的方法，如 GPS 高精度定位、三维坐标测量机、全站仪系统等，以及基于光学摄影测量原理的近景摄影测量、航空摄影测量等。单点采集三维坐标方法效率低，复杂场地工作时间长，对需要海量数据的结构面、实体描述难以详尽，利用光学摄影原理使用软件对数据图像模拟获取实体三维数据模型的方法，由于采集数据的硬件设备及后期处理等原因，存在操作繁琐、误差较大欠稳定的问题。三维激光扫描技术与传统的技术手段有着较大的区别，该技术突破了传统的单点测量方法，能够快速获取物体表面海量三维坐标数据，这些三维坐标数据又被称为"点云"。

目前，三维激光扫描测量技术已经发展出更高的测量精度、更远的工作距离和更多的应用领域。柯尼卡美能达公司的 Vivid910 三维激光扫描仪的最高精度可达 0.008mm；加拿大 Optech 公司的 ILRIs-3D 扫描仪扫描距离可以达到 1500m；CMS 洞穴测量系统是 Optech 研制的特殊三维激光扫描仪，专门用于人员无法进入的溶洞、矿山采空区；三维激光测量也已经被应用到航空测量的领域，即激光雷达。传统的遥测技术包括卫星遥感，航空摄影测量等，但是卫星遥感技术规模浩大、成本高、约束条件多、缺乏灵活性，而航空摄影测量成本昂贵，设备要求高。相比之下，三维激光扫描设备可以在低空对地面目标进行准确的三维数据测量，其精度可以达到 5cm，其低成本和灵活性将航测技术拓展到更多更广的范围。三维激光扫描技术在矿山采空区、军事、水利、电力、交通、防洪、滑坡监测、林业等领域都有着非常广泛的应用前景。

6.4.1 三维激光扫描技术的基本原理

三维激光扫描系统由三维激光扫描仪、数码相机、扫描仪旋转平台、软件控制平台、数据处理平台及电源和其他附件设备共同构成，是一种集成了多种高新技术的新型空间信息数据获取手段。利用三维激光扫描系统，可以深入到任何复杂的现场环境及空间中进行扫描操作，并可以直接实现各种大型的、复杂的、不规则的实体或实景三维数据完整的采集，进而快速重构出实体目标的三维模型及线、面、体、空间等各种制图数据。同时，还可对采集的三维激光点云数据进行各种后处理分析，如测绘、计量、分析、模拟、展示、监测、虚拟现实等操作。采集的三维点云数据及三维建模结果可以进行标准格式转换，输出为其他工程软件能识别处理的文件格式。

三维激光扫描系统的工作原理如图 6-16 所示，首先由激光脉冲二极管发射出激光脉冲信号，经过旋转棱镜，射向目标，然后通过探测器，接收反射回来的激光脉冲信号，并由记录器记录，最后转换成能够直接识别处理的数据信息，经过软件处理实现实体建模输出。

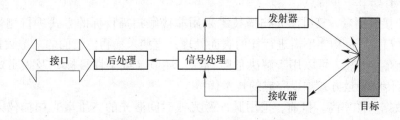

图 6-16 三维激光扫描系统工作原理

利用三维激光扫描系统对实体进行扫描时，扫描仪在水平和垂直两个方向上分别有分散的装置用于测量实体的特定部分。首先调制的激光光束经过电子装置部分（图 6-17A）

发射出来，在遇到以高速率旋转的光学装置（通常为光学棱镜）（图6-17D）时，在光学装置的表面，光束发生反射并且激光以一个特定的角ζ（图6-17B）发射到实体的表面上，并瞬间接收反射回来的信号。扫描仪在完成了一个ζ-剖面的测量后，扫描仪的上部（图6-17C）就会围绕垂直轴以较小的角度（$\Delta\alpha$）进行顺时针或逆时针的旋转来进行下一个ζ-剖面测量的初始化。这样重复进行ζ-剖面扫描测量，连接多个ζ-剖面，构成一幅扫描块。一个完整的实体往往需要从不同的位置进行多次扫描才可获取完整的实体表面信息。为实现不同位置的多个扫描块之间的精确合并，通常要求不同的扫描块（点云）在交接处有小区域的重叠。

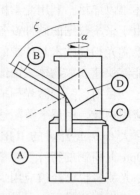

图6-17　扫描实现过程

扫描过程中，在每个站点上都可以获取大量的点云数据，点云中每个点的位置信息都在扫描坐标系中以极坐标（α，ζ，d）的形式来描述，其中d为从物体表面反射点到仪器中心的距离。扫描前，可以在待扫描的区域内布设所谓的"扫描控制点"，由GPS或者全站仪等传统测量的手段获取控制点的大地坐标，这样就可以把扫描获得的扫描仪坐标系下的扫描点云坐标转换为绝对的大地坐标，为各种工程应用提供标准通用的数据。目前新型的三维激光扫描系统不仅能够获取实体几何位置信息，还可以附带获取实体表面点的反射强度值（i）。在不同位置扫描时，利用内置或外置的数码相机对扫描实体的影像信息进行采集，为点云后处理提供边缘位置信息和彩色纹理信息。

数据获取完毕后的首要工作就是依靠与之相应的软件，对扫描点云数据进行后处理、建模输出等工作，具体内容将在后面章节作讨论。图6-18为三维激光扫描变形监测系统图。

图6-18　三维激光扫描变形监测系统

6.4.2　三维激光扫描技术特点

三维激光扫描系统是目前国际上最先进的获取地面空间多目标三维数据的长距离影像测量技术，它将激光的独特优异性能用于扫描测量，该技术主要具有如下一些特点。

（1）非接触测量。三维激光扫描技术采用非接触扫描目标的方式进行测量，无须反射棱镜，对扫描目标物体不需进行任何表面处理，直接采集物体表面的三维数据，所采集的数据完全真实可靠。可以用于解决危险目标、环境（或柔性目标）及人员难以企及的情况，具有传统测量方式难以完成的技术优势。

（2）数据采样率高。目前，采用脉冲激光或时间激光的三维激光扫描仪采样点速率可达到数千点每秒，采用相位激光方法测量的三维激光扫描仪甚至可以达到数十万点每秒，可见采样速率是传统测量方式难以比拟的。

（3）主动发射扫描光源。三维激光扫描技术采用主动发射扫描光源（激光），通过探测自身发射的激光回波信号来获取目标物体的数据信息，因此在扫描过程中，可以实现不受时间和扫描空间的约束。

（4）具有高分辨率、高精度的特点。三维激光扫描技术可以快速、高精度获取海量点云数据，可以对扫描目标进行高密度的三维数据采集，从而达到高分辨率的目的。

（5）数字化采集，兼容性好。三维激光扫描技术所采集得到的数据是直接获取的数字信号，具有全数字特征，易于后期处理及输出。用户界面友好的后处理软件能够与其他常用软件进行数据交换及共享。

（6）可与外置数码相机、GPS 系统配合使用。这些功能大大扩展了三维激光扫描技术的使用范围，使信息的获取更加全面、准确。外置数码相机的使用，增强了彩色信息的采集，使扫描获取的目标信息更加全面。GPS 定位系统的应用，使得三维激光扫描技术的应用范围更加广泛，与工程的结合更加紧密，进一步提高了测量数据的准确性。

（7）结构紧凑、防护能力强，适合野外使用。目前，常用的扫描设备一般具有体积小、重量轻、防水、防潮的特性，对使用条件要求不高，环境适应能力强，适于野外使用。

6.4.3 CMS 洞穴测量系统及其后处理软件

6.4.3.1 采空区三维激光扫描工具 CMS 简介

CMS 是加拿大 Optech 公司研制的特殊三维激光扫描仪，其功能是采集空间数据信息（三维坐标 X、Y、Z），对于人员无法进入的溶洞、矿山采空区等，可用此设备扫测空区内部数据，为矿山采掘规划、生产安全提供决策所需数据，既能辅助消减安全隐患，也可辅助减少矿体浪费。CMS 是 Cavity Monitoring System 的简称，直译为洞穴监测系统；也可理解为是 Control Measure System 的缩写，意即控制事态测量系统。CMS 主要由激光测距、角度传感器、精密电机、计算模块、附属组件等构成。

6.4.3.2 CMS 系统硬件基本组成

CMS 系统基本硬件配置包括激光扫描头、坚固轻便的碳素支撑杆、手持式控制器、带有内藏式数据记录器与 CPU 和电池的控制箱（如图 6-19 所示）。

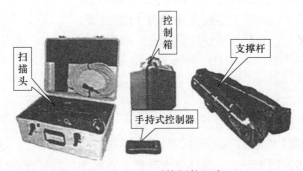

图 6-19 CMS 系统硬件组成

6.4.3.3 CMS 测量基本原理

CMS 系统采用的是一种激光测距仪的扫描头。激光扫描头伸入空区后作 360°旋转并连续收集距离和角度数据。每完成一次 360°的扫描后，扫描头将自动地按照操作人员事先设定的角度抬高其仰角进行新一轮的扫描，收集更大旋转环上的点数据。如此反复，直至完成全部的测量工作。CMS 测量工作原理如图 6-20 所示。

CMS 激光测距仪采用的激光二极管，几乎可以实现对任何材料物体的非接触测距，可以在黑暗或光照强的环境下使用而不需采用其他反射体或反射镜。扫描头发射的细小激光束不会产生错误的回波并可对远距离的小物体进行测距。激光束从粗糙的物体表面反射回来仍可被接收单元接收并实现距离测量。

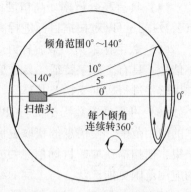

图 6-20 CMS 测量工作原理

为了计算距离，扫描头中的高精度计时器将测定激光束到达并从被测物体表面返回的时间，然后微处理器再利用该时间自动计算出距离。系统采用高速发射的激光和平均的方法来减少系统的随机误差，使激光测距仪测定的距离精度与所测定的距离大小无关。

CMS 三维激光扫描仪可以对确定目标的整体或局部进行完整的三维坐标数据测量，在三维空间进行从左到右，从上到下的全自动高精度步进扫描，从而真实地描述出目标的整体结构及形态特性。通过扫描点编织出的"外皮"来逼近目标的完整原形及矢量化数据结构，可进行目标的三维重建。然后由全面的后处理可获取目标的基本信息，如角度、距离、体积、面积、剖面及等高线等。

CMS 三维激光扫描技术的主要特点是大范围的扫描幅度和高精度的小角度扫描间隔。系统通过内置伺服驱动马达系统精密控制激光扫描头的转动，使脉冲激光束沿横轴方向和纵轴方向快速扫描（如图 6-21 所示）。通过数据采集获得测距观测值 s，精密时钟控制编码器同步测量每个激光脉冲横向扫描角度观测值 α 和纵向扫描角度观测值 θ。

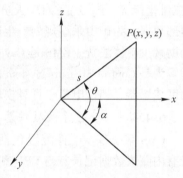

图 6-21 CMS 洞穴测量系统扫描原理

CMS 激光扫描仪使用仪器内部坐标系统，x 轴在横向扫描面内，y 轴在横向扫描面内与 x 轴垂直，z 轴与横向扫描面垂直，由此可得到三维激光测点坐标的计算公式：

$$\begin{cases} x = s\cos\theta\cos\alpha \\ y = s\cos\theta\sin\alpha \\ z = s\sin\theta \end{cases} \tag{6-1}$$

扫描仪内置反光镜可将激光束水平偏转，以实现激光水平方向的扫描功能。扫描仪主体周向自旋转功能可以实现纵向的扫描，每当水平扫描一个周期后，一步进一次，以进行第二次水平扫描，如此同步下去，最终完成对整个空间的扫描过程。

6.4.4 CMS 工作数据流程及现场探测方法

6.4.4.1 CMS 工作数据流程

CMS 系统工作数据流程如图 6-22 所示，主要包括如下过程：（1）CMS 扫描头进行扫描并获取数据；（2）控制箱接收扫描数据；（3）扫描数据以无线方式发送到手持式控制器；（4）扫描数据从控制器下载到计算机；（5）进行数据处理、计算、输出。

6.4.4.2　采空区现场探测方法

为了适应不同工程项目需要，CMS 架设方法灵活，洞口只需要 25cm 孔径，即可把 CMS 伸入进去，扫测洞内情况。如果通视条件好，人员没有安全隐患，可用三脚架，扫测周边数据。如果要扫测下部的空区，可把 CMS 下垂至空区，扫测到空区内部点位数据。如果是要扫测周边空区，人员在安全区域操作，把 CMS 伸入空区，即可扫测到空区内部点位数据。

CMS 安装方式更为灵活，作为新兴的技术设备，其在地理空间信息数据收集方面，具有传统方法无可比拟的优势，能大大提高工作效

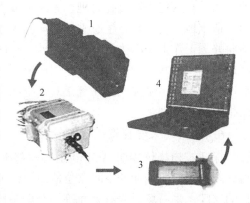

图 6-22　CMS 工作数据流程

率、有效降低劳动强度，安全准确地采集空间信息资料，在发达国家或地区，地采矿山都在使用该方式，在中国也有越来越多矿山单位了解、选用。

A　竖井测外业步骤

（1）携带 CMS 仪器箱、电源箱及配置清单中第八项 VIP 配件到外业场所；

（2）把 CMS 扫描头连接到 VIP 配件的主杆源，进行初始化；

（3）将主机及 VIP 配件依次连接垂直放入竖井；

（4）用全站仪测量 VIP 竖杆中心的坐标，以及确定扫描头的方位角；

（5）用控制手簿设定扫描参数，启动扫描采空区数据；

（6）扫描完毕后，仪器自动复位。

B　扫测平洞或斜井外业步骤

（1）携带 CMS 仪器箱、电源箱及配置清单中的支撑杆、横杆等配件到外业所；

（2）选好支撑杆架设位置，上端顶在洞室顶板，低端顶在洞室底板，压起重器撑实确保顶紧；

（3）水平杆 A 穿出电源电缆，连上仪器，再视需要接 B、C、D、E 水平杆，放在水平托架上，前托后压；

（4）接通电源，进行初始化；

（5）用全站仪测 CMS 上部中心和水平杆上某点坐标；

（6）用控制手簿设定扫描参数，启动扫描采空区数据；

（7）扫描完毕后，仪器自动复位。如果还要用同样模式扫测近处的采空区，可拆开 C、D、E、水平杆，不退出、不断电搬站。

扫描过程中，在红外遥控用的 PDA 上，会实时显示仪器工作状态、进度、点云图等信息。

6.4.5　工程实例

某铁矿矿区地表构筑物有职工生活区、井口工业场地、简易公路、粉矿场地等建筑设施。该矿经过多年开采，在地表形成露天采坑，455m 中段滞留了大量的空区，单个采空

区最大体积达 2.23 万立方米，采空区总体积 13.77 万立方米，而且局部空区已出现坍塌，若不及时对这些空区进行处理，容易造成大范围空区塌陷。这些空区一旦大范围坍塌，不但会造成地表下陷导致生态破坏，而且采空区内的空气涌出形成强烈的压缩冲击波，严重威胁井下工作人员的生命安全。另外，空区赋存时间较长，可能导致积水，一旦空区塌陷将产生矿坑涌水，为矿山的安全生产留下了严重的安全隐患。因此，为了下一步合理开发矿产资源，矿山主要安全任务是对采空区进行精准探测，并对其稳定性进行评估分析，从而指导空区治理。

6.4.5.1　采空区探测

探杆式扫描仪 MDL-VS150 是一种基于高速激光精密扫描测量方法，大面积高分辨率地获取被测对象表面的空间点位信息的系统，是专门为矿山等恶劣环境设计，用于难以接近的空区、采石场、岩石表面等，有着坚固耐用、防水防尘、抗冲击、便携性、高精度、应用范围广和快速作业等优点。其可通过旋转并集成脉冲激光测距仪的扫描探头来实现对采空区的测量，在进行探测时将激光探头设备深入到采空区内部，通过电脑操作进行三维水平扫描（horimal），此时水平轴将在 360° 范围内做重复转动，每次水平转动结束后，垂直轴将以 3°（normal 模式）扫描间隔转动，最终生成空区的三维点云数据。将该数据导入设备配套的数据处理软件（Voldscan）后，对多次扫描拼接而成的点云，要正确输入坐标信息，才能显示完整，随后对点云数据进行修正处理。具体的 MDL-VS150 采空区激光自动扫描系统设备及操作示意见图 6-23。

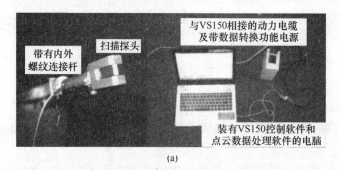

(a)

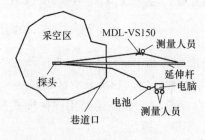

(b)

图 6-23　采空区激光自动扫描系统设备及操作示意

(a) MDL-VS150 系统设备；(b) 现场操作

6.4.5.2　基于 3Dmine 的空区三维实体模型建立

将 Voldscan 软件修正后的点云数据导入 3Dmine 数字矿山软件生成采空区模型，得到该矿山已形成大小不等的采空区 21 个，最大采高 34m，最大顶板暴露面积 1735.2m²，暴露面积超过 800m²的采空区 7 个，采空区总体积 137660.5m³，空区分布比较集中，相连成片，矿柱不规则，变形较大。矿山地下采空区分布状况见图 6-24。

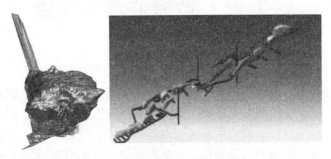

图 6-24　矿山地下采空区分布

习题与思考题

6-1　试述采空区致灾的原因有哪些。

6-2　试述采空区常用的探测方法及其各自的适用条件。

6-3　试述微重力法的基本原理。

微震监测及预警

采场动力灾害预警可分为单采场预警和大范围采场预警两种情况。由于我国金属矿山生产处于相对落后状态，工作场地繁多，不适于便携式仪器进入采场进行逐一单采场监测预警方式。另外，单采场监测结果亦不能反映大范围灾害的趋势。大范围采区和连续回采形成采区的灾害监测与预警一般应用多通道仪器做定位处理，进行动力灾害预警。

采场冒顶、采空区崩塌和岩爆等动力灾害涉及诸多复杂因素的岩体力学行为过程，很难用传统的岩石力学理论来解释。人们企图应用岩体微震监测技术对此进行预警，寻求冒顶规律与微震监测之间的相互关系，抓住冒顶的前兆特征进行预警。长期以来，尽管已经获得了许多前兆特征，然而研究前兆异常表明：前兆异常不总是预示了动力灾害的来临，这使得该技术得不到推广。其关键在于：与传统的岩石力学方法相比，其预警体系必须在观念和理论上有一个根本的革新，才能推动岩体微震监测技术的进一步发展。

20世纪70年代以来，非确定性理论如突变理论、协同论、耗散理论、分形结构论和人工神经网络系统的出现，极大地促进了岩体力学的发展。用这些理论研究岩体失稳过程，不仅正确地描述了其非线性动力特征，消除了确定性和随机性两套理论间的鸿沟，而且进一步开拓了岩体失稳预警的新概念、新理论和新方法。

本章基于上述非确定性理论，建立岩体破坏过程微震监测预警矿山岩体力学灾害的示范模式，其中包括岩体微震监测参数的确定、预警的模型及相应的监测方法。实践表明，这种预警方法的应用达到了预期效果，为这项技术的发展开拓了新途径。

7.1 微震监测系统的组成

7.1.1 微震监测系统的构建

矿山动力灾害包括矿山回采过程中诱发的岩爆、矿震、高速滑坡、垮冒、突水和瓦斯突出等灾害问题，是岩体开挖过程中应力场的扰动诱发的微裂纹萌生、扩展、贯通等岩体破坏失稳的结果。由于深部开采岩体力学行为的复杂性，在开采工程实施前，深部岩体力学行为的实际情况无法用理论计算和分析来表征。同时，理论计算本身也无法实时反映岩体工程条件的动态变化。因此，在深部开采动力灾害具有严重倾向性的矿山中进行工程开挖时，实施现场监测是掌握和评价工程岩体活动状态的有效的技术措施。

由于人们对发生动力灾害机理的认识不够充分，理论计算更加难以准确反映实际情况，而动力灾害的突发性和破坏性对矿山安全的危害更大。针对矿山动力灾害预测预警而言，微震监测技术目前已经成为实现深部开采动力灾害预警的主要技术手段。

利用微震监测系统，在矿体回采区域岩体内布设探头，可以用来探测岩体破裂震源所发出的弹性波，利用该波形可以确定震源的坐标及微震活动的强度和频度。基于微震监测技术手段获取微破裂信息，可以用来判断潜在的微震活动规律，并实现预警。微震监测（声发射监测）是目前国外广泛应用于深井开采矿山安全的监测技术手段，能够为深井开采矿山安全生产提供有力的保障。

7.1.2 微震监测系统的设计

7.1.2.1 主要影响因素

由于深井开采的特殊性，以及开采过程的影响，不能仅仅依靠理论优化微震监测系统的设计。在现场，首先根据采矿工程的开拓采准工程布置，初步选择基本的监测范围，然后在此监测范围内，合理布置传感器，对传感器的位置进行优化分析，确保目标监测范围内的监测技术指标（如空间定位精度）满足要求，并使监测范围达到最大值。为使微震监测系统的监测效果达到最优，需对微震监测系统进行优化设计。

一般来说，建立一套微震监测系统必须考虑以下几方面的因素：

(1) 监测对象；

(2) 监测范围；

(3) 监测对象的客观环境背景；

(4) 监测应达到的目标；

(5) 对监测系统的投资；

(6) 定位精度要求。

为达到优化方案目的，在进行多个方案设计后，需充分考虑上述影响因素，进行方案优化，最终得出最佳优化设计方案。

7.1.2.2 微震监测系统基本组成

本监测系统（IMS）由地表监测站、井下数据交换中心（EQ）、信号采集传感器（QS）和传感器四大部分组成。地表监测站设在坑口办公大楼内，井下数据交换中心设在1331m中段竖井口马头门硐室，传感器阵列布置在监测区的围岩岩体内。由于井下环境条件的限制，井下数据交换中心的布置应考虑：

(1) 选择较为安静的地点，远离采矿作业区；

(2) 应尽量靠近传感器，从而减小通信电缆的总长度；

(3) 建在较为稳固的岩层中，以确保数据交换中心的安全；

(4) 考虑便于利用井下电源，方便与地表监测站的通信；

(5) 考虑井下通风、防潮等环境问题；

(6) 便于通信电缆、光缆的敷设。

本微震监测系统分为地表和地下两大部分，地表和地下部分均系长期监测服务设施，系统的基本组成如图7-1所示。井下数据交换中心设在1331m中段的2号竖井马头门信号硐室内，通过光缆传至地表监测站内，传感器与井下数据交换器之间用信号电缆通信。

7.1.2.3 传感器布置方案设计

关于微震监测系统的安装，初步方案如下。

考虑到矿体的赋存条件、采矿方法及现有工程布置，为达到监测目的和要求，本着在满足有效监测距离内QS系统的传感器布置尽量分散，使监测网络覆盖1451m~1331m的8

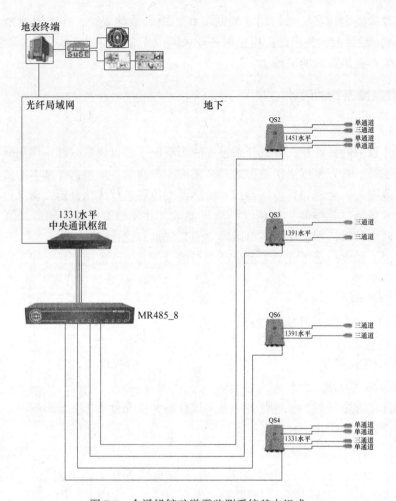

图 7-1   会泽铅锌矿微震监测系统基本组成

号矿体，预定在 1451m 中段布置一套 QS 系统、1391m 中段布置两套 QS 系统、1331m 中段布置一套 QS 系统，每个中段的每套 QS 系统各负责各自所属的区域，这样使每个中段的 QS 系统监测精度达到最优效果。

传感器布置位置的适用性，是整个系统优化设计的核心。在上述初步设计的基础上，按照对震源定位精度小于 8m 的技术指标要求，对 4 套 QS 共 12 个传感器阵列内的监测范围进行分析，并在分析过程中不断调整传感器的位置，以使对监测范围内的震源定位精度满足技术要求，并使监测范围达到最大值。

方案一：1451m 中段两套 QS 系统共 12 通道、1391m 中段两套 QS 系统共 12 通道；

方案二：1451m 中段一套 QS 系统共 6 通道、1391m 中段两套 QS 系统共 12 通道、1331m 中段一套 QS 系统共 6 通道。

（1）1451m 中段 QS 系统布置方案：因 1451m 中段 42~46 线附近布置了沉淀池，50 线附近布置了变电所，52 线附近布置了溜矿井。初步考虑在 42 线、46 线、52 线、56 线各布置一个传感器。其中在 52 线的为三分量传感器，其余为单分量传感器，传感器布置见图 7-2 所示。

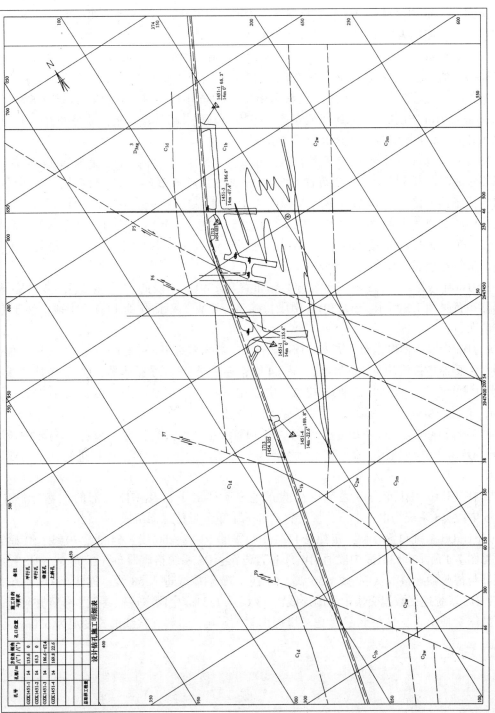

图7-2　1451m中段QS系统工程布置图

1451m 中段通信电缆布置方案：QS 系统拾震器布置在 56 线，QS 系统拾震器与传感器连接线从 42 线、46 线、52 线勘探线进入 56 线，连接至 QS 系统拾震器，QS 系统连接数据交换中心的连线由 56 线从 1451m 中段主运输巷至 2 号竖井附近的泄水孔，通过泄水孔连接到 1331m 中段竖井口的井下数据交换中心，共 701m，考虑环境等因素的影响，最终连接线的长度定为 800m。

（2）1391m 中段两套 QS 系统布置方案：因 1391m 即将进行回采，需在该中段布置两套 QS 系统进行监测。在矿体上盘布置 QS 系统时，由于 1391m 中 1 分层进行回采时爆破的影响，数据传输线无法从矿体的上盘牵引至 1331m 中段斜井口的井下数据交换中心。所以，在 1391m 中段的 QS 系统只能布置在矿体的下盘及矿体端部的上盘穿脉中。1391m 中段每套 QS 系统均由两个三分量传感器组成。

1391m 中段第一套 QS 系统布置方案：布置在 1391m 中段的 48 号穿脉和 44 号穿脉，传感器布置见图 7-3 所示。连线布置方案：QS 系统拾震器布置在 44 号穿脉，QS 系统拾震器与传感器连接线从 48 号穿脉进入 44 号穿脉，连接至 QS 系统拾震器，QS 系统连接数据交换中心的连线由 44 号穿脉从 1391m 中段主运输巷至 1391m 中段 64 号穿脉的工程钻孔，通过工程钻孔连接到 1331m 中段的井下数据交换中心，共 989m，考虑环境等因素的影响，最终连接线的长度定为 1100m。

1391m 中段第二套 QS 系统布置方案：布置在 1391m 中段的 56 号穿脉和 64 号穿脉，传感器布置见图 7-3 所示。在 1391m 中段，施工一铅直工程钻孔到 1331m 中段，便于 QS 系统的布置。

1391m 中段通信电缆布置方案：QS 系统拾震器布置在 64 线工程钻窝中，QS 系统拾震器与传感器连接线从 56 线勘探线进入 64 线，连接至 QS 系统拾震器，QS 系统连接线从 64 号勘探线进入工程钻孔，通过 1331m 中段主运输巷连接至的井下数据交换中心，共 707m，考虑环境等因素的影响，最终连接线的长度定为 800m。

（3）1331m 中段 QS 系统布置方案：因 1331m 也即将进行回采，需在 1331m 中段布置一套 QS 系统进行监测。在矿体上盘布置 QS 系统时，由于 1331m 分层进行回采时爆破的影响，数据传输线无法从矿体的上盘牵引至 1331m 中段斜井口的井下数据交换中心。所以，在 1331m 中段的 QS 系统也只能布置在矿体的下盘及矿体端部的上盘穿脉中。1331m 中段 QS 系统均由一个三分量传感器和三个单分量传感器组成。

1331m QS 系统布置方案：布置在 1331m 中段的 52 线、56 线、64 线、70 线，传感器布置见图 7-4 所示。1331m 中段通信电缆布置方案：QS 系统拾震器布置在 58 线，QS 系统拾震器与传感器连接线从 52 线、56 线、64 线、70 勘探线进入 58 线，连接至 QS 系统拾震器，QS 系统连接数据交换中心的连线由 58 线从 1331m 中段主运输巷至 2 号竖井附近的井下数据交换中心，共 575m，考虑环境等因素的影响，最终连接线的长度定为 650m。

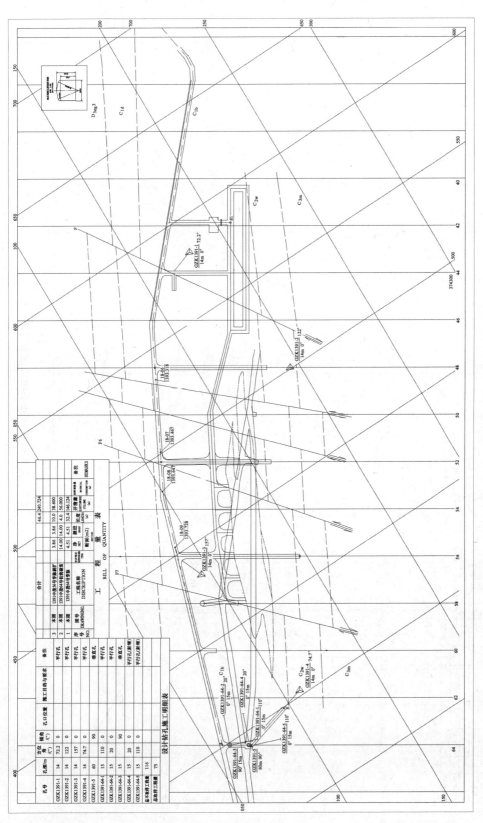

图7-3 1391m中段QS系统工程布置图

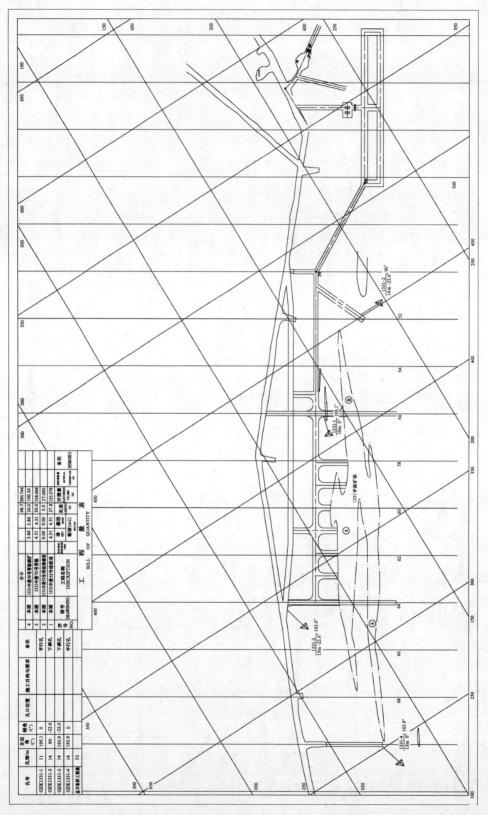

图7-4 1331m中段QS系统工程布置图

7.2 微震监测系统布置与定位精度

微震事件定位是微震监测中最经典、最基本的问题之一。衡量一套微震监测系统性能和可靠性取决于其定位精度，以及满足定位精度要求的监测范围与监测对象是否一致。研究表明，微震监测系统定位精度除与监测系统仪器性能有关外，主要取决于速度模型、监测网的传感器空间布置方式、传感器布置密度和纵波/横波波速参数的选取，在给定速度模型时，可以通过优化传感器空间位置，提高整个监测系统的性能。因此，需对上述方案进行震源定位精度测试分析，以确定最优化的微震监测系统网络的布置。

微震事件定位问题也就是确定微震事件的震源位置和与传感器之间的距离。按照 P 波、S 波到时来确定微震事件的震源位置的方法是点定位技术。点定位技术是求算地震事件的精确坐标值，这种方法应用非常广泛。点定位技术主要分为两种方式，即时间残值最小平方拟合法和迭代技术，把两者组合起来的方法称为混合法。本微震监测系统具有 24 通道，属于多台站定位。所以，采用高桥法对微震事件的震源进行定位分析。设包含微震事件位置和时间的未知参量方程为：

$$\boldsymbol{x} = (h, \ t_0)^{\mathrm{T}} = (x_0, \ y_0, \ z_0, \ t_0)^{\mathrm{T}} \tag{7-1}$$

式中，x_0、y_0、z_0 为微震震源的空间位置坐标；t_0 为微震事件发生的时间。

定位分析是试图使得到的时差或残值最小化。对于测试震源定位来说，一种简化的方法是使得被观察到的到时与计算出的到时的误差最小。为了确定这种最小的误差，在所研究的区域内用网格搜索对测试事件定位进行系统的三维搜索。对于各种测试定位，在传感器位置上，计算出被估计的到时，并且与被测到时进行比较，进而得到一个偏差估计值。两类偏差一般按以下方法计算：L_1 范数拟合函数（绝对偏差估计），或 L_2 范数拟合函数（最小平方估计）。

$$E = \left[\frac{1}{N} \sum_{i=1}^{N} \| T_{oi} - T_{ci} \| \right] \ (L_1 \ \text{范数}) \tag{7-2}$$

$$E = \left[\frac{1}{N} \sum_{i=1}^{N} (T_{oi} - T_{ci})^2 \right]^{\frac{1}{2}} (L_2 \ \text{范数}) \tag{7-3}$$

式中，N 为观察到的到时个数；T_{oi} 为观察到的第 i 个传感器的到时或走时；T_{ci} 为第 i 个传感器的计算到时或走时。

在计算每个网格点的误差之后，误差实际上就被映射在三维空间上，这个空间被称为误差空间。理论上，最小的误差空间就是真实事件定位的最佳估计值。

高桥法进行微震震源的定位分析是从一个初始试验解通过迭代计算而获得其最终的数值解。在每步迭代中，计算出一个修正矢量，并加到前解中求得一个新解。不断进行迭代运算，直至修正矢量满足一个预先设定的误差判据。该算法的误差判据是式（7-4）。根据时间-距离方程，可以写出下式：

$$[(x_i - x)^2 + (y_i - y)^2 + (z_i - z)^2]^{\frac{1}{2}} = v(t_i - t) \tag{7-4}$$

式中，x、y、z 为试验解的坐标；t 为事件发生的时间；x_i、y_i、z_i 为第 i 个传感器的位置坐标；t_i 为第 i 个传感器的到时值。如果试验解接近真实解，那么观察到时 t 就可以按照试验解用 Taylor 公式展开处理得：

$$\frac{\partial t_i}{\partial x}\Delta x + \frac{\partial t_i}{\partial y}\Delta y + \frac{\partial t_i}{\partial z}\Delta z + \frac{\partial t_i}{\partial t}\Delta t = t_{oi} - t_{ci} \tag{7-5}$$

式中，t_{oi}、t_{ci} 与前述意义相同，且

$$\frac{\partial t_i}{\partial x} = \frac{(x_i - x)}{vR}$$

$$\frac{\partial t_i}{\partial y} = \frac{(y_i - y)}{vR}$$

$$\frac{\partial t_i}{\partial z} = \frac{(z_i - z)}{vR}$$

$$\frac{\partial t_i}{\partial t} = 1$$

$$R = [(x_i - x)^2 + (y_i - y)^2 + (z_i - z)^2]^{\frac{1}{2}}$$

或者可用下列矩阵表示为：

$$A\Delta x = B \tag{7-6}$$

该方程组可用高斯消去法求解：

$$A^T A \Delta x = A^T B \quad 或 \quad \Delta x = (A^T A)^{-1} A^T B \tag{7-7}$$

将式（7-7）求得的解加入前一次试验计算结果中，形成一个新的解，重复上述过程，直到最终的试验计算结果满足给定的误差判据，计算结束，这个最终的解就被视为最终的真实事件定位坐标值。

本次研究计算参数为：（1）纵波波速为 v_p = 5600m/s，v_s = 3550m/s；（2）P 波和 S 波到时差值为 1.5ms；（3）传感器可记录的最小峰值质点速度（PPV）为 0.02mm/s；（4）传感器坐标误差为 1m；（5）同一个微震事件触发的最少有效传感器个数为 5 个，计算公式如下：

$$v_p = 5600\text{m/s} \pm 10\%, \quad v_s = 3550\text{m/s} \pm 10\%$$
$$\lg_{10}(\text{PPV}) = 0.45\lg_{10}(E) - 1.531\lg_{10}(R) + 1.523 \tag{7-8}$$

根据拟定的传感器空间阵列布置（即采用方案 2），如图 7-5 所示，三角点为三分量传感器，圆点为单分量传感器。采用不同的颜色绘制出不同中段平面的地震事件定位坐标期望标准误差云图，单位为 m，右下角为定位误差颜色标尺，从定位误差分析结果可知：在监测网络核心部位可以达到定位精度为 1m；整个 8 号矿体范围内最大监测误差为 8.0m。2007 年 8 月 4 日、5 日和 6 日，利用微震监测系统对人工震源进行定位测试，如表 7-1 和图 7-6、图 7-7 所示，三次人工震源定位测试最大误差为 8.804m，最小仅为 0.315m。因此，该微震监测系统传感器阵列网络布置合理，能够保证监测数据的真实性和可靠性，完全能够达到矿山安全生产的要求。

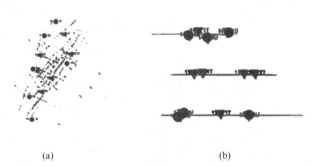

(a)   (b)

图 7-5 传感器空间布列位置

（a）俯视图；（b）侧视图

表 7-1 人工震源定位测试成果

测点	实测坐标 /m		系统定位坐标 /m		误差 /m	震级 /级	触发传感器 个数/个	弹性波速/m·s⁻¹	
								v_p	v_s
1	X	499.438	X	503.000	8.804	-0.7	11	5142	3174
	Y	160.959	Y	169.000					
	Z	1 391.589	Z	1 392.000					
2	X	505.149	X	505.445	0.315	-0.7	10	5215	3154
	Y	164.127	Y	164.226					
	Z	1 391.937	Z	1 391.891					
3	X	437.865	X	437.000	3.233	-0.9	11	5141	3179
	Y	117.073	Y	114.000					
	Z	1 392.492	Z	1 393.000					

注：X 轴省略前 4 位有效数字，Y 轴省略前 3 位有效数字。

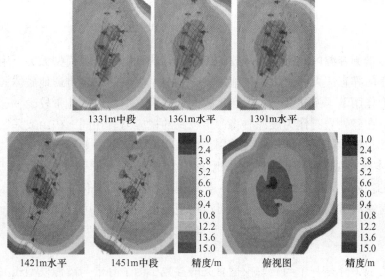

图 7-6 定位精度分析

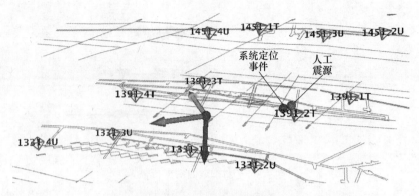

图7-7 人工震源定位测试

7.3 微震系统的参数确定

岩体微震事件发生的有用信息是十分丰富的，如何利用这些信息，更准确地确定被测岩体的性态改变是该领域研究的大课题。微震系统的参数包括事件率（C）、相对能率（E）和综合值（m）等，其定义如下。

（1）微震事件率 C。单位时间的微震事件数。

（2）微震事件能量。取各次抽样间隔内最大能量作为评价指标，即：$E = \max(A_1)^2$（A_1 为最大振幅值）。

（3）m 值。事件振幅值与事件率之比，由最大似然率法计：

$$m = \frac{n\lg e}{\sum(n_i \lg A_i) - n \lg A_m} + 1 \tag{7-9}$$

式中，n 为振幅大于 A_m 事件的总数，n_i 为振幅为 A_i 事件数，e 为自然对数的底。

（4）视应力。视应力是剪切刚度与地震能 E 和地震矩比值的乘积，即：

$$\sigma_A = \mu \frac{E}{M} = \frac{E}{\Delta \varepsilon V} \tag{7-10}$$

视应力是量测震源内动态应力释放的参数，它的量值与震源模型无关，用它描述震源应力降比计算的静态应力降更可靠。地震震源是一个软弱的裂纹贯通地质体，这种震源将在较低的应力作用下缓慢屈服，虽然产生较大地震矩，但释放的能量较少，这时的视应力较低；反之，在坚硬岩石作为震源时将产生较高的视应力。在同一矿山或采区，地震矩相同的地震事件释放的能量可能有较大差别，可表明应力水平的差异。

（5）视体积。视体积是量测震源体积（岩体内发生同震非弹性变形的体积）的参数，它具有标量的性质。地震活动性分析时，累计视体积随时间变化曲线的斜率常被认为是表示岩体应变速率的重要指标。震源体积可以用地震矩和静态应力降计算，即：

$$V_A = \frac{M}{2\sigma_A} = \frac{M^2}{2\mu E} \tag{7-11}$$

鉴于静态应力降是一个与震源模型有关的参数，为了寻求与震源模型相关性更小的描述震源体积参数，引入了视体积概念。

（6）b 值。b 是表示大小地震数目按震级分布的一个参数。研究表明：b 值大小取决于该地区介质的应力状态与岩石结构。在一般情况下，应力状态和岩石结构变化不大，所以，b 值基本上保持常数。但是大震前、震中区及其附近的地壳内，应力状态和岩石结构都可能发生明显变化，与此相应的 b 值也偏离正常值，出现异常高值或异常低值。

7.4　预警模型的建立

7.4.1　模型建立的原则

矿山动力灾害预测预警模型参数变量的选取应遵循以下原则：

（1）变量具有代表性，是动力灾害的直接表现或者是影响采空区岩体稳定的主体因素；

（2）所有的变量都应能反映出整个系统的运动特征；

（3）兼顾到监测资料的限制，即监测资料的可测性。

在矿山动力灾害预警中应选择能真正反映岩体变形破坏本质特征的参数作为预警参数。一般而言，矿山动力灾害微震预警的参数有累计事件数、事件率、累计视体积、累计能量、能率、事件活动率、震级-频度关系（b 值）、位移及震级等。

微震监测可以得到一系列的定量地震学参数。早期微震序列分析主要采用事件率或累计事件数和能率作为微震参数，现代矿山地震监测系统可以实现对多种定量地震参数的快速计算，使之应用于日常地震预测，例如，事件数、能量、矩震级、能量指数 EI、地震视体积、平均时间间隔、地震黏度、地震扩散率、地震 Schmidt 数和地震刚度等。

但是，现有关于这些参数时间序列在矿山地震预测中应用的报道主要体现在其成功的个别事例上，还没有足够深入的阐述。由于在矿山微震预警方面存在许多偶然性和不确定性因素，所以利用这些微震参数表示微震序列进行预警的成功率如何值得讨论。但是，可以运用已经发生的采场垮冒等动力灾害现象，结合微震监测事件特征，进行下一步微震事件处理和预警工作。

7.4.2　动力灾害预警关键点识别研究

本节利用常规监测和微震监测两种方法，进行了深井开采动力灾害预警关键点识别研究。

7.4.2.1　常规监测动力灾害预警关键点识别

为了深入研究岩体在受力状态下变形破坏预警关键点识别，分析岩体受力变形从应力应变曲线 B 点至 C 点的监测数据来掌握岩体变形破坏发展过程，如图 7-8 所示。然而，如何用力学参数来分析岩体塑性变形发展程度是一个值得研究的问题。

正切模量是指应力-应变曲线上每点的斜率。材料受力时，如果应力应变在弹性阶段，正切模量就等于弹性模量；在塑性阶段，正切模量会迅速降低。通常塑性材料应力-应变曲线是非线性的，一般来说，某点的正切模量是根据该点附近应力变化量与应变变化量之比进行计算的。岩体材料不同于金属材料，它具有黏弹性，这就导致力与变形关系不是线性关系。所以，引用正切模量概念，该模量只能看作是非弹性极限范围内宏观模量的一种表述。因此，可以用 B 点之后的正切模量的变化来判断岩体变形破坏程度，从而识别动力灾害预警关键点，实现灾害准确预警。

利用现场监测仪器来获取可靠岩体力学参数是一种非常重要的途径。根据现场工程条件，结合深部回采计划需要，对 8 号矿体 1331m、1345m、1369m、1391m 四个阶段分别进行了应力位移监测，现选取 1369m 分段监测数据进行分析。围岩岩性属于 C_1b，钻孔 1369-1、1369-4 分别安装多点位移计，用来监测位移变化，掌握由矿体回采引起岩体变形；

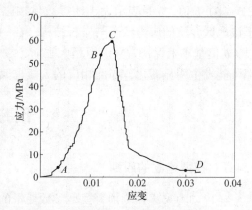

图 7-8　岩石变形全应力-应变曲线

钻孔 1369-2、1369-3 和 1369-9 分别安装钻孔应力计，其中 1369-3 用来监测最大主应力变化（矿体走向方向）情况，1369-9 用来监测由矿体倾向方向应力变化情况；钻孔 1369-7、1369-8 分别安装多点位移计，用来监测最小主应力引起岩体变形。

1369m 分段应力位移监测设计如图 7-9 所示，监测数据见表 7-2。因为仪器埋深为 2m，所以，应变值为监测位移值（m）除以 2（m）；正切模量为监测应力变化值与应变变化值之比：

$$E = \Delta\sigma/\Delta\varepsilon \tag{7-12}$$

式中，应力变化值为监测应力值与起始值之差。如应力增量监测起始点为 2010 年 7 月 3 日的应力增量值 1.2MPa，在拐点 B 处以后应力值的起始点为 2010 年 8 月 27 日处应力增量值 8.8MPa。因考虑相邻位移监测数据相对较小和多点位移计监测精度的影响，从而导致应变增量值较小。考虑位移监测时，处理前期应变值时，利用不同监测位移次数，取应变平均值作为不同监测次数的应变值，如式（7-13）所示：

$$\Delta\varepsilon = (l_1 - l_2)/2n \tag{7-13}$$

式中，l_1，l_2 为监测位移值，m；n 为监测次数；仪器埋深为 2m，应变值 $\Delta\varepsilon$ 的单位为 m。

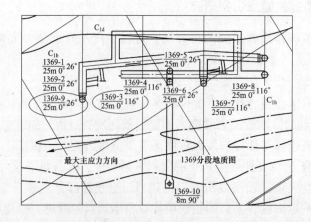

图 7-9　1369m 分段应力位移监测设计

表 7-2 1369m 应力位移监测成果

时间	位移/mm	应变	应力增量/MPa	正切模量/MPa	时间	位移/mm	应变	应力增量/MPa	正切模量/MPa	备注
2010-7-3	0		1.2	—	2010-9-2	2		9.2	767	
2010-7-9	0		2	2000	2010-9-8	2	0.01	9.4	723	
2010-7-15	0	0	3.1	1240	2010-9-14	2		9.8	700	
2010-7-21	0		4.7	1175	2010-9-20	3		9.9	660	仪器埋深为2m
2010-7-27	0		5.1	1133	2010-9-26	3	0.015	10.1	631	
2010-8-3	1		5.8	1160	2010-10-1	3		10.2	600	
2010-8-9	1	0.005	6.7	1117	2010-10-7	3		10.2	567	
2010-8-15	1		7.4	1057	2010-10-13	4	0.02	10.1	505	
2010-8-21	1		8.7	1061	2010-10-19	4		10.2	486	
2010-8-27	2	0.01	8.8	880	2010-10-25	4		10.2	464	

通过对 1369m 分段岩体应力变形监测，发现在监测初期，应力增量值仅为 1.2MPa。随着采矿工程逐步进行，应力逐渐增加，相应在较长时间内位移增加不够明显，如图 7-10 所示，直至 B 点，正切模量保持近直线上升，正切模量平均达 1243MPa，说明岩体处于弹性阶段，应力增量随着开采的进行逐步增大，岩体内部能量蓄积。

如图 7-10 所示，通过 B 点后，应力增量值增加缓慢，位移变化较大，正切模量

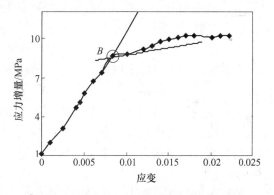

图 7-10 基于正切模量的预警关键点识别

快速下降，变化趋于平缓，仅为 880MPa，说明岩体已经通过屈服点，岩体正逐步向失稳方向发展，直至破坏前正切模量平均为 610MPa。所以，把 B 点定义为预警点。从岩体表观上观测出现微裂纹扩展破坏，能量得到一定的释放，岩体承载力逐渐减弱，破坏应变速度进一步加快。因在 2010 年 10 月 28 日岩体出现局部破坏，仪器无法进行监测。

从上述分析看，把屈服点 B 作为预警关键点是合理的。如果应力已通过屈服点 B，但可能出现应力增加缓慢、变形减缓情况，导致岩体经历很长时间才能到达峰值强度，才能破坏失稳。因正切模量在峰值强度时为 0，可以把屈服点至峰值强度正切模量到 0 之间划分几个区段来实现预警，得出不同的正切模量，现场根据不同的正切模量等级相应划分不同级别的采场，然后根据不同级别的采场进行不同级别的地压管理。

7.4.2.2 微震监测动力灾害预警关键点识别

岩石是一种复杂的地质体。在外界载荷作用下，其内部存在各种微裂纹形成贯通裂纹

会产生宏观破坏。岩体受力破坏过程会发生晶体位错、晶体间滑移、弹塑性变形，裂纹从萌生、扩展、贯通直至发展成宏观失稳，同时能量以应力波的形式向外传播微震和声发射。20 世纪 30 年代，美国矿山局的 Obert 和 Duvall 发现受压作用的岩石结构内部有声发射活动存在，并于 1940 年在阿米克铜矿监测到爆发性声发射，从而预测岩爆的来临。这个现象是和岩石材料本身的物理力学性质和加载的过程及方式密切相关的，不同性质的岩石材料以及不同加载方式和过程表现出来的声发射现象有所不同。

在岩石受力破坏全过程的声发射特性方面，国内外一些学者进行过广泛的研究，包括岩石受压、张拉、剪切和断裂试验条件下的声发射特性研究等，且主要是研究岩石峰值强度前的应力、应变与声发射参数之间的关系。而对于岩体受力变形过程的微震事件活动率与时间、视体积等参数之间的特征关系，则未见相关报道。

采用 MTS815 型液压伺服岩石力学测试系统及 DYF-2 便携式智能声发射仪进行大量岩石破坏全过程声发射特性试验，结果如图 7-11 所示。对会泽铅锌矿白云岩（C_1b）、灰岩（C_2w）、石英砂岩（C_1d）、泥质页岩（C_3m）和矿岩等不同岩性试样进行单轴受力变形破坏全过程试验。研究发现：岩石声发射事件活动率在不同的应力状态表现不同变化特征，声发射事件活动率在应变变化与应力水平之间存在两种关系且有很大区别。结合岩石变形全应力-应变曲线，在压密阶段（OA 阶段），声发射事件明显增加，表现为活跃状态，但声发射事件能量和震级都不足以使试样产生大规模的破坏；试样进入弹性阶段（AB 阶段）后，试样内部分子或原子由于受力而发生位错，在此过程没有产生大量声发射事件，声发射事件骤然下降，趋于零事件发生；当试样受力进入屈服点（B 点），声发射事件急剧增加，在进入峰值强度前，声发射事件出现一个明显的相对平稳期，在峰值强度时又会出现声发射事件大量急剧增加，直至失稳破坏。所以，作者把声发射监测进入事件活动率降低点作为动力灾害预警点。

预警并不意味着岩体马上发生动力灾害，而是岩体发生了破坏，随着对岩体的进一步监测，可以掌握岩体的变化状态，从而采取相应的防护措施。作者把试样进入声发射事件平静期起始点作为动力灾害发生的预警关键点，随着应力的增加，试样会快速进入声发射相对平稳期后趋于破坏。

需要指出的是，在大量实验中，采用的试验岩样均为弹塑性材料，在试样受力变形破坏过程中，压密阶段和塑性阶段比较明显，声发射事件表现为余震-主震-余震型，该类围岩进行微震或声发射监测时容易对岩体破坏失稳关键点进行识别。针对脆性材料岩石，一般压密阶段和塑性变形存在，但不够明显，仅产生很小的变形即破坏失稳。

所以，利用声发射监测试样受力变形破坏全过程时，进入屈服点（B 点）后声发射事件变化不是很明显的增加然后就快速失稳破坏，相应声发射表现为主震-余震型。该类围岩进行微震或声发射监测时，不容易对岩体破坏失稳关键点进行预警，或者说预警后岩体快速发生破坏失稳，如图 7-11 和图 7-12 所示。

目前，对 8 号矿体主要采用微震监测手段实现深井开采动力灾害实施预警，常规监测辅助的方式。利用微震系统实现对岩体受力变形全过程超前监测。

岩体受力低能量小震级微震事件，活动率和视体积都出现急剧增加现象，2009 年 9 月 11 日 0~6 时左右，高能量高震级微震事件急剧增加，说明岩体通过了弹性阶段，开始进入屈服点（B 点），在 9 月 11 日 10~12 时左右通过最高点（峰值强度），而后 9 月 11

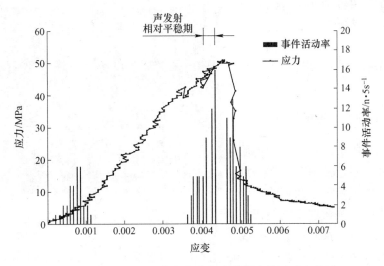

图 7-11 岩石应力-应变全曲线与声发射事件活动率关系

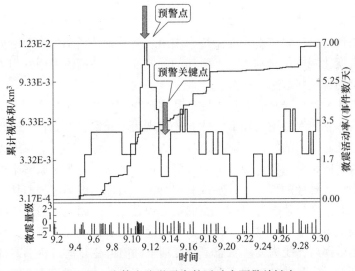

图 7-12 岩体失稳微震事件活动率预警关键点

日 14 时左右，微震事件快速下降，作者认为此时是动力灾害预警点。9 月 13 日 0 时进入微震事件相对平静期，作者把此点作为预警关键点。9 月 14 日 0 时 8 号矿体 1331m 中段 1369 分段 6 分层 1 盘区 2 号出矿道附近发生巷道垮冒事故（约 100t），如图 7-13 所示。

研究表明：岩体受力微裂纹萌生、扩展直至失稳过程，在屈服点附近发生微震事件剧增现象，随着应力的增加，微震事件进入平静期起始点，也就是动力灾害预警关键点，进入平静期后，岩体发生失稳破坏。在此过程中，在岩体破坏失稳前伴随着微震事件视体积的剧增。该研究结论能够为深井开采动力灾害预警起到借鉴作用。

在此需要指出的是：并不是所有的微震事件活动率降低都必然发生岩体失稳，而是对岩体受力破坏过程起到警示作用。在岩体破坏失稳监测过程中，岩体动力失稳与微震事件活动率降低及视体积增加之间的关系是充分不必要条件。所以，在监测过程中，一定要注意不是所有微震事件活动率降低或视体积增加都意味着岩体必然发生动力失稳破坏，但是其可以对岩体破坏过程起到警示作用，从而实现对动力灾害预警。

7.4.3　微震监测预测模型研究

宏观开挖岩体可以看做应力均质体，当受到外力超过极限时，在破坏过程中将释放大量能量，微震活动是能量释放过程的一种物理效应。在一定程度上，微震事件发生强度与频度

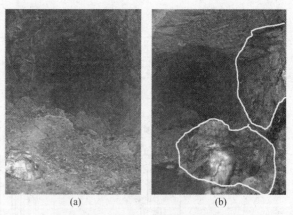

图 7-13　2 号出矿道附近岩体垮冒

表明了岩体受力状态和释放弹性变形能的速率。更重要的是，动力灾害是开挖岩体受力达到极限平衡状态后的一种骤然破坏现象，而局部破坏的岩体往往是首先达到极限应力平衡状态后，产生局部破裂，而此时会出现微震的活跃期，并伴随着大量有一定强度、能量和数量的微震事件活动；另一方面，动力灾害的孕育和诱发过程是以岩体内能量的蓄积和急剧释放为前提条件，而在岩体蓄积能量过程中出现微震事件活动的相对平静期。因此，微震事件活动时空变化规律包含动力灾害活动的前兆信息。微震诱发因素与岩体变形破坏过程中弹性应变能的骤然释放密切相关。

由于微观岩体材料本身具有非均质性，其内部受力后应力场与强度并不完全等同。在外力作用下，岩体整体失稳前，局部岩体会先表现为不稳定状态，首先会集中出现在原生裂纹的尖端处，随着受力的增加，原生裂纹得到扩张，新裂纹萌生、贯通直至失稳破坏。

现场观测及室内试验表明：微震活动贯穿岩体破坏整个过程，微震事件活动作为岩体变形破坏过程中的一种伴随现象，其参数变化肯定与岩体的破坏过程密切相关，可以利用监测岩体应力状态、变形速度等参数，实现动力灾害预警。因此，通过监测岩体受力过程中所诱发的微震信号参数，可以寻求岩体在失稳前微震事件变化规律。

微震监测是掌握岩体受力变形状态下微震活动随时间变化的过程，岩体微震监测预警就是根据监测到的微震参数的时间序列，来预测微震参数的发展趋势，对岩体未来可能发生的破坏进行预警。用于预测微震的方法很多，一般来说，从理论上讲，凡是具有时间外推性的模型均可作为预警方法，诸如常用的回归分析法、趋势外推法、最小方差法、马尔可夫法、曲线拟合法、灰色预测法等均属于统计预测法的范畴。考虑到微震监测的特点、微震事件的特性，同时考虑岩体监测预警分析的方便性、准确性，建立动力灾害微震监测预测模型，可以为矿山安全生产提供参考。

7.4.3.1　现场监测数据分析

在现场监测的基础上，根据矿体回采和现场采场顶板垮冒情况记录，北京科技大学研究人员和云南驰宏锌锗股份有限公司的工程技术人员于 2007 年 8 月 2 日开始至 2008 年 1 月 10 日止，全面完成了微震数据的处理和分析，结合采场的八次地压灾害事件情况，建立了基于微震监测参数的预测模型。部分监测成果见表 7-3。

表 7-3 部分微震监测参数成果

序号	监测日期	微震监测事件参量					备注
		累计事件数	事件增量	事件率/h	累计事件率增量/h	累计事件率增量预测值/h	
1	20070802	17	17	0.708333	0.7083	0.7083	
2	20070809	30	13	0.541667	1.25	0.841606	
3	20070816	33	3	0.125	1.375	0.700021	
4	20070831	38	5	0.208333	1.5833	2.002066	
5	20070919	100	62	2.583333	4.1667	3.051537	
6	20070920	119	19	0.791667	4.9583	3.974585	
7	20070927	140	21	0.875	5.8333	4.821155	
8	20070930	147	7	0.291667	6.125	5.617072	
9	20071007	147	0	0	6.125	6.37776	
10	20071011	174	27	1.125	7.25	7.113321	
11	20071018	202	28	1.166667	8.4167	7.830824	
12	20071025	222	20	0.833333	9.25	8.535465	
13	20071031	234	12	0.5	9.75	9.231218	
14	20071108	246	12	0.5	10.25	9.921221	
15	20071115	275	29	1.208333	11.4583	10.60802	
16	20071122	283	8	0.333333	11.7917	11.29375	
17	20071129	291	8	0.333333	12.125	11.98018	
18	20071206	316	25	1.041667	13.1667	12.66889	
19	20071213	323	7	0.291667	13.4583	13.36122	
20	20071219	374	51	2.125	15.5833	14.05841	
21	20071226	379	5	0.208333	15.7917	14.76156	
22	20080103	396	17	0.708333	16.5	15.47166	
23	20080110	406	10	0.416667	—	16.18966	
24						16.91643	预测值
25						17.65279	
26						18.39953	
27						19.1574	

7.4.3.2 灰色预测分析

数据的背景是 2007 年 8 月 2 日至 2008 年 1 月 10 日段微震监测事件率累加值，在此基础上进行灰色预测，建立 GM(1，1) 模型。

x 为给定序列：

$$x = (x(1),\ x(2),\ \cdots,\ x(23))$$
$$= (0.7083,\ 1.25,\ 1.375,\ 1.5833,\ 4.1667,\ 4.9583,\ 5.8333,\ 6.125,$$
$$7.25,\ 8.4167,\ 9.25,\ 9.75,\ 10.25,\ 11.4583,\ 11.7917,$$
$$12.125,\ 13.1667,\ 13.4583,\ 15.5833,\ 15.7917,\ 16.5) \qquad (7\text{-}14)$$

（1）GM(1, 1) 建模序列 $x^{(0)}$。

$$x^{(0)} = (x^{(0)}(1),\ x^{(0)}(2),\ \cdots,\ x^{(0)}(23))$$
$$= (0.5667,\ 0.9091,\ 0.8684,\ 0.38,\ 0.8403,\ 0.85,\ 0.9524,\ 1,\ 0.8448,\ 0.8614,$$
$$0.9099,\ 0.9487,\ 0.9512,\ 0.8945,\ 0.9717,\ 0.9725,\ 0.9209,\ 0.9783,$$
$$0.8636,\ 0.9868,\ 0.9571,\ 0.9754) \qquad (7\text{-}15)$$

（2）模型选定。

1）GM(1, 1) 定义型：

$$x^{(0)}(k) + az^{(1)}(k) = b \Rightarrow x^{(0)}(k) - 0.40083z^{(1)}(k) = 5.111343 \qquad (7\text{-}16)$$

2）GM(1, 1) 白化响应式：

$$\hat{x}^{(1)}(k+1) = \left(x^{(0)}(1) - \frac{b}{a}\right)e^{-ak} + \frac{b}{a} \Rightarrow$$

$$x^{(0)}(1) = 0.7083$$

$$\frac{b}{a} = \frac{9.255823}{-0.05079} = -182.2371 \qquad (7\text{-}17)$$

$$\hat{x}^{(1)}(k+1) = 182.3119e^{-0.05079k} - 182.2371$$

$$\hat{x}^{(0)}(k+1) = \hat{x}^{(1)}(k+1) - \hat{x}^{(1)}(k)$$

根据建立的 GM(1, 1) 模型，可以预测微震监测参数，可以得到 $k = 24,\ \cdots,\ n$ 的预测值。固定微震监测实测值与预测值关系如图 7-14 所示，通过以上分析可以得到以下结论：（1）非等间隔 GM(1, 1) 在微震预测中是可行的；（2）如果要进行短期预测，预测值和实测值数据吻合较好。

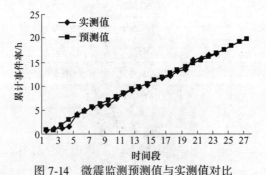

图 7-14 微震监测预测值与实测值对比

7.5 微震监测预警模型研究

采用微震监测技术，是为了监测采场顶板冒顶和片帮灾害，及时准确地对顶板的冒顶、片帮的危害实施预警，减轻或预防危害的破坏程度，对矿山采场进行安全监测，防止人员伤亡。

7.5.1　基于微震事件时空分布特征研究

采矿活动过程中诱发的微震事件，可以采取一段时间内不同区域的微震事件的分布特征，以及在一定区域内进行不同时间的微震事件分布特征进行分析。准确掌握由于开采扰动形成的微震事件时空分布特征，可以进行微震事件发生频率预警，撤离微震事件发生异常区域的工作人员和设备，或远离事件发生区域，以降低短期内人员作业的风险。

对一段时间内微震事件发生的频率和震级的大小分布进行分析，可以得出井下不同采矿活动引起的区域内微震事件分布情况，在微震比较活跃时间或生产空间区域给出合理的调整计划或采取必要的措施是降低发生动力灾害的有效途径。

7.5.1.1　同一时间域不同空间域微震事件分布规律

矿山微震事件活动空间分布随时间变化而变化。所以，在进行矿山微震事件空间分布特征分析时，也应对特定的空间内进行时间域的微震时间活动分布特征分析。研究生产活动区域内微震事件发生的空间分布，主要包括微震事件的水平分布、垂直分布和曲面分布。

通常与建立的监测区域模型相结合，采用可视化软件 JDi 分析，对微震事件数据库中的一段时间内累计事件文件进行创建并导入，从而实现干扰波形的过滤，实现事件的过滤及模型中的任意剖面的显示和分析，得出微震事件的相对集中区域，识别地质构造活动区域（断层、构造）以及采场围岩变化情况。

微震事件区域分布特征在空间分布上极不均匀，表现为 3 个特征：成带性、集丛性和间断性。

（1）集丛性。如图 7-15（a）所示，从 2009 年 4 月 14 日~20 日到 2009 年 4 月 21 日~30 日，有两个微震事件活动的密集区，即图中重点标注区域，这些密集区正处于的 1331m 中段、1391m 中段的 1499m 分层的假底下采矿活动区域的关键部位，此处由于开挖岩体的应力扰动引起应力集中和变动，容易引发冒顶等动力灾害。

（2）间断性。在该监测区域，微震事件活动在空间分布上，还呈现间断性不连续分布特点，在图 7-15（a）中，在两个圈定的区域中间，即微震事件发生密集带上，也存在微震事件活动相对稀少的小区域。在俯视图中，也可以看出在微震事件密集带外面较少发生，微震活动在空间分布上是间断的。

（3）成带性。在 8 号矿体，由开采导致微震事件分布显著的特点是在矿体中部附近连成了一条微震活动的密集带，如图 7-15（b）所示。这条微震事件集中的密集带可分为两大部分：一是微震事件的中心区位于矿体中心位置，如俯视图的左图；二是围绕中心区沿成带方向向外扩张区域。微震事件活动的成带特征和采矿活动密切相关，能够反映采矿生产活动的方向。

为了掌握井下矿体回采生产活动所诱发的微震事件分布，将分析区域确定为 1331m 中段、1391m 中段和 1499m 假底下采矿。从图 7-15（a）中可以看出，在 2009 年 4 月 14 日~20 日和 2009 年 4 月 21 日~30 日两个时间段内，微震事件主要集中在 1345~1499m，分别出现两个微震事件集中发生区域。对比两个时间段的微震事件，结合井下回采情况，发现本时间段在 1391 中段 6 分层（标高 1405m）二盘区以及 1499m 分层假底下采矿活动诱发微震事件增多，表明比较集中的频繁回采作业活动及较大的采出矿量对围岩影响较

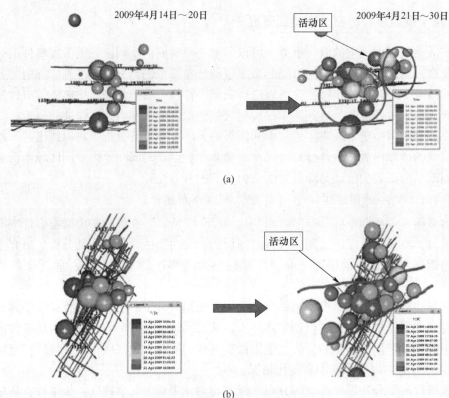

图 7-15　微震事件空间分布特征

(a) 剖面图；(b) 俯视图

大。岩体裂纹由压密阶段开始扩展，一旦裂纹扩展到贯通阶段，极易造成采场垮冒或动力灾害，建议对该区域重点监测，采取一定的安全加固措施，有必要进行回采顺序优化或采用合理的采场结构参数。

从图 7-16 可以看出，8 号矿体 1451 中段、1391 中段及 1261 中段都出现大量微震事件集聚，特别是 1391 中段微震事件集聚较多。根据时间颜色分析，可以大概估计到 2009 年 4 月 8 日~11 日、18 日~21 日、27 日~30 日，这些时间段现场生产活动如下：

（1）1499 分段回采 2 号盘区中部北端矿房，1510 号线 1 号、4 号出矿道；

（2）1391 中段回采 1405 分段 1 号盘区北端、2 号盘区，1 号、2 号出矿道，10 号出矿道为分采作准备；

（3）1331 中段在 1 号出矿道回采矿房，2 盘区 4 号出矿道收采，这几个时间段里采场产生活动与现场微震监测相对应。

7.5.1.2　同一空间域不同时间域微震事件分布规律

在实际开采条件下，微震事件的产生和时间相关，并且可以利用统计学方法，分析微震事件空间-时间-能量分布特征。对于采矿活动过程中诱发的微震事件，可以采取一段时间内的事件小时累计分布或天累计分布进行分析。

图 7-17 是 2007 年 8 月 2 日~12 月 31 日，8 号矿体回采过程诱发的微震事件累计数和视体积随时间变化曲线。曲线表明：微震事件活动频次的随机性很强，随时间变化起伏较大。

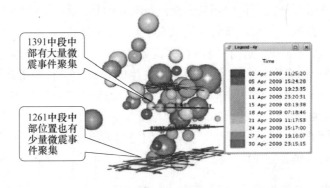

图 7-16 微震事件分布侧视图

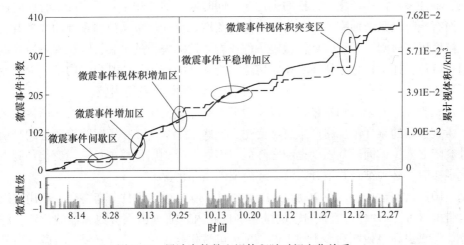

图 7-17 累计事件数和视体积随时间变化关系

8 号矿体回采诱发微震事件的时间特征概括为三点：平稳性、续发性和间歇性。

（1）平稳性。研究发现，有些时段一定区域范围内微震活动的发生表现出一定的平稳特性。区域微震事件的发生常用泊松分布过程近似，意味着这些随机发生的微震波是相互独立的，并且微震发生率为常数，微震发生次数随时间呈线性增加。如图 7-17 所示，2007 年 10 月 13 日~20 日，微震事件随时间变化率近似为直线，说明在这个时间段微震事件是近似以常速率发生的，显示出微震发生的平稳特性。

（2）续发性。微震活动并不总是保持平稳状态，有些时候微震事件会频繁发生，显示出微震活动的续发性或散发性特点。岩体垮冒等灾害的前震和余震序列以及震群活动等都是微震活动续发性的表现，微震活动的续发性反映了区域应力或某一局部岩体应力的增强变化。如图 7-17 中显示微震事件增加区，2007 年 9 月 6 日~13 日，在该区域发生前，微震事件发生表现为平静后以震群的形式密集发生，持续近一周的时间，表现为明显的续发特征。这种续发微震事件发生特征是岩体裂纹发生贯通的前兆特征。

（3）间歇性。监测表明：2007 年 8 月 21 日~29 日，微震活动既有密集发生的时段，有时也会出现间断性的平静状态，显示出微震活动的间歇性特点。在微震活动区或活动带上，微震活动突然减弱或中断，出现较长时间的相对间歇或平静期，可能是强微震事件发生诱发动力灾害的前兆，微震活动表现为续发性和间歇性交替活动情况。

通过对不同开采区域内事件的不同震级进行对比分析，可以得出不同时间段内微震事件的震级大小分布范围，并进一步研究震级大小和破坏之间的关系，掌握生产活动区域内开采风险相对较大的作业地点。在视体积突变处微震伴随着强震级事件发生位置需要预警，利用系统自带 JDi 软件可以定位微震事件发生的位置，进行微震事件定位的可视化。总之，8 号矿体的微震活动在时间进程中表现出复杂的平稳性、续发性和间歇性特征，反映了区域微震活动随采矿活动的动态起伏。

研究微震活动的时空变化，是为了找出它们与强震级微震活动的联系，从而有效地进行深井开采动力灾害预警。

7.5.2　基于微震监测事件参数位移变化的预警研究

微震事件参数位移变化随开挖的进行在不同时段内的变化率是不同的，有些时段突然增大，而有些时段则增加率变小，总体呈非均衡增长模式。单从位移累计曲线来看，当它突然大幅度增大时则预示着破坏性微震事件或岩体破坏失稳的来临，这往往是岩体破坏的前兆信息特征，通常这是岩体在受相对稳定和均衡外力作用下或其自身内部应力及变形的累计而形成的。但是在矿山开采条件下，由于受到频繁的采场爆破、掘进凿岩工作的影响，特别是当井下开采活动不稳定，以及地下采空区结构由于采掘活动突然产生较大的改变时，微震参数的累计量也将产生突然变化。这些变化常会在一定时间重新达到平衡，微震事件会随之减少，同时其强度也随之降低。因此，当利用位移累计曲线变化预测微震事件变化规律时，必须结合井下开采活动才能反映实际情况。

基于微震监测数据，选取 2009 年 4 月 14 日~30 日微震事件分布特征，利用微震监测系统自带的 XQuery 软件进行该时段的微震事件导入，通过微震参数属性的设置，滤除了爆破作业、噪声和机械振动等干扰事件。采用可视化软件 JDi 进行分析，将微震事件导入矿体开采模型中，分析区域范围重点是介于 8 号矿体 52 号线至 54 号线之间。

图 7-18 为矿体逐步回采时，2009 年 4 月在 1391m 中段 6 分层二盘区回采区诱发的微震事件活动分布，图中虚线表示勘探线和典型断层分布，实线框表示重点监测区域，中间微震监测事件表示了岩体位移变化特征，颜色变化表示位移发生的数值，不同颜色的微震事件表示了微震事件诱发岩体位移的发展过程。

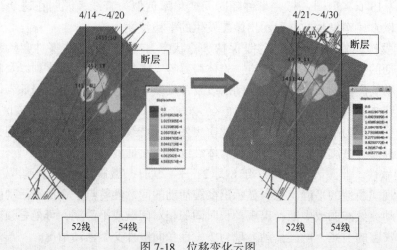

图 7-18　位移变化云图

从图 7-18 位移云图可以看出，岩体位移主要集中在 52 线和 54 线之间，并在断层附近有发展的趋势。从微震监测数据可以看出，岩体位移发展变化主要集中于断层附近。说明由于回采区域的不断扩大，诱发了断层附近岩体滑动产生位移。从图中可知，自 1391m 中段 6 分层二盘区 3 号矿房回采后，在 52 号线附近产生了较大位移 4.57E-4m，随着采动的进行，位移逐渐增加至 4.92E-4m，变化量不大，但变形范围增加，特别是前方断层活动加剧。

如图 7-19 所示，框内为采动区域。在 2009 年 4 月 14 日~30 日，主要对 3 号矿房进行回采，导致 52 线~54 线区域地压活动加剧。同时采动导致前方断层活化，微震事件活动频繁。

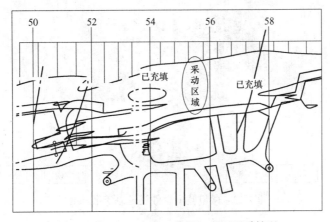

图 7-19 1391m 中段 6 分层二盘区回采情况

从图 7-19 发现，由于 3 号矿房回采形成空区，以及充填没有充分接顶，在采动区域形成高应力区，导致位移云图发生突变，位移值不断增加，该区域存在动力灾害诱发的可能，应加强现场监测和加固措施。

通过对不同开采区域内微震事件的不同位移进行对比分析，可以得出发生在某段时间内微震事件的位移发展范围和趋势，并进一步研究位移和破坏表现形式之间的关系，掌握生产活动区域内开采导致岩体发生动力灾害的风险，为安全、高效采矿提供直观的判断依据。

7.5.3　基于微震事件参数视应力变化的预警研究

由于矿体的回采扰动了原岩应力状态，岩体破坏时，剪应力是产生微震事件的主要原因。在岩体破坏之前，作用于破坏面两侧的剪应力降低表现为震源应力降。根据定量地震学理论，震源岩体应力水平和应力降可以用地震视应力来表示，震源破坏产生的变形则可以用位移来表示。因此，已知微震事件的空间位置、发生时间、震源视应力和位移则可求得该处岩体的应力和应变状态。也就是说，在一定的时间段和空间体积的岩体内，可以用微震事件及其视应力和位移来描述岩体中的应力变形空间分布状态。

根据 8 号矿体的赋存条件和采矿工程布置特点，在不同标高水平上的应力分布状态可以简单直观地说明回采区域微震活动的总体应力分布，在视应力变化分析图中绘制了一系列不同时间段的视应力分布图。如图 7-20 所示，不同颜色代表了不同时间的视应力状态数据。从视应力云图中可以看出，在断层位置出现了最大视应力为 4.93Pa。随着回采进行，由左图可以看出视应力的两段应力集中区域没有贯通，但在断层附近形成了应力集中区。从右图可以看出，视应力变化范围不断增大，应力集中区域也不断扩大，但视应力值变化量较小。回采的进行，使视应力发生、集中、发展、贯通，说明大规模的采掘活动引起了明显的应力集中或变形集中。因此，随着采矿活动的进行，通过分析岩体视应力发展变化趋势，可以对该区域加强监测，保证安全生产。

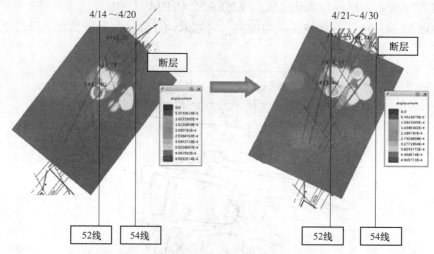

图 7-20　微震监测事件视应力变化云图

7.5.4　基于微震事件活动率的预警研究

一定区域内一定时期的微震活动特性变化包括微震的时间、空间分布特点、微震频度和微震强度等。研究微震活动性，主要是根据微震监测系统测定的微震发生的时间、空间位置和强度（震级或能量）等基本参数，并确定这些参数之间的相互关系。另外，也有学者把震源参数的变化（如地震矩、应力降、破裂性质和震源机制解等的变化）作为地震活动性的主要研究内容。

早期的研究侧重于描述微震的空间分布和分析地震活动的区域特性，后期的研究为了寻找强微震的前兆特征，也着重分析强微震前后的各种微震活动图像。然而，微震事件活动率反映了岩体内部微裂纹的扩展变化趋势，表现了微裂纹的产生和发展速度，微震事件突变特征体现了岩体开挖导致围岩发生动力灾害的前兆信息。

图 7-21 所示为微震监测事件活动率随时间变化关系。2009 年 4 月 9 日～10 日、17 日～19 日、26 日、29 日～30 日四段时间累计视体积和事件数量大量积聚，说明微震活动频繁，微震事件活动率增加，而后处于平缓状态。微震事件聚集增加和视体积剧增是岩体能量释放的结果。微震事件活动率增加就是岩体裂纹从扩展到贯通的过程。结合现场生产活动分析如下：

（1）微震事件发生的时间。经过上述分析，可以看到在该时间段，微震事件大量集聚在一个部位。根据微震活动率与时间的分布关系，可以看出，能量激烈增加到一定程度，之后就慢慢减小，最后处于较平缓的状态，这就是岩体能量释放的过程。

（2）微震事件发生的地点。微震事件集聚位置在 1499 分段采场（坐标位置 $X =$ 374180，$Y = 2947660$，$Z = 1510$）、1391 中段的 2 号盘区（中心坐标位置 $X = 374067$，$Y = 2947470$，$Z = 1373$）。

（3）建议采取的措施。在微震事件集聚的时间段和相对应的地点，很有可能发生垮塌或者其他威胁到人员和设备安全的事件，应引起重视。在采场里做好人员随时撤离的安全通道，每次进入采场作业前必须先清理顶板浮石并随时观察采场里是否有异常现象发生。严格控制矿房尺寸结构参数，确保采场作业面安全。

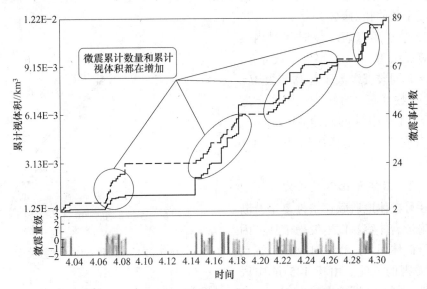

图 7-21　微震事件累计数及累计视体积与时间的关系

7.5.5　基于微震活动性参数 b 值的预警模型研究

岩体在采动影响下产生微破裂，由微破裂所耗散的一部分应变能以弹性波的形式释放。这些弹性波就是采用微震监测获得的地震波，从物理的角度观察，岩体破裂过程是岩体不断产生微震波的过程，通过对微震波的拾取可以间接监测出岩体破裂过程。已有研究表明：岩体受力变形过程具有典型的分形特征，对于表征岩体受力变形过程的微震事件（参数）序列同样具有分形特征。

7.5.5.1　震级频度关系——b 值

许多观测表明，开采诱发的微震事件与天然地震事件遵循同样的规则。通过分析两类地震活动性发现，它们均遵循古登堡-里克特所引入的频度-震级关系，该关系式适用于所有的震级范围。在某一段时间间隔内来研究微震活动性，可以得到一组震级随机变量，对于一个微震监测区域来讲，微震的频次与震级服从指数关系：

$$n(M) = N_0 e^{-bM} \tag{7-18}$$

一般用对数形式表示，称为古登堡-里克特震级频度关系，写作：

$$\lg n(M) = a - bM \tag{7-19}$$

式（7-19）是统计区域内一定时期发生的微震次数，称为微分频度，也可以用微震累计频度表示。若震级 M 以上的微震事件总数为 $N(M)$，则有：

$$N(M) = \int n(M) \, \mathrm{d}M \tag{7-20}$$

称为累计频度。同样有：

$$\lg N(M) = A - bM \tag{7-21}$$

　　式（7-21）中，两个未知数 a（或 A）、b 对一定监测区域而言是常数。a（或 A）描述了监测区域微震活动的总体水平，与起算震级以上的微震事件总数有关，称为微震活动性参数。此参数描述微震大小的分布，通常接近于 1，它描述了在一给定的时间段里小震个数与大震个数的相对数。

　　图 7-22 中三角点表示该时间段内震级小于起算震级 $M = -1.0$ 事件个数分布；圆点表示该时间段震级大于起算震级 $M = -1.0$ 事件个数分布；直线为震级大于起算震级 $M = -1.0$ 事件的震级-频度关系；曲线为该时间段大于起算震级 $M = -1.0$ 震级的事件拟合。

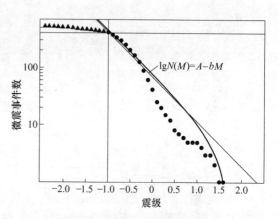

图 7-22　震级和累计微震数关系

7.5.5.2　岩体开挖诱发动力灾害

　　由于 8 号矿体地质赋存条件复杂、断层发育、附近岩体容易发生失稳破坏，因此，在 8 号矿体回采过程中具有开采扰动诱发动力灾害的危险。由于 1451m 中段以上回采即将结束，即将进行 1331m、1391m 两个中段同时向上回采，所以，回采的重点是 8 号矿体的 1331~1451m。利用微震监测系统，可以得到微震事件的监测时间、震级、a 值、b 值、事件数和最大震级等参数，2007 年 8 月~12 月的微震监测事件活动性参数值记录如图 7-23 所示。

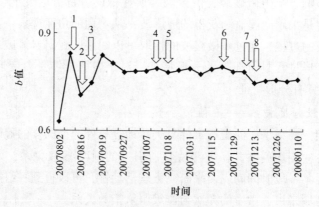

图 7-23　采场垮冒与 b 值随时间变化关系

7.5.5.3　微震活动过程 b 值分形变化特征研究

　　b 值表示大小地震发生的比例关系，物理含义是一个监测区域的值变化，表征着该统计地区岩体介质破坏发展的状态，前提条件是该监测统计区域内计算值在一段时间内具有一致、统一的监测能力，以及在该监测地区整个范围内能监测到某个下限震级以上的所有微震事件。因此，动力灾害微震事件参数 b 值具有一定的特征。

Hirasawa 认为在恒定的短时间内，单位幅度的声发射事件的最大振幅与裂纹体积关系有：

$$A \propto V_v^{\frac{2}{3}} \tag{7-22}$$

V_v 为相应产生一个声发射时间的裂隙体积，即损伤破坏的体积。对于直径为 r 的只产生一个事件的微元体，单个声发射事件的振幅值为：

$$A \propto r^2 \tag{7-23}$$

事件数 N 有：

$$N \propto r^{-2b} \tag{7-24}$$

于是根据容量维的定义，得 Hausdorff 维数：

$$D_f = \lim_{r \to 0} \frac{\ln N(r)}{\ln \frac{1}{r}} = 2b \tag{7-25}$$

从式（7-25）中可以看出：容量维数 D_f 是微震活动性参数值的 2 倍，变化趋势和值相同；岩体破坏前，容量维数下降；在 D_f 值平静期和 D_f 值增加时，不发生岩体破坏失稳状况；D_f 越小发生的微震事件震级越大。

从图 7-24 中发现采场垮冒微震事件活动分形维 D_f 值分布特征如下：

（1）当 D_f 值呈增加趋势时，采场相对平静，无动力灾害产生。自 2007 年 8 月 2 日~8 日及 11 月 8 日~19 日，均无采场发生垮冒等动力灾害现象。D_f 值增加，表明岩体裂纹的粗糙度在增加，在此期间岩体处于裂纹压密、扩展过程，小震级事件在总事件中的比例比大震级事件大，即 D_f 值的增加不会引起岩体动力失稳破坏。

（2）当 D_f 值急剧下降时，也就是出现明显的降维现象，采场容易发生动力灾害。自 2007 年 8 月 9 日~9 月 12 日、10 月 10 日~18 日及 11 月 20 日、12 月 7 日~13 日，均发生采场垮冒等灾害，说明一旦裂纹扩展贯通，形成动力失稳时，D_f 值下降，表明岩体裂纹的粗糙度在降低，加速了岩体破坏速度。大震级事件在总事件中的比例比小震级事件大，即 D_f 值的降低容易产生岩体动力失稳破坏。

（3）当 D_f 值表现为平静期时，岩体相对平静。自 2007 年 9 月 27 日~10 月 7 日、11 月 29 日~12 月 6 日，岩体没有发生破坏，说明岩体在 D_f 值为相对平静期时，岩体裂纹扩展平稳。

（4）当岩体发生破坏时，D_f 值下降，而后 D_f 值表现为增加或相对平静期。

（5）D_f 值越小产生的岩体动力失稳破坏越大，反之，D_f 值越大发生岩体动力失稳破坏越小。由表 7-4 可知，2007 年 9 月 6 日采场垮方量为 400t，而图 7-24 中显示 D_f 值为较低值。

综上所述：岩体破坏时 D_f 值下降，而后 D_f 值表现为增加或相对平静，这表明随着分形维数的增大，岩石断裂面的粗糙度越大。D_f 值越小，表明岩体裂纹粗糙度越低，发生岩体破坏引起高震级微震事件的概率越大；反之，概率越小。也就是说 D_f 值减小发生岩体破坏的概率增加，反之发生岩体破坏的概率减小。

表 7-4　部分 8 号矿体采场垮冒记录

序号	时间	位置	垮方量/t	坐标 (x、y、z)
1	07-8-9 夜班	1511 中段 3 号盘区 5 号矿房	200	(9610、6126、1575)
2	07-9-6 夜班	1499 分段 3 号盘区 3 号矿房	400	(9600、6150、1499)
3	07-9-12 夜班	1487 分段 2 号盘区 9 号矿房	100	(9650、6160、1496)
4	07-10-10 夜班	1565 分段 2 号盘区进路	150	(9715、6110、1575)
5	07-10-17 夜班	1451 中段 3 号盘区下盘南端沿脉	150	(9590、6130、1499)
6	07-11-20 夜班	1499 分段 15 分层 3 号盘区	100	(9610、6130、1499)
7	07-12-7 夜班	1499 中段 15 分层 7 号矿房	150	(9640、6140、1499)
8	07-12-13 白班	1499 分段 1 号盘区 3 号矿房	100	(9620、6200、1499)

注：其中 x 坐标省略了前三位数字；y 坐标省略了前两位数。

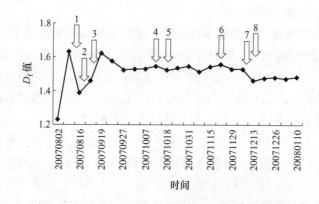

图 7-24　采场垮冒与 D_f 值随时间变化关系

　　岩体在受力状态下所经历的物理过程是一个微断裂到宏观断裂突变过程。利用微震技术测得的采场岩体微震时间序列，从本质上刻画了岩体破裂过程。岩体微裂纹可转换为微震事件的空间分布，这个空间分布具有分形特征，其分维值随岩体微断裂的演化发展而减小，也就是说岩石宏观断裂的临界点出现分形维的极小值。同样，反应岩体破裂过程的微震时间分布序列也具有上述这种特征，即在岩石宏观破裂的临界点，微震时间分布序列的分维值出现降维现象。需要指出的是在岩体受力破坏过程中，岩体应力应变曲线经过屈服点后，受到应力降低等其他因素，岩体可能产生局部破坏或裂纹扩展，微震事件活动性参数 b 值降低，但岩体未发生整体失稳情况。也就是说，岩体失稳破坏和微震事件活动性参数 b 值降低之间是充分不必要条件的关系，但随着回采的进行，岩体受力增加，掌握深部开采岩体破坏全过程微震事件活动性参数 b 值的变化趋势显得尤为重要。该方法可以用来对深井开采动力灾害预警。

习题与思考题

7-1 矿山动力灾害主要有哪些，其力学本质是什么？

7-2 岩爆、冲击地压和矿震的联系与区别是什么？

7-3 微震监测系统基本组成及主要影响因素是什么？

7-4 简述微震监测系统定位精度及其本质原理。

7-5 微震系统的参数确定主要有哪些？

7-6 微震预警模型的建立原则一般要考虑哪些因素？

7-7 微震监测预警模型研究有哪些，其主要特征是什么？

8 工程岩体质量评价

8.1 概　　述

岩体与岩块相比，具有显著的差别，岩体比岩块易于变形，其强度显著低于岩块的强度。岩体在自然环境中存在不同类型、不同规模的结构面，而且受天然应力与地下水等地质环境因素的影响，岩体会表现出非均质、非连续、各向异性和非弹性特征。影响岩体稳定性的因素很多，有岩性、岩石结构构造、结构面特征及其组合、岩体结构及其完整性、地下水、地应力等。如何评价各方面的因素对岩体性质、岩体稳定性的影响呢？

为了充分综合考虑各种影响因素，对工程岩体质量和岩体稳定性进行评价。为了给岩石工程设计与施工提供依据，并保证岩石工程建设与运营的安全可靠、经济合理，提出了工程岩体质量评价。

工程岩体质量是复杂岩体工程地质特性的综合反映。它不仅客观地反映了岩体结构固有的物理力学特性，而且为工程稳定性分析、岩体的合理利用，以及正确选择各类岩体力学参数等提供了可靠的依据。因此，岩体质量评价是沟通岩体工程勘察、设计和施工的桥梁与纽带。

岩体质量评价研究经历了近一个世纪发展历史，而且地下工程岩体质量评价研究较其他工程开展得更早更完善。在 20 世纪 30~40 年代，国际上代表性的工程岩体质量评价方法主要有 Ф. М. Сад-ренский 分类（1937）、Н. Н. Маспов 分类（1941）、Terzaghi 分类（1946）等；50~60 年代期间主要有 Lauffer 分类（1958）、Deere 的 RQD 分类（1964）。这些分类多偏重于单指标定性或定量分类。进入 70 年代以后，岩体质量分类由定性向定量、由单因素向多因素方向发展，代表性的方法有美国的 Wickham 岩石结构（RSR）分类（1974，1978）、挪威 Barton 的 Q 系统（1974，1980）、南非 Bieniawski 的 RMR 分类（1974，1976）、日本菊地宏吉的坝基岩体分类（1982）、西班牙 Romana 的边坡岩体 SMR 分类（1985，1988，1991）、美国 Williamson 的统一分类（1984）等。

我国对岩体质量评价研究开展较晚，主要有谷德振、黄鼎成（1979）的 Z 分类，王思敬等人（1980）弹性波指标 Za 分类，关宝树（1980）的围岩质量 Q 分类，杨子文（1982，1984）的 M 分类，陈德基（1983）块度模数 MK 分类，王石春等人（1980，1985）RMQ 分类，邢念信（1979，1984）坑道工程围岩分类，东北工学院（1984）围岩稳定性动态分级，长委的三峡 YZP 分类（1985），水电部昆明勘测设计院（1988）提出大型水电站地下洞室围岩分类，王思敬（1990）岩体力学性能质量系数 Q 分类，水利水电工程地质勘察规范（1991），工程岩体分级国家标准（1993），曹永成、杜伯辉（1995）基于 RMR 体系修改的 CSMR 法，陈昌彦的岩体质量动、静态综合评价体系（1997）等。

由于各类工程岩体评价方法的应用和分析侧重点不同，相应地采用了不同的评价指标和分级标准。实际上，岩体质量评价目的是定量反映工程岩体结构的复杂性，为工程岩体稳定性评价以及工程岩体的综合利用提供依据。而影响岩体稳定性及其结构复杂性的因素可概括为地质因素和工程因素，其中地质因素又是主导因素，这为各种评价方法的换算提供了理论基础，使各种评价方法的评价因素有逐渐接近的趋势。

为了便于异地交流试验成果、施工经验及研究成果，合理地进行岩体工程的设计、施工，保证工程的安全和稳定，需要进行岩体分类。从定性和定量两个方面来评价岩体的工程性质，根据工程类型及使用目的对岩体进行分类，这也是岩体力学中最基本的研究课题。

8.1.1　分类的目的

（1）进行岩体质量评价，为岩石工程建设的勘察、设计、施工和编制定额提供必要的基本依据和参数。

（2）便于施工方法的总结、交流、推广。

（3）便于行业内技术改革和管理。

8.1.2　分类原则

（1）有明确的岩体工程背景和适用对象。

（2）尽量采用定量参数或综合指标，以便于工程技术计算和制订定额时采用。

（3）分类的级数应合适，一般分五级为宜。

（4）分类方法与步骤应简单明了，分类参数容易获取，分类中的数字便于记忆和应用。

（5）根据适用对象，选择考虑因素。选择有明确物理意义、对岩体质量和危岩稳定性有显著影响的分类因素。

目前的分类趋势为"综合特征值"分类法，即多因素综合考虑，以及定量与定性、动态与静态相结合进行分类。

8.1.3　分类的控制因素

工程岩体分类方法虽然多达几十种，但通常在分类中起主导和控制作用的有如下几方面因素：

（1）岩石材料的质量（强度指标）。岩石强度是岩体固有的承载能力天然属性，是评价工程岩体稳定性的重要参数。表示岩石强度的参数，通常由室内岩块试验获得，包括岩石的抗压强度、抗拉强度和抗剪强度等。岩石的单轴抗压强度试验简单、参数直观、便于记忆、使用方便、符合工程岩体分类原则，因此几乎所有的工程岩体分类都用岩石的单轴抗压强度作为分类指标。

（2）岩体的完整性，结构面产状、密度、声波等。通过对岩体性质的学习可知，岩体的完整性取决于岩体内结构面的空间分布状态、分布密度、开度、充填状态及其充填物质的特性等因素。它直接影响岩体工程质量的优劣和工程围岩的整体稳定性，所以岩体完整性的定量指标是表征岩体工程性质的重要参数。

（3）水稳状态（软化、冲蚀、弱化）。水对岩体的影响在前面已提及，包括两个方面：一方面是岩石及结构面充填物的物理化学作用，使其物理力学性质劣化；另一方面是水与岩体在相互耦合作用下的力学效应，包括裂隙水压力与渗流动水压力等力学作用效应，直接影响岩体工程的稳定性。在工程岩体的分类中通常根据岩体的单位出水量来修正分类指标，用软化系数来表示岩体强度的降低程度。

（4）地应力。岩体的变形、破坏，工程的稳定性均与地应力有关，所以，地应力应该是工程岩体分类中的重要因素之一。但因其地应力测量困难、存在区域性、无法用统一指标描述，故通常并没有作为独立因素考虑。

（5）其他因素（自稳时间、位移率）。围岩的稳定性是以上各因素的综合反映。分类中，通常用自稳时间（开挖至冒落或塌方的时间）反映工程的稳定性，或用工程顶部沉降（位移）量来反映工程的稳定性。二者是易测的直观参数。其中，岩性是最重要因素。

8.1.4 分类方法

按分类目的，可分为综合性分类和专题性分类两种；按分类所涉及的因素多少，可分为单因素分类法和多因素分类法两种。

本章分别介绍几种典型的单因素和综合因素分类方法。

8.2 工程岩体的单因素分类

8.2.1 按岩石的单轴抗压强度分类

8.2.1.1 岩石单轴抗压强度分类

这是最基本、最简单、应用最广泛的分类方法，而且常用的多因素综合分类中一般都将岩块的单轴抗压强度作为重要因素考虑。用岩块的单轴抗压强度进行分类，是最早使用的相对比较简单的分类方法，在工程上采用了较长时间。我国早期按岩石强度和岩石坚固系数（普氏系数）分类，由于它没有考虑岩体中的其他因素，尤其是软弱结构面的影响，目前已经很少使用。

迪尔和米勒 1966 年提出的按干岩块单轴抗压强度分类方法见表 8-1。

表 8-1 岩石单轴抗压强度分类表

类别	岩石单轴抗压强度 RC/MPa	岩石类别
Ⅰ	250~160	特坚岩
Ⅱ	160~100	坚岩
Ⅲ	100~40	次坚岩
Ⅳ	<40	软岩

我国《岩土工程勘察规范》（GB 50021—94）参考迪尔方法，以新鲜岩块饱和单轴抗压强度为指标，将岩块分为五类，见表 8-2。

表 8-2　新鲜岩块饱和单轴抗压强度分类方法

岩石饱和单轴抗压强度 σ_c/MPa	>60	30~60	15~30	5~15	<5
坚硬程度（类别）	坚硬岩（Ⅰ）	较坚硬岩（Ⅱ）	较软岩（Ⅲ）	软岩（Ⅳ）	极软岩（Ⅴ）

8.2.1.2　以点荷载强度指标分类

由于岩石点载荷试验可以在现场测定，数量众多且简便，所以用点载荷强度指标分类得到了重视。点载荷强度指标分类见图 8-1。

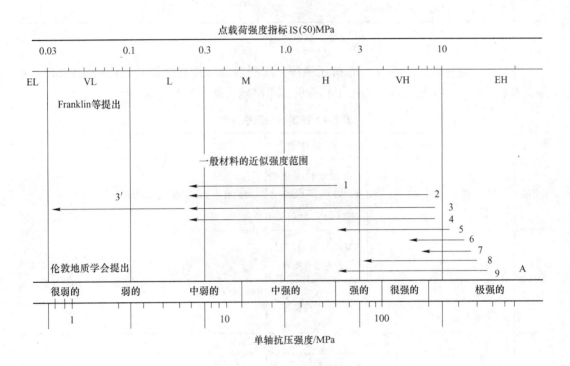

图 8-1　点载荷强度指标分类

8.2.2　按巷道围岩稳定性分类

8.2.2.1　斯梯尼分类

1950 年，斯梯尼提出了根据巷道围岩的稳定性的分类方法，见表 8-3。

表 8-3　围岩巷道稳定性分类方法

分类	岩石载荷 H_p/m	说　　明
稳定	0.05	很少松脱
接近稳定	0.05~1.0	随时间增长有少量岩石从松脱岩石脱落
轻度破碎	1~2	随时间增长而脱落
中度破碎	2~4	暂时稳定，约一个月后破碎

分类	岩石载荷 H_p/m	说　　明
破碎	4~10	瞬时稳定，然后很快塌落
非常破碎	10~15	开挖松脱，并有局部冒顶
轻度挤入	15~25	压力大
中度挤入	25~40	压力大
重度挤入	40~60	压力很大

8.2.2.2　苏联巴库地铁分类

苏联巴库地铁建设中根据岩石抗压强度、工程地质条件和开挖时岩体稳定性破坏现象，将岩体分成四类稳定性并提出了相应的施工措施，见表 8-4。

表 8-4　按岩层稳定性分类

稳定性	岩石	单向抗压强度	工程地质条件	稳定破坏现象	建议措施
稳定	砾岩 石灰岩 砂岩	40~60	裂隙水较少或没有，岩层干燥或含水，水是无压的	可能有小量的坍塌	用爆破开挖
较稳定	石灰岩 砂岩	20~40	裂隙较重的岩层，含水，水是有压的	离层，下挠塌落 10m³以内的塌方	巷道全面支护，盾构开挖
	黏土 亚黏土	8.0~10	裂隙很少或没有		
不充分稳定	黏土 亚黏土	6.0~8.0	层状岩层，有裂隙，团粒结构的，稍湿润	塌落，10m³左右的坍方，黏土的塑性膨胀	小进度的盾构开挖，加强坑道全面支护
	卢姆砂岩	6.0	有黏土、砂夹层的岩层		
不稳定	卢姆砂岩	3.0~6.0	含饱和水的流动的岩层，水是有压的	涌水，流沙地面下沉，岩体变形	利用人工降水压缩空气冻结法和沉箱，灌浆配合的给水法等的盾构开挖

8.2.3　按岩体完整性分类

8.2.3.1　按岩石质量指标 RQD 分类

岩体质量指标 RQD 是迪尔于 1963 年提出，后来和其他学者一起完善的一种岩体分类。RQD 是以修正的岩芯采取率来确定的。岩芯采取率是指岩芯总长度与钻孔在岩层中的长度之比。RQD 是选用坚固完整的、其长度大于等于 10mm 的岩芯总长度与钻孔长度的比，以百分数表示：

$$RQD = \frac{\sum (l_i \geqslant 10cm)}{L(钻孔总长)} \times 100\%$$ (8-1)

工程实践说明，RQD是一种比岩芯采取率更好的指标。

例如，某钻孔的长度为250cm，其中岩芯采取总长度为200cm，而大于10cm的岩芯总长度为157cm（如图8-2所示），则岩芯采取率为：200/250 = 80%，RQD = 157/250 = 63%。

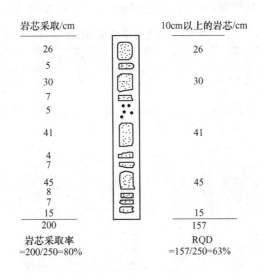

图 8-2　RQD 和岩芯采取率实例

根据 RQD 与岩石质量之间的联系，可按照 RQD 值的大小描述岩石的质量，如表8-5所示。

表 8-5　按 RQD 大小的岩石工程分级

等级	RQD/%	工程分级
I	90~100	极好的
II	75~90	好的
III	50~75	中等的
IV	25~50	差的
V	0~25	极差的

8.2.3.2　按岩体波速分类

岩体波速（弹性波在岩体中的传播速度）与岩体的均匀性和完整性密切相关。一般岩体越致密、完整，波速越大，岩体中结构面越多波速越小。因此，可按波速将岩体进行完整性分类。

岩体中传播的弹性波分为纵波（P）和横波（S），P 波为压缩波，S 波为剪切波。P 波速度较快，便于测试，因此岩体分类时一般用 P 波。

将同一岩性的岩体波速和岩块纵波波速比值的平方定义为岩体完整性系数 K_v，又称裂隙系数。

$$K_v = \left(\frac{v_{pm}}{v_{pr}}\right)^2 \tag{8-2}$$

式中，v_{pm} 为弹性波在岩体内的传播速度；v_{pr} 为弹性波在岩块内的传播速度。

中国科学院地质研究所根据弹性波传播特性对岩体的结构进行分类，见表 8-6。

表 8-6 按弹性波传播特性分类

弹性波指示	类别			
	块状结构	层状结构	破碎结构	散体结构
波速 $v_p/m \cdot s^{-1}$	4000~5000 4500 3500	3000~4000 3500 2500	2000~3500 2750 1500	<2000 1500 500
岩体岩块波速比 v_{pm}/v_{pr}	>0.8 0.8 0.6	0.5~0.8 0.65 0.5	0.3~0.6 0.45 0.3	<0.4 0.3 —
可接收距离/m	5~10 3	3~5 2	1~3 1	<1 —

日本池田和彦于 1969 年提出了日本铁路隧道围岩强度分类。首先将岩质分六类，再根据弹性波在岩体中的速度，将围岩强度分为七类，见表 8-7。

表 8-7 日本铁路隧道围岩强度分类

围岩强度分类	岩质						良好程度	备注
	A	B	C	D	E	F		
1	>5.0		>4.8	>4.2			好	（1）开挖面涌水时，分类要降一级； （2）膨胀性岩石的弹性波速度值，要特殊考虑这种情况速度值小于 4.0km/s，泊松比大于 0.3； （3）对风化岩层的泊松比小于 0.3 时，分类要提高一到两级
2	5.0~4.4		4.8~4.2	4.2~3.6				
3	4.6~4.4	4.8~4.2	4.4~3.8	3.8~3.2	>2.6		中等	
4	4.2~3.0	4.4~3.8	4.0~3.4	3.4~2.8	2.6~2.0			
5	3.8~3.2	4.0~3.4	3.6~3.0	3.0~2.4	2.2~1.6	1.8~1.2		
6	<3.4	<3.6	<3.2	<2.6	<1.8	1.8~1.4	差	
7					<1.4	<1.0		

8.3 岩体综合指标分类

单一指标的分类，是根据对一种独立因素进行评价并加以分类的，但是如果要全面、正确地评价复杂的岩体质量好坏，较好的办法是采用多种参数组合的综合指标来进行分类。

8.3.1 富兰克林岩石工程分类

富兰克林等人将岩块强度（点载荷强度指标）与岩体结构面间距综合考虑，提出双因素分类，见图 8-3。富兰克林按照岩体坚固性将岩石工程分成了六类。

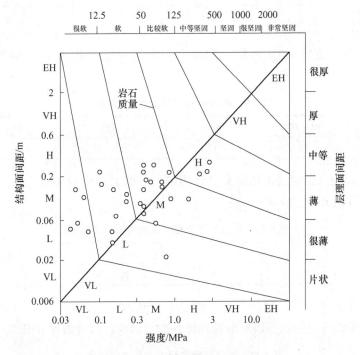

图 8-3 富兰克林岩石工程分类

EH—非常高；VH—很高；H—高；N—中等；L—低；VL—很低

8.3.2 岩体的岩土力学分类

岩体的岩土力学分类是指毕昂斯基（Bieniaski，1974）提出的"综合特征值"——RMR 值分类，0<RMR<100。分类指标 RMR（rock mass rating）由岩块强度、RQD、节理间距、节理状态、地下水和修正参数 6 种指标组成。

分类步骤：

（1）根据各指标数值按表格的标准评分，并求和得总评分 RMR 值：

$$RMR = R_1 + R_2 + R_3 + R_4 + R_5 + R_6 \tag{8-3}$$

（2）与岩石强度相关的岩体评分值 R_1 可以用标准试件进行单轴压缩来确定，也可由点荷载试验确定，见表 8-8。

表 8-8　岩石抗压强度与岩体评分值 R_1 的对应关系

点载荷指标 /MPa	无侧压抗压强度 /MPa	评分值
>8	>200	15
4~8	100~200	12
2~4	50~100	7
1~2	25~50	4
不采用	10~25	2
不采用	3~10	1
不采用	<3	0

（3）岩石质量指标 RQD 由修正的岩芯采取率确定，RQD 的岩体评分值 R_2 见表 8-9。

表 8-9　对应于 RQD 的岩体评分值 R_2

RQD/%	91~100	76~90	51~75	26~50	<25
评分值	20	17	13	8	3

（4）节理间距可以通过现场露头统计测定，一般岩体中有多组节理，对应于节理组间距的岩石评分值 R_3 见表 8-10。

表 8-10　对应于节理组间距的岩石评分值 R_3

节理间距/m	>3	1~3	0.3~1	0.005~0.3	<0.005
评分值	30	25	20	10	5

（5）对于节理面壁的几何状态对工程稳定的影响，主要是考虑节理面的粗糙度、张开度、节理面中的充填物状态以及节理延伸长度等因素，对应的评分值 R_4 见表 8-11。

表 8-11　与节理状态相关的岩体评分值 R_4

说　明	评分值
尺寸有限的很粗糙的表面，硬岩壁	25
略微粗糙的表面，张开度小于 1mm，硬岩壁	20
略微粗糙的表面，张开度小于 1mm，软岩壁	12
光滑表面；由断层泥浆充填厚度为 1~5mm 的，张开度为 1~5mm，节理延伸超过数米	6
由厚度大于 5mm 的断层泥浆充填的张开节理，张开度为 1~5mm 的节理，节理延伸超过数米	0

（6）地下水会严重影响岩体的力学性状，需要考虑其评分值。地下水的总状态由地下水流入量、节理中的水压力，或者是地下水的总状态来确定，对应的评分值 R_5 见表 8-12。

表 8-12　与地下水状态相关的岩体评分值 R_5

每 10m 洞长的流入量 /L · min^{-1}	节理水压力与 最大主应力的比值	总的状态	评分值
>8	0	完全干的	10
4~8	0.0~0.2	湿的	7
2~4	0.2~0.5	有中等压力水的	4
1~2	0.5	有严重地下水问题的	0

（7）岩体工程的稳定性与节理方向是否有利关系很大，最后提出了修正值 R_6（见表 8-13），来考虑节理方向对工程是否有利，从而修正前五个评分之和。

表 8-13　节理方向对 RMR 的修正值 R_6

方向对工程影响的评价	对隧道的评分值的增量	对地基的评分值的增量
很有利	0	0
有利	−2	−2
较好	−5	−7
不利	−10	−15
很不利	−12	−25

根据以上六个参数之和 RMR 值，把岩体的质量划分为五类，见表 8-14。

表 8-14　岩体的岩土力学分类

类　　别	岩体的描述	岩体评分值 RMR
I	很好的岩石	81~100
II	好的岩石	61~80
III	极好的岩石	41~60
IV	较差的岩石	21~40
V	很差的岩石	0~20

本分类还给出了对岩体稳定性（隧洞岩体自稳时间）以及对应的岩体 c、φ 值，建议值见表 8-15。

表 8-15　岩体的岩土力学分类与岩体自稳时间一览表

分类号 No.	I	II	III	IV	V
平均自稳时间	5m 跨，10 年	4m 跨，6 个月	3m 跨，1 星期	1.5m 跨，5h	0.5m 跨，10min
岩体的内聚力	>300	200~300	150~200	100~150	<100
岩体的摩擦角	>45°	40°~50°	35°~40°	30°~35°	<30°

RMR 分类方法的特点是综合考虑了影响岩体稳定的主要因素，参数概念明确，取值方便，因此得到了较广泛的应用。

注意：该方法主要适用于坚硬岩体的浅埋硐室，对于软弱岩体不适用。

8.3.3 巴顿岩体质量（Q）分类

巴顿（Barton，1974）等人在分析 212 个隧道实例的基础上提出用岩体质量指标 Q 值对岩体进行分类，Q 值的定义如下：

$$Q = \frac{RQD}{J_n} \times \frac{J_r}{J_a} \times \frac{J_\omega}{SRF} \tag{8-4}$$

式中，RQD 为岩石质量指标；J_n 为节理组数；J_r 为节理粗糙度系数；J_a 为节理蚀变系数；J_ω 为节理水折减系数；SRF 为应力折减系数。

式中的 6 个参数的组合，反映了岩体质量的 3 个方面，即 $\frac{RQD}{J_n}$ 为岩体的完整性；$\frac{J_r}{J_a}$ 表示结构面（节理）的形态、填充物特征及其次生变化程度；$\frac{J_\omega}{SRF}$ 表示水与其他应力存在时对岩体质量的影响。

根据 Q 值，可将岩体分为 9 类，如图 8-4 所示。

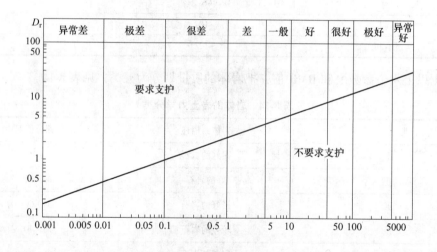

图 8-4 Q 值岩体分类

巴顿等人根据大量的实际工程的规律，提出了没有支护条件下隧道最大安全跨度 D 与岩体分类 Q 值之间的联系：

$$Q = 2.1D^{0.387} \tag{8-5}$$

宾尼奥夫斯基（Bieniawski，1976）在大量实测统计的基础上，发现 Q 值与 RMR 值之间具有如下条件关系：

$$RMR = 9\ln Q + 44 \tag{8-6}$$

该分类方法的特点是：考虑的地质因素较全面；定性定量相结合；软硬岩体均适用，尤其是极其软弱的岩体推荐使用。

8.4 我国工程岩体分级标准（GB 50218—94）

8.4.1 确定岩体基本质量

8.4.1.1 岩石的坚硬程度

采用岩石饱和单轴抗压强度 R_c 划分岩石坚硬程度，见表 8-16。

表 8-16 坚硬程度分类

R_c/MPa	>60	60~30	30~15	15~5	<5
坚硬程度	坚硬岩	软坚硬岩	较软岩	软岩	极软岩

8.4.1.2 岩体的完整程度

岩体完整性指数 K_v 可用弹性波的测试方法确定，见前面式（8-2）。

式（8-2）中 K_v 值的大小是与岩体体积裂隙数 J_v 有关。它的含义是单位岩体体积内的节理裂隙（结构面）数目（条/m³）。K_v 值可按表 8-17 所列的 J_v 值来确定，也可用声波测试按照前述计算公式确定。K_v 与岩体完整性程度定性划分的对应关系见表 8-18。

表 8-17 J_v 与 K_v 的对照关系

J_v/条·m^{-3}	<3	3~10	10~20	20~35	>35
K_v	>0.75	0.75~0.55	0.55~0.35	0.35~0.15	<0.15

表 8-18 K_v 与岩体完整性程度定性划分的对应关系

K_v	>3	3~10	10~20	20~35	>35
完整程度	>0.75	0.75~0.55	0.55~0.35	0.35~0.15	<0.15

8.4.2 岩体基本质量指标（BQ）分级

8.4.2.1 岩体基本质量指标（BQ）的计算

以 103 个典型的岩体工程为抽样总体，采用多元逐步回归和判别分析的方法，建立了岩体基本质量指标表达式：

$$BQ = 90 + 3\sigma_{cw} + 250K_v \tag{8-7}$$

式中，BQ 为岩体基本质量指标；σ_{cw} 为岩石单轴饱和抗压强度，MPa；K_v 为岩体完整性系数。

公式使用条件为：

当 $R_c > 90K_v + 30$，代 $R_c = 90K_v + 30$；

当 $K_v > 0.04R_c + 0.4$，代 $K_v = 0.04R_c + 0.4$。

8.4.2.2 岩体基本质量分级

按 BQ 值和岩体质量的定性特征将岩体划分为 5 级，见表 8-19。

表 8-19   岩体基本质量分级

基本质量级别	岩体基本质量的定性特征	岩体基本质量指标（BQ）
I	坚硬岩，岩体完整	>500
II	坚硬岩，岩体较完整 较坚硬岩，岩体完整	500~451
III	坚硬岩，岩体较破碎 较坚硬岩或软硬岩互层，岩体较完整 软岩，岩体完整	450~351
IV	坚硬岩，岩体破裂 较坚硬岩或软硬岩互层，且以软岩为主 软岩，岩体较完整	350~251
V	较软岩，岩体破碎 软岩，岩体较破碎 全部极软岩及全部极破碎岩	<250

8.4.2.3   岩体基本质量指标的修正

岩体基本质量指标确定时只考虑了两个重要因素（σ_{cw}，K_v）。工程岩体的稳定性还与地应力、地下水、结构面有关，应结合工程特点，考虑各影响因素来修正质量指标，作为工程岩体分级的依据。

$$[BQ] = BQ - 100(K_1 + K_2 + K_3) \tag{8-8}$$

式中，[BQ] 为岩体基本质量指标修正值；BQ 为岩体基本质量指标；K_1 为地下水影响修正系数；K_2 为主要软弱结构面产状影响修正系数；K_3 为原岩应力影响修正系数。

根据修正后的 [BQ] 查表确定岩体质量分级。根据岩体质量分级可估计岩体的物理力学性质和自稳能力。各修正系数见表 8-20~表 8-22。

表 8-20   地下水影响修正系数

地下水出水状态	K_1（BQ）			
	>450	450~351	350~251	<250
潮湿或点滴状出水	0	0.1	0.2~0.3	0.4~0.6
淋雨状或涌流状出水，水压小于等于0.1MPa或单位出水量小于等于10L/(min·m)	0.1	0.2~0.3	0.4~0.6	0.5~1.0
淋雨状或涌流状出水，水压大于0.1MPa或单位出水量大于10L/(min·m)	0.2	0.4~0.6	0.7~0.9	1.0

表 8-21   主要软弱结构面产状影响修正系数

结构面产状及其与洞轴线的组合关系	结构面走向与洞轴线夹角小于30°结构面倾角30°~75°	结构面走向与洞轴线夹角大于60°结构面倾角大于75°	其他组合
K_2	0.4~0.6	0~0.2	0.2~0.4

表 8-22　初始应力状态影响修正系数

K_j初始 应力状态	BQ >550	550~451	450~351	350~251	<250
极高应力区	1.0	1.0	1.0~1.5	1.0~1.5	1.0
高应力区	0.5	0.5	0.5	0.5~1.0	0.5~1.0

8.4.2.4　工程岩体分级标准的应用

工程岩体基本级别一旦确定以后，可按表 8-23 选用岩体的物理力学参数，以及按表 8-24 选用岩体结构面抗剪断峰值强度参数。

表 8-23　岩体物理力学参数

岩石基本 质量级别	重力密度 γ /kN·m^{-3}	工程分级		变形模量 E/GPa	泊松比 μ
		内摩擦角	黏聚力		
I	>26.5	>60	>2.1	>33	<0.2
II		60~50	2.1~1.5	33~20	0.2~0.25
III	26.5~24.5	50~39	1.5~0.7	20~6	0.25~0.3
IV	24.5~22.5	39~27	0.7~0.2	6~1.3	0.3~0.35
V	<22.5	<27	<0.2	<1.3	>0.35

表 8-24　岩石结构面抗剪断峰值强度

序号	两侧岩体的坚硬程度及结构面的结合程度	内摩擦角 $\varphi/(°)$	黏聚力 c/MPa
1	坚硬岩，结合好	>37	>0.22
2	坚硬—较坚硬岩，结合一般； 较软岩，结合好	37~29	0.22~0.12
3	坚硬—较坚硬岩，结合差； 较软岩—软岩，结合一般	29~19	0.12~0.08
4	较坚硬—较软岩，结合差—结合很差； 软岩，结合差 软质岩的泥化面	19~13	0.08~0.05
5	较坚硬岩及全部软质岩，结合很差； 软质岩泥化本身	<13	<0.05

8.4.2.5　地下工程岩体自稳能力的确定

利用标准中附录所列的地下工程自稳能力，可以对跨度等于或小于 20m 的地下工程作自稳性初步评价，当实际自稳能力与表中相应级别的自稳能力不相符时，应对岩体级别做相应调整。地下工程岩体自稳能力见表 8-25。

表 8-25　地下工程岩体自稳能力

岩体级别	自　稳　能　力
Ⅰ	跨度小于 20m，可长期稳定，偶有掉块，无塌方
Ⅱ	跨度 10~20m，可基本稳定，局部可发生掉块或小塌方； 跨度小于 10m，可长期稳定，偶有掉块
Ⅲ	跨度 10~20m，可稳定数日至一个月，可发生小至中塌方； 跨度 5~10m，可稳定数月，可发生局部块体位移及小至中塌方； 跨度小于 5m，可基本稳定
Ⅳ	跨度大于 5m，一般无自稳能力，数日至数月内可发生松动变形、小塌方，进而发展为中至大塌方。埋深小时，以拱部破坏为主，埋深大时，有明显塑性流动变形和挤压破坏； 跨度小于 5m，可稳定数日至一个月
Ⅴ	无自稳能力

习题与思考题

8-1　简述工程岩体分类的重要性。

8-2　工程岩体遵循哪些分类原则？

8-3　按照单独的因素分类有哪几种，他们之间各有哪些优点？

8-4　请简述 RMR 指标分类的过程。

8-5　请简述我国工程岩体分级标准的过程。

8-6　谈谈你对岩体质量评价的看法，以及其在现实中的重要性。

9 土 体 测 试

土体是自然界的产物，是岩石经过物理风化和化学风化作用后形成的，是由各种大小不同的土粒按各种比例组成的集合体。土粒间的空隙包含着水和气体，其形成过程、物质成分以及工程特性是极为复杂的。无论是高层建筑、高速公路和机场，还是铁路、车库和隧道等，这些工程建设项目都与它们的土体基础有着密切的关系，包括土体是否能提供足够的承载力，土体是否能保持允许的地基沉降与变形。由于土体容易受到外界环境的影响，土的颗粒、水和气体组成的质量与体积比例发生变化，伴随着土的轻重、松密、干湿、软硬等一系列物理性质和状态也发生变化，因此，不同工程地质条件性质也千变万化。正确地测定土体相关参数，提供可靠的指标，离不开对土体的测试。

本章从实用性出发，抛开繁杂的理论推导，力求清晰、易懂。在岩体测试的基础上，介绍土体测试的基本原理、测试仪器与测试技术，主要包括土的含水率测试、土的渗透性测试、土的固结测试、土的击实测试、土的抗剪强度测试、土的静止侧压力系数测试和土体的变形监测。在每个测试项目中尽量详细地介绍测试的操作步骤。

9.1 含水率测试

9.1.1 概述

土含水率 w 是土中水的含量与土粒质量的比值，是描述土体干湿和软硬物理性质的指标，是土体的基本试验指标之一，只能通过试验测定。土粒相对密度、天然密度和含水率合称为土的直接试验指标。含水率的变化使土的物理力学性质发生变化，可使土变为半固态、可塑状态或流动状态，也会在压缩性和稳定性上造成差异。

土含水率测试方法包括烘干法、酒精燃烧法、比重法和碳化钙气压法等。烘干法是计算将土试样放在一定温度下烘到恒重时所失去的水的质量与达到恒重后干土质量的比值。酒精燃烧法是将试样和酒精拌合，点燃酒精，随着酒精的燃烧使试样水分蒸发的方法。比重法是通过测定湿土体积，估计土粒相对密度，从而间接计算土的含水率的方法。碳化钙气压法是通过化学反应，得到分子之间的对应关系，根据气体分子造成的压强推算出水的含量。

酒精燃烧法、比重法和碳化钙气体法都存在一定的缺陷，本节以烘干法作为室内测试含水率的标准方法。

9.1.2 烘干法含水率测试

烘干法是计算将土试样放在 105~110℃ 下烘到恒重时所失去的水的质量与达到恒重后干土质量的比值。

9.1.2.1 仪器设备

（1）可保持温度为 105～110℃ 的恒温烘箱，包括自动控制电热恒温烘箱或沸水箱、红外烘箱、微波炉等其他能源烘箱；

（2）称量 200g、最小分度值 0.01g 的天平；

（3）装有干燥剂的玻璃干燥缸；

（4）恒质量的铝制称量盒。

9.1.2.2 测试步骤

（1）从土样中选取具有代表性的试样 15～30g（有机质土、砂类土和整体状构造冻土为 50g），放入称量盒内并盖上盒盖，称盒加湿土质量，精确至 0.01g。

（2）打开盒盖，将试样和盒一起放入烘箱内，在温度 105～110℃ 下烘至恒重。试样烘至恒重的时间，对于黏土和粉土宜烘 8～10h，对于砂土宜烘 6～8h，对于有机质超过土质量 5% 的土，应将温度控制在 65～70℃ 的恒温下进行烘干。

（3）将烘干后的试样和盒从烘箱中取出，盖上盒盖，放入干燥器内冷却至室温。

（4）将试样和盒从干燥器内取出，称盒加干土质量，精确至 0.01g。

9.1.2.3 结果整理

按式（9-1）计算含水率：

$$w = \frac{m_1 - m_2}{m_2 - m_0} \times 100\% \tag{9-1}$$

式中，w 为含水率，%，精确至 0.1%；m_1 为称量盒加湿土质量，g；m_2 为称量盒加干土质量，g；m_0 为称量盒质量，g。

烘干法试验应对两个试样进行平行测定，并取两个含水率测值的算术平均值。当含水率小于 40% 时，允许的平行测定差值为 1%；当含水率等于或大于 40% 时，允许的平行测定差值为 2%。

9.1.3 酒精燃烧法含水率测试

酒精燃烧法是将试样和酒精拌合，点燃酒精，随着酒精的燃烧使试样水分蒸发的方法。酒精燃烧法是快速简易且能较准确测定细粒土含水率的一种方法，适用于没有烘箱或土样较少的情况。

9.1.3.1 仪器设备

（1）恒质量的铝制称量盒；

（2）称量 200g、最小分度值 0.01g 的天平；

（3）纯度 95% 的酒精；

（4）滴管、火柴和修土刀等。

9.1.3.2 测试步骤

（1）从土样中选取具有代表性的试样（黏性土 5～10g，砂性土 20～30g），放入称量盒内，立即盖上盒盖并称其质量，精确至 0.01g。

（2）打开盒盖，用滴管将酒精注入放有试样的称量盒中，直至盒中出现自由液面为止，并使酒精在试样中充分混合均匀。

（3）将盒中酒精点燃，并烧至火焰自然熄灭。

（4）将试样冷却数分钟后，按上述方法再重复燃烧两次；当第三次火焰熄灭后，立即盖上盒盖，称其质量，精确至 0.01g。

9.1.3.3　结果整理

酒精燃烧法测试同样应对两个试样进行平行测定，其含水率计算见式（9-1），含水率允许平行差值与烘干法相同。

9.1.4　其他含水率测试

比重法是通过测定湿土体积，估计土粒相对密度，从而间接计算土的含水率的方法。土体内气体能否充分排出，将直接影响到试验结果的精度，故比重法仅适用于砂类土。在比重法测试时，由于没有考虑到温度的影响，所以所得到的结果准确度较差。本节不做介绍。

碳化钙气压法的试验原理是试样中的水分与碳化钙吸水剂发生化学反应，产生乙炔气体。1 份乙炔分子对应 2 份土中的水分子，而不同乙炔分子的数量产生不同的压力强度，通过测定乙炔气体的压力强度，并与烘干法进行对比，从而可得出试样的含水率。

9.2　渗 透 测 试

9.2.1　概述

土的渗透性指的是土孔隙中的自由水在压力差作用下发生运动的现象。一般情况下，土的渗透服从达西定律。若土中孔隙水在压力梯度下发生渗流，如图 9-1 所示，对于土中 a、b 两点，已测得 a 点的水头为 H_1，b 点的水头为 H_2，水自高水头的 a 点流向低水头的 b 点，水流流经长度为 L。由于中砂、细砂、粉砂等土的孔隙较小，在大多数情况下，水在孔隙中的流速较小，可以认为是属于层流（即水流流线互相平行的流动）。那么，土中的渗流规律可以认为是符合层流渗透定

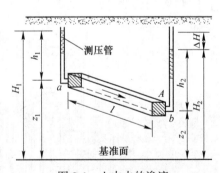

图 9-1　土中水的渗流

律。这个定律是法国学者达西（H. Darcy）根据砂土的实验结果而得到的，也称达西定律，它是指水在土中的渗透速度与水头梯度成正比，即

$$v = kI \tag{9-2}$$

式中，v 为渗透速度；k 为渗透系数；I 为水头梯度，即沿着水流方向单位长度上的水头差。

然而，当遇到粗砂、砾石、卵石等粗颗粒土时，水的渗流速度较大，已不再是层流，而转为紊流，因此需要对达西定律进行修正，得到：

$$v = k(I - I_0) \tag{9-3}$$

可以看出，渗透系数 k 是综合反映土体渗透能力的一个指标，该指标的正确性对于渗透计算非常重要。我们可以通过常水头或变水头渗透测试获得。

本试验采用的纯水，应在试验前用抽气法或煮沸法脱气。试验时的水温宜高于实验室温度 3~4℃。

9.2.2　常水头渗透测试

常水头渗透测试，是指通过土样的渗流在恒水头差作用下进行的渗透测试，适用于粗粒土渗透系数的测定。

9.2.2.1　仪器设备

（1）常水头渗透装置。70 型渗透仪（基姆式渗透仪），如图 9-2 所示，包括：

1）有底金属圆筒（高 40cm，直径 10cm）；

2）金属网格（放在距筒底 5~10cm 处）；

3）测压孔三个，其中心距为 10cm，与筒壁连接处装有筛布；

4）玻璃测压管（玻璃管内径 0.6cm 左右，用橡皮管和测压孔相连接，固定于一直立木板上，旁有毫米尺，作测记水头之用，三管的零点应齐平）。

（2）容积 5000mL 的供水瓶。

（3）容量 500mL 的量杯。

（4）刻度 0~50℃，精度为 0.5℃ 的温度计。

（5）秒表。

（6）木制或金属制的击棒。

（7）其他，如橡皮管、管夹、支架等。

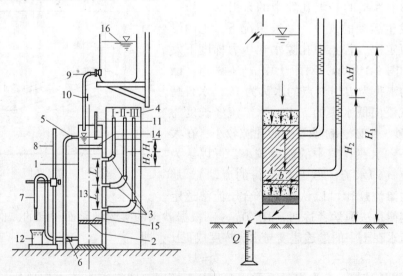

图 9-2　常水头渗透装置及其示意图

1—金属圆筒；2—金属孔板；3—测压孔；4—测压管；5—溢水孔；6—渗水孔；7—调节管；
8—滑动支架；9—供水管；10—止水夹；11—温度计；12—量杯；
13—试样；14—砾石层；15—铜丝网；16—供水瓶

9.2.2.2 测试步骤

（1）将仪器按图装置好后，将调节管与供水管连通，使水流入仪器底部，直至与网格顶面齐为止，然后关止水夹。

（2）称取具有代表性的风干试样 3~4kg，精确至 1g，并测定试样的风干含水率。将风干试样分层装入金属圆筒的网格上，每层厚 2~3cm，用击棒轻轻捣实，并使其达到一定厚度，以控制其孔隙比。若砂样中黏土颗粒较多，装试样前应在网格上加铺厚约 2cm 的粗砂作为缓冲层，以防细颗粒被水冲走。

（3）每层试样装好后，缓缓开启止水夹，使水由仪器底部向上渗入，并使试样逐渐饱和。水流须缓慢，以免冲动土样，且水面不得高出砂面，待试样饱和后，关上止水夹。同时，注意测压管中水面情况及管子弯曲部分有无气泡。在管子弯曲部分如有气泡，须挤压连接测压孔及测压管的橡皮管，并用橡皮吸球在测压管上部接连抽吸以除去管中空气。

（4）重复步骤（2）和步骤（3），继续分层装试样并饱和，直至试样表面较上测片孔向上 3~4cm 为止，同时检查 3 根测压管的水头是否齐平。量测试样面至筒顶的剩余高度，并与网格（或缓冲层顶面）至筒顶的高度相减，可得试样高度 h。称剩余试样的质量，精确至 0.1g，计算所装试样总质量，并在试样上部填厚约 2cm 的砾石层，放水至水面高出砾石面 2~3cm 时关上止水夹。

（5）将调节管在支架上移动，使其管口高于溢水孔。关止水夹，并将供水管与调节管分开，置于筒的上部。开止水夹使水由顶部注入仪器至水面与溢水孔齐平为止。多余的水则由溢水孔溢出，以保持水头恒定。

（6）检查测压管水头是否齐平。如不齐平，即表示仪器漏水或有集气现象，应即检查校正。

（7）测压管及管路校正无误后，即可开始进行试验。降低调节管的管口，使其位于试样上部 1/3 高度处，使仪器中产生水头差，水便渗透过试样，经调节管流出，此时圆筒中水面保持不变。

（8）当测压管水头稳定后，测定测压管水头，并计算测压管Ⅰ、Ⅱ间的水头差及测压管Ⅱ、Ⅲ间的水头差。

（9）开动秒表，同时用量筒接取调节管经一定时间的渗透水量，并重复一次。注意调节管口不可没入水中。

（10）测记进水与出水处的水温，取其平均值。

（11）分别降低调节管管口至试样中部及下部 1/3 高度处，以改变水力坡降，按步骤（7）至步骤（10）重复进行试验。

9.2.2.3 结果整理

（1）按式（9-4）~式（9-6）计算试样的干密度及孔隙比：

$$m_d = \frac{m}{1 + 0.01w} \tag{9-4}$$

$$\rho_d = \frac{m_d}{Ah} \tag{9-5}$$

$$e = \frac{G_s \rho_w}{\rho_d} - 1 \tag{9-6}$$

式中，m 为风干试样总质量，g；w 为风干含水量，%；m_d 为试样干质量，g；ρ_d 为试样干密度，g/cm³；h 为试样高度，cm；A 为试样断面积，cm²；e 为试样孔隙比；G_s 为土粒相对密度。

（2）按式（9-7）计算水温 $T(℃)$ 时的常水头渗透系数：

$$k_T = \frac{QL}{AHt} \tag{9-7}$$

式中，k_T 为水温 $T(℃)$ 时试样的渗透系数，cm/s；Q 为时间 t 秒内的渗透水量，cm³；L 为两测压孔中心间的试样长度，$L=10$cm；A 为试样断面积，cm²；H 为平均水头差，cm；t 为时间，s。

（3）按式（9-8）计算水温20℃时的常水头渗透系数：

$$k_{20} = k_T \frac{\eta_T}{\eta_{20}} \tag{9-8}$$

式中，k_{20} 为水温20℃时试样的渗透系数，cm/s；k_T 为水温 $T(℃)$ 时试样的渗透系数，cm/s；η_T 为 $T(℃)$ 时水的动力黏滞系数，kPa·s；η_{20} 为20℃时水的动力黏滞系数，kPa·s。

（4）在计算所得到的渗透系数中，取3~4个在允许差值范围内的数据，并求其平均值，作为试样在该空隙比 e 下的渗透系数，渗透系数的允许差值不大于 $2×10^{-n}$ cm/s。

（5）当进行不同孔隙比下的渗透试验时，应以孔隙比为纵坐标，渗透系数的对数为横坐标，绘制孔隙比与渗透系数的关系曲线。

9.2.3　变水头渗透测试

变水头渗透测试是指通过土样的渗流在变化的水头压力下进行的渗透测试。适用于细粒土渗透系数的测定。对于黏性土，渗透系数一般很小，在水头差不大的情况下，通过土样的渗流十分缓慢且历时很长，可采用增加渗透压力的加荷渗透法测定土的渗透系数，从而可以加快试验过程。

9.2.3.1　仪器设备

（1）变水头渗透装置。南55型渗透仪，如图9-3所示。

（2）渗透容器（见图9-4）。由环刀、透水石、套环、上盖和下盖组成，环刀内径61.8mm，高40mm，透水石的渗透系数应大于 10^{-3}cm/s。

（3）变水头装置。由变水头管、供水瓶、进水管等组成，变水头管的内径应均匀，管径不大于1cm，管外壁有最小分度为1.0mm的刻度，长度为2cm左右。

（4）容量100mL、分度值1mL的量筒。

（5）其他。如修土刀、秒表、温度计、薄铁片、橡皮垫圈等。

9.2.3.2　测试步骤

（1）将环刀垂直切入土样，平整土样两面。整平时，不得用刀反复涂抹，以免闭塞空隙。

（2）将装有试样的环刀装入渗透容器，用螺母旋紧，要求密封至不漏水不漏气。对不易透水的试样，需进行抽气饱和；对饱和试样和较易透水的试样，可直接用变水头装置的水头进行试样饱和。

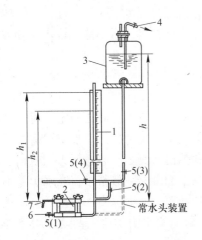

图9-3　变水头渗透仪示意图

1—变水头管；2—渗透容器；3—供水瓶（5000mL）；

4—接水源管；5—进水管夹；6—排气水管；7—出水管

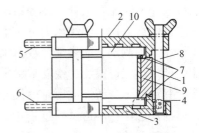

图9-4　渗透容器示意图

1—套筒；2—上盖；3—下盖；4—进水管；

5—出水管；6—排水管；7—橡皮圈；

8—螺栓；9—环刀；10—透水石

（3）将位于渗透容器下盖的进水口与变水头装置中的进水管连接，开止夹使供水瓶与变水头管相通。

（4）打开进水管及排气管夹，使水流入渗透仪，当排气管流出的水不带气泡时，关排气管管夹，使水由下而上的饱和试样。

（5）打开位于渗透容器上盖的出水管管夹，当出水管有水流出时，即认为试样已达饱和。

（6）当变水头管的水头距试样面有一定高度时，立即关止水夹，随即开动秒表记录水头 h_1 及时间 t_1，经过时间 t 后，再测记水头 h_2 及时间 t_2，并测记出水口的水温，如此再经过相等的时间重复测记一次。

（7）将变水头管中的水位变换高度，待水位稳定后，再测记水头和时间，重复试验5~6次。当不同开始水头下测定的渗透系数在允许差值范围内时（不大于 2×10^{-n} cm/s）结束试验。

9.2.3.3　结果整理

（1）按式（9-9）计算变水头渗透系数：

$$k_T = 2.3\frac{aL}{A(t_2 - t_1)}\lg\frac{h_1}{h_2} \qquad (9\text{-}9)$$

式中，k_T 为水温 $T(℃)$ 时试样的渗透系数，cm/s；a 为变水头管的断面积，cm^2；A 为试样的断面积，cm^2；L 为渗径，即试样的高度，cm；t_1 为测读水头的起始时间 s；t_2 为测读水头的终止时间，s；h_1 为测压管中开始时的水头，cm；h_2 为测压管中终止时的水头，cm；2.3 为 ln 和 lg 的变换因数。

（2）按式（9-10）计算温度为20℃时的渗透系数：

$$k_{20} = k_T\frac{\eta_T}{\eta_{20}} \qquad (9\text{-}10)$$

（3）将测得的几个渗透系数中较接近的几个，求其算术平均值。

测定黏性土渗透系数时，在使用仪器和操作方面，须特别注意不能允许水从环刀与土之间的缝隙中流过，以免产生假象。

9.2.4　加荷式渗透测试

加荷式渗透法是指土样先在固结压力作用下进行固结，待土样固结稳定后再施加渗透压力的渗透测试方法。固结压力可按土体的自重应力或附加应力施加。加荷渗透法可在不同的固结压力下测定土的渗透系数，也可在不同的孔隙比下测定。渗透压力则根据土的渗透性能，即通过土样渗流的快慢来确定。如高塑性黏土的渗透系数很小，在水头差不大的情况下，其渗流十分缓慢或历时很长，但只要提高渗透压力，即提高水头差后，渗流就会加快。加荷渗透法在渗透试验过程中还可以测定土的起始水力坡降（即起始水头梯度）和水平向渗透系数。

9.2.4.1　仪器设备

（1）气压式渗压仪。试样面积 $30cm^2$，高度 2cm 或 4cm，最大固结压力达 1200kPa，最大渗透压力可达 200kPa，即水头差可达 20cm；渗压仪原理见示意图 9-5。

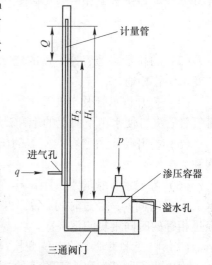

（2）空气压缩机。

（3）真空抽气机、真空抽气缸、土样饱和器。

（4）吸球、秒表、切土器、钢丝锯、切土刀等。

9.2.4.2　测试步骤

（1）用切土环刀切取代表性的原状土或人工制备的扰动土时，切土时应边压边削，最好放在切土器上进行。

（2）需要饱和土样，先将环刀土样置于饱和器内并放入真空抽气缸，在真空抽气机工作下使土样饱和。

图 9-5　渗压仪原理示意图

（3）将渗压仪的渗压容器与渗流管路和渗流计量管连通，在预先设定的水头差下让计量管的水流入渗压容器，使其整个管路及渗压容器内透水石得到充分排气饱和，然后关闭阀门。

（4）将装有饱和试样的环刀，刀口向上装入渗压容器内，注意在装入容器之前，土样两端应先贴上滤纸。

（5）分别在环刀外面套上"（）"型止水圈，放上定向垫片，再旋上压紧螺丝，最后用专用扳手拧紧压紧螺丝，以避免环刀与容器底座间渗漏，同时在试样上端装上透水石和传压活塞。

（6）安装测量试样竖向固结位移的百分表，并测记百分表起始读数。

（7）根据测试要求施加预定的固结压力，固结压力由调压阀施加。

（8）在试样固结过程中，根据需要测读时间与变形的关系，待试样固结稳定后再进行渗透试验。

（9）记下试样固结稳定后的变形读数，施加 10kPa 气压力为渗透压力，然后打开渗流阀门，观察其是否渗流。如果产生渗流，当即记下计量管的起始水头读数，同时开动秒表，当水头下降至某一读数时，记下水头读数及相应的渗流时间，按此重复两次以上即可；如果在 10kPa 渗透压力下不产生明显的渗流，即可逐渐增大渗透压力，但渗透压力不得超过固结压力。

（10）根据测记的渗透时间及水头下降值，可计算出在该固结压力下或在该孔隙比下的渗透系数，如果需要在该土样上继续施加固结压力或在不同的孔隙比下测定渗透系数，则可按上述试验方法重复进行。

9.2.4.3 结果整理

（1）按式（9-11）~式（9-13）计算起始孔隙比 e_0 和各级压力下的孔隙比 e_i：

$$e_0 = \frac{G_s(1 + 0.01w_0)\rho_w}{\rho_0} - 1 \tag{9-11}$$

$$h_s = \frac{h_0}{1 + e_0} \tag{9-12}$$

$$e_i = e_0 - \frac{\sum \Delta h}{h_3} \tag{9-13}$$

式中，e_0 为起始孔隙比；e_i 为各级压力下孔隙比；G_s 为土粒相对密度；w_0 为起始含水率，%；ρ_0 为起始湿密度，g/cm^3；ρ_w 为水的密度，g/cm^3；h_s 为试样颗粒（骨架）净高，mm；h_0 为土样起始高度，即环刀高度，mm；$\sum \Delta h$ 为各级压力下土样的累计变形量，mm。

（2）按式（9-14）计算渗透系数 k_v 或 k_h：

$$k_v(k_h) = 2.3 \frac{aL}{A(t_2 - t_1)} \lg \frac{H_1 + 100q/\gamma_w}{H_2 + 100q/\gamma_w} \tag{9-14}$$

式中，k_v 为垂直向渗透系数，cm/s；k_h 为水平向渗透系数（水平方向切土），cm/s；a 为计量管平均断面积，cm^2；L 为渗径，即等于土样厚度，cm；A 为试样断面积，cm^2；t_1 为测读水头的起始时间，s；t_2 为测读水头的终止时间，s；H_1 为计量管起始水头高度，cm；H_2 为计量管水头下降终止高度，cm；q 为所施加的渗透压力，kPa；γ_w 为水的重度，kN/m^3。

（3）按式（9-15）和式（9-16）计算修正后的渗透系数：

$$k_{v20} = k_v \frac{\eta_T}{\eta_{20}} \tag{9-15}$$

$$k_{h20} = k_h \frac{\eta_T}{\eta_{20}} \tag{9-16}$$

式中，k_{v20}、k_{h20} 分别为温度 20℃时土的垂直向和水平向渗透系数，cm/s；η_T、η_{20} 分别为水温 T（℃）和 20℃时水的动力黏滞系数，kPa·s。

（4）按式（9-17）和式（9-18）计算渗流速度和水力坡降（水头梯度）：

$$v = \frac{Q}{A} \tag{9-17}$$

$$I = \frac{H}{L} \tag{9-18}$$

式中，Q 为渗流量，由渗压仪计量管读数查得，cm^3；v 为渗流速度，cm/s；A 为渗流断面积，cm^2；I 为水力坡降（水头梯度）；H 为水头高度或由渗透压力换算所得的水头高度，cm；L 为径长度，即等于土样厚度，cm。

9.3 固结、击实测试

9.3.1 概述

土在外荷载作用下，水和空气逐渐被挤出，土的骨架颗粒之间相互挤紧，封闭气泡的体积也将缩小，从而引起土层的压缩变形，土在外力作用下体积缩小的这种特性称为土的压缩。土的压缩性主要有两个特点：（1）土的压缩主要是由于孔隙体积减少而引起的。对于饱和土，固体颗粒和水本身的体积压缩量都非常微小，可不予考虑，但由于土中水在外力作用下会发生渗流并排出，从而引起土体积减少而发生压缩。（2）由于孔隙水的排出而引起的压缩对于饱和黏性土来说是需要时间的，土的压缩随时间增长的过程称为土的固结。

固结试验（压缩试验）是研究土的压缩性的最基本的方法。固结试验就是将天然状态下的原状土或人工制备的扰动土制备成一定规格的土样，然后置于固结仪内，在不同荷载和完全侧限条件下测定土的压缩变形。

同时，在工程建设中，经常会遇到填土或松软地基，为了改善这些土的工程性质，常采用压实的方法使土变得密实，击实测试就是模拟施工现场压实条件，采用锤击方法使土体密度增大、强度提高、沉降变小的一种试验方法。土在一定的击实效应下，如果含水率不同，则所得的密度也不相同，击实试验的目的就是测定试样在一定击实次数下或某种压实功能下的含水率与干密度之间的关系，从而确定土的最大干密度和最优含水率，为施工控制填土密度提供设计依据。

9.3.2 标准固结测试

标准固结测试，就是将天然状态下的原状土或人工制备的扰动土制备成一定规格的土样，然后在侧限与轴向排水条件下测定土在不同荷载下的压缩变形，试样在每级压力下的固结稳定时间取为 24h。

9.3.2.1 仪器设备

（1）固结容器。由环刀、护环、透水板、加压上盖等组成，土样面积 $30cm^2$ 或 $50cm^2$，高度 2cm，见图 9-6。

（2）加荷设备。可采用量程为 5~10kN 的杠杆式、磅秤式或气压式等加荷设备。

（3）变形量测设备。可采用最大量程 10mm、最小分度值 0.01mm 的百分表，也可采用准确度为全量程 0.2% 的位移传感器及数字显示仪表或计算机。

（4）毛玻璃板、圆玻璃片、滤纸、切土刀、钢丝锯和凡士林或硅油等。

9.3.2.2 测试步骤

（1）选择面积为 30cm² 或 50cm² 的切土环刀，环刀内侧涂一层薄薄的凡士林或硅油，刀口应向下放在原状土或人工制备的扰动土上，切取原状土样时，应与天然状态时垂直方向一致。

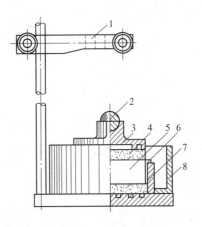

图 9-6　固结仪示意图
1—量表架；2—钢珠；3—加压上盖；4—透水；
5—试样；6—环刀；7—护环；8—水槽

（2）小心地边压边削，注意避免环刀偏心入土，使整个土样进入环刀并凸出环刀为止，然后用钢丝锯（软土）或用修土刀（较硬的土或硬土）将环刀两端余土修平，擦净环刀外壁。

（3）测定土样密度，并在余土中取代表性土样测定其含水率，然后用圆玻璃片将环刀两端盖上，防止水分蒸发。

（4）在固结仪的固结容器内装上带有试样的切土环刀（刀口向下），在土样两端应贴上洁净而湿润的滤纸，再用提环螺丝将导环置于固结容器中，然后放上透水石和传压活塞以及定向钢球。

（5）将装有土样的固结容器准确地放在加荷横梁的中心，如采用杠杆式固结仪，应调整杠杆平衡，为保证试样与容器上下各部件之间接触良好，应施加 1kPa 预压荷载；如采用气压式压缩仪，可按规定调节气压力，使之平衡，同时使各部件之间密合。

（6）调整百分表或位移传感器至"0"读数，并按需要确定加压等级、测定项目以及试验方法。

（7）加压等级可采用 12.5kPa、25kPa、50kPa、100kPa、200kPa、400kPa、800kPa、1600kPa、3200kPa。第一级压力的大小视土的软硬程度分别采用 12.5kPa、25kPa 或 50kPa；最后一级压力应大于土层的自重应力与附加应力之和，或大于上覆土层压力 100～200kPa，但最大压力不应小于 400kPa。

（8）当需要确定原状土的先期固结压力时，初始段的荷重率应小于 1，可采用 0.5 或 0.25。最后一级压力应使测得的 $e\text{-}\lg p$ 曲线下段出现直线段。对于超固结土，应采用卸压、再加压方法来评价其再压缩特性。

（9）对于饱和试样，在试样受第一级荷重后，应立即向固结容器的水槽中注水浸没试样；而对于非饱和土样，须用湿棉纱或湿海绵覆盖于加压盖板四周，避免水分蒸发。

（10）当需要预估建筑物对于时间与沉降的关系，需要测定竖向固结系数 C_v，或对于层理构造明显的软土需测定水平向固结系数时，应在某一级荷重下测定时间与试样高度变化的关系，直至稳定为止。当测定 C_v 时，需具备水平向固结的径向多孔环，环的内壁与土样之间应贴有滤纸。

（11）当不需要测定沉降速率时，则施加每级压力后 24h 测定试样高度变化作为稳定标准；只需测定压缩系数的试样，施加每级压力后，每小时的变形达 0.01mm 时，测定试样高度变化作为稳定标准。当试验结束时，应先排除固结容器内水分，然后拆除容器内各部件，取出带环刀的土样，必要时，揩干试样两端和环刀外壁上的水分，分别测定试验后的密度和含水率。

9.3.2.3 结果整理

（1）按式（9-19）计算试样的初始孔隙比 e_0：

$$e_0 = \frac{G_s(1 + w_0)\rho_w}{\rho_0} - 1 \tag{9-19}$$

式中，e_0 为起始孔隙比；G_s 为土粒相对密度；w_0 为试样初始含水率，%；ρ_0 为试样初始密度，g/cm³；ρ_w 为水的密度，g/cm³。

（2）按式（9-20）计算试样的颗粒（骨架）净高 h_s：

$$h_s = \frac{h_0}{1 + e_0} \tag{9-20}$$

式中，h_s 为试样颗粒（骨架）净高，cm；h_0 为试样初始高度，cm。

（3）按式（9-21）计算某级压力下固结稳定后土的孔隙比 e_i：

$$e_i = e_0 - \frac{\sum \Delta h_i}{h_s} \tag{9-21}$$

式中，e_i 为某级压力下的孔隙比；e_0 为起始孔隙比；$\sum \Delta h_i$ 为某级压力下试样高度的累计变形量，cm。

（4）绘制 e-p 曲线或 e-lgp 压缩曲线。以孔隙比 e 为纵坐标，以压力 p 为横坐标，绘制 e-p 曲线或 e-lgp 曲线，见图 9-7。

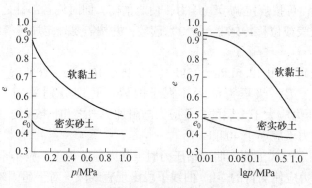

图 9-7 压缩曲线

（5）按式（9-22）～式（9-24）计算某一压力范围内压缩系数 a_v、压缩模量 E_s 和体积压缩系数 m_v：

$$a_v = \frac{\Delta e}{\Delta p} = \frac{e_i - e_{i+1}}{p_{i+1} - p_i} \tag{9-22}$$

$$E_s = \frac{1 + e_i}{a_v} \tag{9-23}$$

$$m_v = \frac{1}{E_s} = \frac{a_v}{1 + e_i} \tag{9-24}$$

式中，a_v 为压缩系数，MPa⁻¹；p_i 为某级压力值，kPa；E_s 为压缩模量，MPa；m_v 为体积压缩系数，MPa⁻¹。

（6）按式（9-25）计算土的压缩指数 C_c：

$$C_c = \frac{e_i - e_{i+1}}{\lg p_{i+1} - \lg p_i} \tag{9-25}$$

（7）计算垂直向固结系数 C_v 和水平向固结系数 C_h。

1）时间平方根法。对于某一级压力，以试样变形的量表读数 d 为纵坐标，以时间平方根 $\sqrt{t}$ 为横坐标，绘制 d-$\sqrt{t}$ 曲线（见图9-8）。延长 d-$\sqrt{t}$ 曲线开始段的直线，交纵坐标于 d_s（也称为理论零点），过 d_s 作另一直线，并令其另一端的横坐标为前一直线横坐标的 1.15 倍，则后一直线与 d-$\sqrt{t}$ 曲线交点所对应的时间（交点横坐标的平方）即为试样固结度达 90% 所需的时间 t_{90}，该级压力下的垂直向固结系数 C_v 按式（9-26）计算：

$$C_v = \frac{(T_v)_{90} \cdot \bar{h}^2}{t_{90}} = \frac{0.848\bar{h}^2}{t_{90}} \tag{9-26}$$

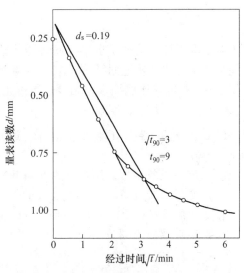

图 9-8　时间平方根法

式中，C_v 为垂直向固结系数，cm^2/s；$\bar{h}$ 为最大排水距离，等于某级压力下试样的初始高度与终了高度的平均值之半；t_{90} 为固结度达 90% 所需的时间，s。

如果试件在垂直方向加压，而排水方向是径向水平向外，则水平向固结系数 C_h 按式（9-27）计算：

$$C_h = \frac{0.335R^2}{t_{90}} \tag{9-27}$$

式中，C_h 为水平向固结系数，cm^2/s；R 为径向渗透距离（环刀的半径），cm。

2）时间对数法。对于某一级压力，以试样变形的量表读数 d 为纵坐标，以时间的对数 $\lg t$ 为横坐标，在半对数纸上绘制 d-$\lg t$ 曲线（见图9-9）。该曲线的首段部分接近为抛物线，中部一段为直线，末段部分随着固结时间的增加而趋于一条直线。

在 d-$\lg t$ 曲线的开始段抛物线上，任选一时间 t_1，相对应的变形值为 d_1，再取时间 $t_2 = 4t_1$，相对应的变形值为 d_2，则 $2d_2 - d_1$ 即为 d_{01}。另取时间按同样方法可求得 d_{02}、d_{03}、d_{04} 等，取其平均值作为平均理论零点 d_s。延长曲

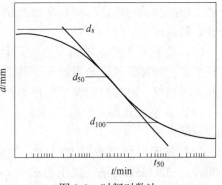

图 9-9　时间对数法

线中部的直线段和通过曲线尾部切线的交点即为固结度 $U = 100\%$ 的理论终点 d_{100}。

根据 d_s 和 d_{100} 即可定出相应于固结度 $U = 50\%$ 的纵坐标 $d_{50} = (d_0 + d_{100})/2$，对应于 d_{50} 的时间即为试样固结度 $U = 50\%$ 所需的时间 t_2，对应的时间因数为 $T_v = 0.197$。某级

压力下的垂直向固结系数可按式（9-28）计算：

$$C_v = \frac{0.197\bar{h}^2}{t_{50}}$$ (9-28)

式中，t_{50} 为固结度达 50% 所需的时间。

9.3.3　快速固结测试

　　对于沉降计算精度要求不高而渗透性又较大的土，且不需要求固结系数时，可采用快速固结测试方法。快速固结测试规定在各级压力下的固结时间为 1h，仅最后一级压力延长至 24h，并以等比例综合固结度进行修正。

　　9.3.3.1　仪器设备

　　（1）固结容器。由环刀、护环、透水板、加压上盖等组成，土样面积 30cm² 或 50cm²，高度 2cm。

　　（2）加荷设备。可采用量程为 5~10kN 的杠杆式、磅秤式或气压式等加荷设备。

　　（3）变形量测设备。可采用最大量程 10mm、最小分度值 0.01mm 的百分表，也可采用准确度为全量程 0.2% 的位移传感器及数字显示仪表或计算机。

　　（4）毛玻璃板、圆玻璃板、滤纸、切土刀、钢丝锯和凡士林或硅油等。

　　9.3.3.2　测试步骤

　　（1）按工程需要选择面积为 30cm² 或 50cm² 的切土环刀，刀内侧捺上一层薄薄的凡士林或硅油，刀口应向下放在原状土或人工制备的扰动土上，切取原状土样时，应与天然状态时垂直方向一致。

　　（2）小心地边压边削，注意避免环刀偏心入土，使整个土样进入环刀并凸出环刀为止，然后用钢丝锯（软土）或用修土刀（较硬的土或硬土），将环刀两侧余土修平，擦净环刀外壁。

　　（3）测定土样密度，并在余土中取代表性土样测定其含水率，然后用圆玻璃片将环刀两端盖上，防止水分蒸发。

　　（4）在固结仪的固结容器内装上带有试样的切土环刀（刀口向下），在土样两端应贴上洁净而湿润的滤纸，再用提环螺丝将导环置于固结容器中，然后放上透水石和传压活塞以及定向钢球。

　　（5）将装有土样的固结容器准确地放在加荷横梁的中心，如杠杆式固结仪，应调整杠杆平衡，为保证试样与容器上下各部件之间接触良好，应施加 1kPa 预压荷载；如采用气压式压缩仪，可按规定调节气压力，使之平衡，同时使各部件之间密合。

　　（6）调整百分表或位移传感器至"0"读数，并按工程需要确定加压等级、测定项目以及测试方法。

　　（7）加压等级可采用 12.5kPa、25kPa、50kPa、100kPa、200kPa、400kPa、800kPa、1600kPa、3200kPa。第一级压力的大小视土的软硬程度，分别采用 12.5kPa、25kPa 或 50kPa；最后一级压力应大于土层的自重应力与附加应力之和，或大于上覆土层的计算压力 100~200kPa，但最大压力不应小于 400kPa。

　　（8）对于饱和试样，在试样受第一级荷重后，应立即向固结容器的水槽中注水浸没试样；而对于非饱和土样，须用湿棉纱或湿海绵覆盖于加压盖板四周，避免水分蒸发。

　　（9）当测试结束时，应先排除固结容器内水分，然后拆除容器内各部件，取出带环刀的土样，必要时，揩干试样两端和环刀外壁上的水分，测定试验后的密度和含水率。

9.3.3.3 结果整理

（1）计算试样的初始孔隙比、颗粒（骨架）净高。

（2）计算某级压力下固结稳定后（即修正后）的土的孔隙比：

$$e_i = e_0 - k \cdot \frac{\sum \Delta h_i}{h_s} \tag{9-29}$$

$$k = \frac{\left(\sum \Delta h_n \right)_T}{\left(\sum \Delta h_n \right)_t} \quad \text{或} \quad k = \frac{\left(\sum \Delta e_n \right)_T}{\left(\sum \Delta e_n \right)_t} \tag{9-30}$$

式中，k 为校正系数；$\left(\sum \Delta h_n \right)_t$ 为最后一级压力下试样固结 1h 的总变形量；$\left(\sum \Delta h_n \right)_T$ 为最后一级压力下试样固结 24h 的总变形量；$\left(\sum \Delta e_n \right)_t$ 为最后一级压力下试样固结 1h 的孔隙比总减缩量；$\left(\sum \Delta e_n \right)_T$ 为最后一级压力下试样固结 24h 的孔隙比总减缩量。

（3）绘制 e-p 曲线或 e-$\lg p$ 曲线。以孔隙比 e 为纵坐标，以压力 p 为横坐标，绘制 e-p 曲线。

（4）计算某一压力范围内压缩系数和压缩模量。

9.3.4 击实测试

击实试验分轻型击实试验和重型击实试验两种方法，击实筒和击锤见图 9-10。轻型击

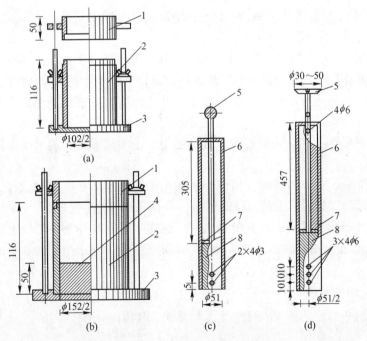

图 9-10 击实筒、击锤与导筒

（a）轻型击实筒；（b）重型击实筒；（c）2.5kg 击锤；（d）4.5kg 击锤

1—套筒；2—击实筒；3—底板；4—垫块；5—提手；6—导筒；7—硬橡皮垫；8—击锤

实试验适用于粒径小于 5mm 的黏性土，其单位体积击实功约为 592.2kJ/m³；重型击实试验适用于粒径不大于 20mm 的土，其单位体积击实功约为 684.9kJ/m³。

9.3.4.1　仪器设备

（1）击实仪。有轻型击实仪和重型击实仪两类，如图 9-10 所示。

（2）称量 200g 的天平，精度 0.01g。

（3）称量 10kg 的台秤，精度 1g。

（4）孔径为 5mm、20mm、40mm 的标准筛。

（5）试样堆土器。

（6）其他，如喷雾器、盛土容器、修土刀、碎土设备等。

9.3.4.2　测试步骤

（1）取一定量的代表性风干试样，对于轻型击实测试为 20kg，对于重型击实测试为 50kg。

（2）将风干土样破碎后过 5mm 的筛（轻型击实测试）或过 20mm 的筛（重型击实测试），将筛下的土样拌匀，并测定土样的风干含水率。

（3）根据土的塑限预估最优含水率，加水湿润制备不少于 5 个含水率的试样，含水率依次相差为 2%，且其中有 2 个含水率大于塑限，2 个含水率小于塑限，1 个含水率接近塑限。按式（9-31）计算制备试样所需的加水量：

$$m_w = \frac{m_0}{1 + 0.01 w_0} \times 0.01 (w - w_0) \tag{9-31}$$

式中，m_w 为所需的加水量，g；m_0 为风干含水率 w_0 时土样的质量，g；w_0 为风干含水率，%；w 为要求达到的含水率，%。

（4）将试样 2.5kg（轻型击实测试）或 5.0kg（重型击实测试）平铺于不吸水的平板上，按预定含水率用喷雾器喷洒所需的加水量，充分搅和并分别装入塑料袋中静置 24h。

（5）将击实筒固定在底座上，装好护筒，并在击实筒内壁涂一薄层润滑油，将搅和的试样 2~5kg 分层装入击实筒内。对于轻型击实试验分 3 层，每层 25 击；对于重型击实试验分 5 层，每层 5~6 击。两层接触土面应刨毛，击实完成后，超出击实筒顶的试样高度应小于 6mm。

（6）取下护筒，卸下击实筒，用刀修平超出击实筒顶部和底部的试样，擦净击实筒外壁，称击实筒与试样的总质量，精确至 1g，并计算试样的湿密度。

（7）用推土器将试样从击实筒中推出，从试样中心处取 2 个一定量土料（轻型击实测试为 15~30g，重型击实测试为 50~100g）测定土的含水率，2 个含水率的差值应不大于 1%。

9.3.4.3　结果整理

（1）按式（9-32）和式（9-33）计算干密度、饱和含水率：

$$\rho_d = \frac{\rho}{1 + 0.01 w} \tag{9-32}$$

$$w_{sat} = \left(\frac{1}{\rho_d} - \frac{1}{G_s} \right) \times 100\% \tag{9-33}$$

式中，ρ_d 为干密度，g/cm³，准确至 0.01g/cm³；ρ 为密度，g/cm³；w 为含水率，%；w_{sat} 为饱和含水率，%；G_s 为土粒相对密度。

（2）以干密度为纵坐标，含水率为横坐标，绘制干密度与含水率的关系曲线及饱和曲线（见图 9-11），干密度与含水率的关系曲线上峰点的坐标分别为土的最大密度与最优含水率，如连不成完整的曲线时，应进行补点试验。

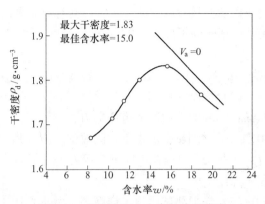

图 9-11 干密度和含水率的关系曲线

（3）轻型击实试验中，当试样中粒径大于 5mm 的土质量小于或等于试样总质量的 30%时，应对最大干密度和最优含水率进行校正。

1）按式（9-34）计算校正后的最大干密度：

$$\rho'_{dmax} = \cfrac{1}{\cfrac{1 - P_5}{\rho_{dmax}} + \cfrac{P_5}{\rho_w \cdot G_{s2}}} \tag{9-34}$$

式中，ρ'_{dmax} 为校正后试样的最大干密度，g/cm³；P_5 为粒径大于 5mm 土的质量百分数，%；G_{s2} 为粒径大于 5mm 土粒的饱和面干比重（相对密度）。

2）按式（9-35）计算校正后的最优含水率：

$$w'_{op} = w_{op}(1 - P_5) + P_5 \cdot w_{ab} \tag{9-35}$$

式中，w'_{op} 为校正后试样的最优含水率，%；w_{op} 为击实试样的最优含水率，%；w_{ab} 为粒径大于 5mm 土粒的吸着含水率，%。

9.4 抗剪强度测试

9.4.1 概述

土的抗剪强度，是指土体对于外荷载所产生的剪应力的极限抵抗能力。工程实践和室内试验都证实了土是由于受剪而产生破坏，剪切破坏是土体强度破坏的主要特点，因此，土的强度问题实质上就是土的抗剪强度问题。

9.4.2 直接剪切测试

直接剪切测试就是对试样直接施加剪切力将其剪坏的测试，简称直剪测试。直剪测试是测定土的抗剪强度的一种常用方法，通常采用 4 个试样，分别在不同的垂直压力 p 下施加水平剪切力，测得试样破坏时的剪应力 r，然后根据库仑定律确定土的抗剪强度参数内摩擦角中 φ 和黏聚力 c。

直接剪切法分为慢剪测试、固结快剪测试和快剪测试。

（1）慢剪测试。先使土样在某一级垂直压力作用下固结至排水变形稳定（变形稳定标准为变形不大于 0.005mm/h），再以小于 0.02mm/min 的剪切速率缓慢施加水平剪切力，在施加剪切力的过程中，使土样内始终不产生孔隙水压力。用几个土样在不同垂直压力下固结，然后进行剪切，将得到有效应力抗剪强度参数 c 和 φ 值。慢剪测试历时较长，剪切破坏时间可按式（9-36）估算：

$$t_f = 50t_{50} \tag{9-36}$$

式中，t_f 为土样达到破坏所经历的时间；t_{50} 为固结度达到 50% 的时间。

（2）固结快剪测试。先使土样在某一级垂直压力作用下固结至排水变形稳定，在以 0.8mm/min 的剪切速率施加剪力直至剪坏，一般在 3～5min 内完成，适用于渗透系数小于 10^{-6}cm/s 的细粒土。由于时间短促，剪力所产生的超静水压力来不及转化为粒间的有效应力，用几个土样在不同垂直压力下进行固结快剪，便能求得总应力法抗剪强度参数 $\varphi_{c\eta}$ 和 $c_{c\eta}$ 值。

（3）快剪测试。使土样在某一级垂直压力作用下，紧接着以 0.8mm/min 的剪切速率施加剪力，直至剪坏，一般在 3～5min 内完成，适用于渗透系数小于 10^{-6}cm/s 的细粒土。这种方法将使粒间有效应力维持原状，不受试验外力的影响，但由于这种粒间有效应力的数值无法求得，所以，测试结果只能求得（$\sigma\tan\varphi_c + c_c$）的混合值。快速法适用于测定黏性土的天然强度，但 φ_c 角将会偏大。

9.4.2.1 仪器设备

（1）直剪仪。采用应变控制式直接剪切仪，如图 9-12 所示，由剪切盒、垂直加压设备、剪切传动装置、测力计以及位移量测系统等组成。加压设备可采用杠杆传动，也可采用气压施加。

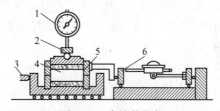

图 9-12　直接剪切仪

1—垂直变形量表；2—垂立加荷框架；3—推动座；4—试祥；5—剪切容器；6—挂力环

（2）测力计。采用应变圈，量表为百分表或位移传感器。

（3）环刀。内径 6.18cm，高 2.0cm。

（4）其他。切土刀、钢丝锯、滤纸、毛玻璃片、圆玻璃片、润滑油等。

9.4.2.2 测试步骤

（1）对准剪切盒的上下盒，插入固定销钉，在下盒内放洁净透水石一块及湿润滤纸一张。

（2）将盛有试样的环刀，平口向下、刀口向上，对准剪切盒的上盒，在试样面放湿润滤纸一张及透水石一块，然后将试样通过透水石徐徐压入剪切盒底，移去环刀，并顺次加上传压活塞及加压框架。

（3）取不少于 4 个试样，并分别施加不同的垂直压力，其压力大小根据工程实际和土的软硬程度而定。一般可按 25kPa、50kPa、100kPa、200kPa、300kPa、400kPa、

600kPa…施加。加荷时应轻轻加，如土质松软，应分级施加，防止试样被挤出。

（4）若试样是饱和试样，则在施加垂直压力5min后向剪切盒内注满水；若试样是非饱和土试样，不必注水，但应在加压板周围包以湿棉纱，以防止水分蒸发。

（5）当在试样上施加垂直压力后，若每小时垂直变形不大于0.005mm，则认为试样已达到固结稳定。

（6）试样达到固结稳定后，安装测力计，徐徐转动手轮，使上盒前端的钢珠恰与测力计接触，测记测力计初读数。

（7）松开外面4只螺杆，拔去里面固定销钉，然后开动电动机，使应变圈受压，观察测力计的读数，它将随下匣的位移的增大而增大，直至出现峰值。当测力计读数不再增加或开始倒退时，认为试样已破坏，记下破坏值，并继续剪切至位移为4mm停机；当剪切过程中测力计读数无峰值时，应剪切至剪切位移为6mm时停机。

（8）剪切结束后，卸去剪切力和垂直压力，取出试样，并测定试样的含水率。

9.4.2.3 结果整理

（1）按式（9-37）计算试件的剪应力：

$$\tau = KR \tag{9-37}$$

式中，τ 为试样所受的剪应力，kPa；K 为测力计率定系数，kPa/0.01mm；R 为剪切时测力计的读书于初读数之差值，0.01mm。

（2）绘制图表。以剪切位移为横坐标，以剪应力为纵坐标绘制曲线，见图9-13，取曲线上剪应力的峰值为抗剪强度，无峰值时取剪切位移4mm时所对应的剪应力为抗剪强度。以垂直压力为横坐标，以抗剪强度为纵坐标绘制曲线，见图9-14，直线的倾角为土的内摩擦角 φ，直线在纵坐标上的截距为土的黏聚力 c。

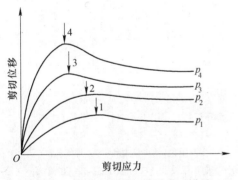

图 9-13　剪应力与剪切位移关系曲线

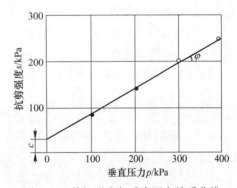

图 9-14　剪切强度与垂直压力关系曲线

9.4.3　三轴压缩（剪切）测试

三轴压缩测试是测定土体抗剪强度的一种比较完善的室内试验方法，通常采用 3~4 个圆柱形试样，分别在不同的周围压力下测得土的抗剪强度，再利用摩尔-库仑破坏准则确定土的抗剪强度参数。根据土样固结排水条件和剪切时的排水条件，三轴测试可分为不固结不排水剪测试（UU）、固结不排水剪测试（CU）、固结排水剪测试（CD）以及 K_0 固结三轴测试等。

（1）不固结不排水剪测试（UU）。试样在施加周围压力和随后施加偏应力直至剪坏的整个试验过程中都不允许排水，从开始加压至试样剪坏，土中的含水率始终保持不变，孔隙水压力也不可能消散，可以测得总应力抗剪强度指标 c_u 和 φ_u。

（2）固结不排水剪测试（CU）。试样在施加周围压力时，允许试样充分排水，待固结稳定后，再在不排水的条件下施加轴向压力直至试样剪切破坏，同时在受剪过程中测定土体的孔隙水压力，可以测得总应力抗剪强度指标 c_{cu}、φ_{cu} 和有效应力抗剪强度指标 c 和 φ。

（3）固结排水剪测试（CD）。试样先在周围压力下排水固结，然后允许试样在充分排水的条件下增加轴向压力直至破坏，同时在测试过程中测读排水量以计算试样体积变化，可以测得有效应力扛剪强度指标 c_d 和 φ_d。

（4）K_0 固结三轴压缩测试。常规三轴测试是在等向固结压力（$\sigma_1 = \sigma_2 = \sigma_3$）条件下排水固结，而 K_0 固结三轴测试是按 $\sigma_3 = \sigma_2 = \sigma_1 K_0$ 施加周围压力，使试样在不等向压力下固结排水，然后再进行不排水剪测试或排水剪测试。

9.4.3.1　仪器设备

（1）三轴仪。分为应变控制式和应力控制式两种，目前室内三轴试验基本上采用的是应变控制式三轴仪，见图9-15。包括：

1）三轴压力室；

2）轴向加荷系统；

3）轴向压力量测系统；

4）周围压力稳压系统；

5）孔隙水压力量测系统；

6）轴向变形量测系统；

7）反压力体变系统。

（2）击实筒和饱和器，见图9-16。

（3）切土盘、切土器和原状土分样器，见图9-17。

（4）承膜筒和砂样制备模筒，见图9-18。

（5）天平。称量200g，最小分度值为0.01g；称量1000g，最小分度值为0.1g。

（6）其他。游标卡尺、乳膜薄膜、橡皮筋、透水石、滤纸、切土刀、钢丝锯、毛玻璃板、空气压缩机、真空抽气机、真空饱和抽水缸及称量盒等。

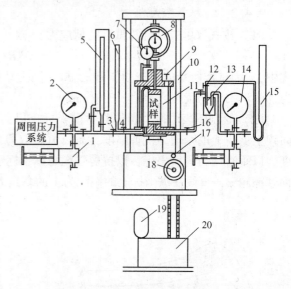

图 9-15　应变控制三轴仪

1—调压筒；2—周围压力表；3—周围压力阀；
4—排水阀；5—体变管；6—排水管；
7—变形量表；8—量力环；9—排气孔；
10—轴向加压设备；11—压力室；12—量管阀；
13—零位指示器；14—孔隙压力表；15—量管；
16—孔隙压力阀；17—离合器；18—手轮；
19—马达；20—变速箱

9.4.3.2　测试步骤

A　不固结不排水剪（UU）测试

（1）试样安装。先把乳胶薄膜装在承膜筒内，用吸气球从气嘴中吸气，使乳胶薄膜

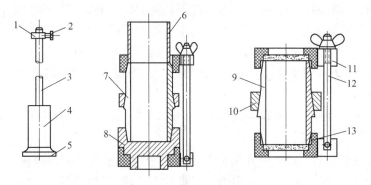

图 9-16 击实筒与饱和器

1—套环；2—定位螺丝；3—导杆；4—击锤；5, 8—底板；6—套筒；7—饱和器；
9—土样筒；10—紧箍；11—夹板；12—拉杆；13—透水石

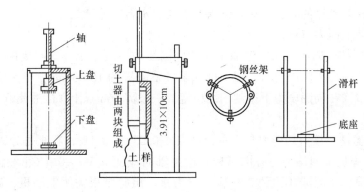

图 9-17 切土盘、切土器和切土架、原状土分样器

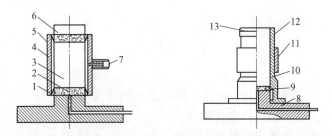

图 9-18 承膜筒和砂样制备膜筒

1—三轴仪底座；2, 9—透水石；3—试样；4—承膜筒；5, 12—橡皮膜；6—上帽；7—吸气孔；
8—仪器底座；10—制样圆膜（两片合成）；11—圆箍；13—橡皮圆

贴紧筒壁，套在制备好的试样外面，将压力室底座的透水石与管路系统以及孔隙水测定装置充水并放上一张滤纸；然后再将套上乳胶膜的试样放在压力室的底座上，翻下乳胶膜的下端与底座一起用橡皮筋扎紧，翻开乳胶膜的上端与土样帽用橡皮筋扎紧；最后装上压力室圆筒，并拧紧密封螺帽，同时使传压活塞与土样帽接触。

（2）施加周围压力 σ_3。周围压力的大小根据土样埋深或应力历史来决定，若土样为正常压密状态，则 3~4 个土样的周围压力应在自重应力附近选择，不宜过大，以免扰动土的结构。

（3）关闭所有管路阀门，在不排水条件下加荷，同时测定试样的孔隙水压力 μ。

（4）调整量测轴向变形的位移计和轴向压力测力计的初始"零点"读数。

（5）施加轴向压力。启动电动机，剪切应变速率取每分钟 0.5%~1.0%，当试样每产生轴向应变为 0.3%~0.4% 时，测记一次测力计、孔隙水压力和轴向变形读数，直至轴向应变到达 20% 时为止。

（6）试验结束即停机，卸除周围压力并拆除试样，描述试样破坏时的形状。

B　固结不排水剪（CU）测试

（1）试样安装。打开试样底座的阀门，使量管里的水缓缓流向底座，并一次放上透水石和滤纸，待气泡排除后关闭底座阀门，再放上试样，试样周围贴 7~9 条滤纸条。将乳胶薄膜套在成膜筒，两端翻起，用吸水球从气嘴中不断吸气，使乳胶膜紧贴壁筒，再套在试样外，然后用气嘴放气使橡皮膜紧贴试样，翻起橡皮膜两端将其下端扎紧在底座。打开试样底座阀门，让量水管中的水流入试样于橡皮膜之间，排除试样周围气泡，关闭阀门。打开与试样帽连通的阀门，让水进入并连同透水石，滤纸放在试样的上端，排尽空气后关闭阀门。装上压力室罩。

（2）试样固结。向压力室内施加试样的周围压力。测定土体内与周围压力相应的起始孔隙水压力，施加周围压力后，在不排水条件下静置约 15~30min，饱和后打开上、下排水阀门，使试样在周围压力下达到固结稳定，一般需 16h 以上，然后测读试样排水量并关闭排水阀门。

（3）试样剪切。按剪切速率黏土每分钟应变 0.05%~0.1%，粉土每分钟应变 0.1%~0.5%；对试样施加轴向压力，并取试样每产生轴向应变 0.3%~0.4%，测读测力计读数和孔隙水压力值，直至试样达到 20% 应变值为止。试验结束关闭电动机，卸除周围压力并取出试样，描绘试样破坏时的形状并称试样质量。

C　固结排水剪（CD）测试

（1）试样安装。见 CU 部分。

（2）施加围压后在不排水条件下测定孔隙水压力，饱和后打开上、下排水阀门进行固结。

（3）固结后，测记排水量以修正土体固结后的面积与高度。

（4）将测力环读数和轴向位移计调制"零"。

（5）按排水剪的剪切速率施加轴向压力，每产生 0.3%~0.4% 应变，量测轴向压力和排水管度数，直至 20% 应变值。

9.4.3.3　成果整理

（1）按式（9-38）和式（9-39）计算孔隙水压力：

$$B = \frac{u_0}{\sigma_3} \qquad (9\text{-}38)$$

$$A = \frac{u_1 - u_0}{B(\sigma_1 - \sigma_3)} \qquad (9\text{-}39)$$

式中，B 为周围压力作用下的孔隙水压力系数；A 为土体破坏时的孔隙水压力系数；u_0 为周围压力作用下土体孔隙水压力，kPa；u_1 为土体破坏时孔隙水压力，kPa；σ_1 为土体破坏时主压力，kPa；σ_3 为周围压力，kPa。

（2）按式（9-40）和式（9-41）计算轴向应变和平均断面积：

$$\varepsilon_1 = \frac{\sum \Delta h}{h_0} \tag{9-40}$$

$$A_a = \frac{A_0}{1 - \varepsilon_1} \tag{9-41}$$

式中，ε_1 为轴向应变；$\sum \Delta h$ 为轴向变形，mm；h_0 为土样初始高度，mm；A_a 为平均断面积，cm^2；A_0 为土样初始断面积，cm^2。

固结不排水（CU）测试的平均固结高度与面积为：

$$h_a = h_0(1 - \varepsilon_0) = h_0 \left(1 - \frac{\Delta V_0}{V_0}\right)^{1/3} \approx h_0\left(1 - \frac{\Delta V_0}{3V_0}\right) \tag{9-42}$$

$$A_a = \frac{\pi}{4}d_0^2(1 - \varepsilon_0) = \frac{\pi}{4}d_0^2\left(1 - \frac{\Delta V_0}{V_0}\right)^{2/3} \approx A_0\left(1 - \frac{2\Delta V_0}{3V_0}\right) \tag{9-43}$$

式中，V_0、h_0、d_0 分别为固结前的体积、高度、直径；A_a、h_a 分别为固结后的平均断面积和高度。

固结排水剪（CD）测试的平均断面积为：

$$A_a = \frac{V_0 - \Delta V_0}{h_0 - \Delta h_0} \tag{9-44}$$

（3）按式（9-45）~式（9-47）计算主应力差与最大、最小有效主应力：

$$\sigma_1 - \sigma_3 = \frac{CR}{A_a} \times 10 = \frac{CR(1 - \varepsilon_1)}{A_0} \times 10 \tag{9-45}$$

$$\sigma_1' = \sigma_1 - \mu \tag{9-46}$$

$$\sigma_3' = \sigma_3 - \mu \tag{9-47}$$

式中，C 为测力计率定系数，N/0.01mm；R 为测力计度数，0.01mm。

9.5 静止侧压力系数测试

9.5.1 概述

土的静止侧压力系数 K_0 是指土体在无侧向变形条件下，侧向有效应力与竖向有效应力之比，即

$$K_0 = \frac{\sigma_3'}{\sigma_1'} \tag{9-48}$$

测试的目的是为了确定土的静止侧压力系数 K_0 值。实际建筑物地基土的应力场是处于 K_0 状态，因此在计算土体变形、挡土墙静止土压力、地下建筑物墙体土压力、桩的侧向摩阻力时，需要用 K_0 值来计算。

9.5.2　静止侧压力系数测试

9.5.2.1　仪器设备

（1）刚性密封式容器。由一个整体不锈钢圆钢锻压切削而成，容器的刚度大，密封性能好，见图9-19。传力介质采用无气泡水或甘油与水配置而成的液体。为了便于使容器的液腔中气泡排净，内壁采用弧形断面，消除了矩形断面所造成的滞留气泡的死角，从而满足土样在试验过程中无侧向应变的条件。

（2）竖向压力传递装置。对于应变控制试验可用三轴仪加荷传动装置。若采用分级加荷的应力控制法，则可将刚性密封式容器置于固结仪的加荷装置上进行试验。

（3）量测系统。采用量程为0~5kN的拉压力传感器，量程为0~1000kPa的液压传感器，量程为0~10mm的位移计。量测土中的竖向应力σ_1、竖向位移ε_1、侧向应力σ_3和孔隙压力u等物理量。

（4）其他。切土环刀（内径61.8mm，量高40mm）、钢丝锯、切土刀、无气泡水、滴定管、吸气球、乳胶薄膜（厚度0.1mm）、滤纸以及硅油等。

9.5.2.2　测试步骤

（1）用K_0型固结仪切土环刀细心切取原状试样或扰动试样。

（2）在试样的两端贴上与土样直径一样大小的滤纸。

（3）打开进水阀门，采用负压法或水头降低法，使K_0容器的乳胶膜向内壁凹进，以减少试样与乳胶膜的摩擦。

（4）在乳胶膜表面抹上薄层硅油。

（5）刀口向上将环刀置于K_0容器定位器内。

（6）用传压活塞将试样从环刀中推入K_0容器中。

（7）消除负压力并提高到正压1kPa或提高水头到10cm，使乳胶膜贴紧土样后关闭进水阀门。

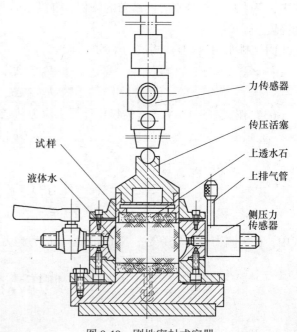

图9-19　刚性密封式容器

力传感器

传压活塞

上透水石

上排气管

侧压力传感器

试样

液体水

（8）若采用三轴仪，转动三轴仪手轮使传压活塞与荷重传感器接触；若利用固结仪，则施加1kPa的预压力。

（9）根据不同试样性质确定压缩速率，开动马达，合上传动离合器进行K_0试验。

（10）当竖向应力σ_1约为400kPa或是所需要的最大竖向应力σ_1时，停止试验。

（11）试验结束后，取出试样称量，并测定含水率，然后清洗容器，关闭各种电器开关。

9.5.2.3 结果整理

以竖向有效应力为横坐标，侧向有效应力为纵坐标，绘制 σ_1-σ_3 关系曲线。

9.6 变 形 监 测

9.6.1 概述

土是由固体颗粒、水和气体所组成的多孔介质，土颗粒构成土的基本骨架，水和气则充填在其间的孔隙中，水与土颗粒之间由于物理化学的作用形成了强结合水和弱结合水。在外力作用下，土体因空隙减小而产生变形，其中的孔隙水和气体同时被挤出，因此土体发生变形。

但是，由于土的颗粒与孔隙水之间的摩擦，使得孔隙水和气体在排出时受到阻碍，从而使土的变形延迟，因此，土的变形与时间有关。土是既具有弹塑性、又具有黏滞性的黏弹塑性体，土的这种黏滞特性对土体的变形和强度有很大的影响。在变形方面，会引起构筑物的长期沉降，也就是主固结结束以后的次压缩现象。在这种状态下，土体受到的有效应力不变，但是变形并不会终止，而是随着时间的增加而缓慢增长，土体的运动也会导致土体发生水平和垂直方向的位移。

9.6.2 沉降监测

9.6.2.1 仪器设备

（1）沉降板。用 400mm×400mm×(5~10)mm 钢板，在板中间钻一直径 39mm 圆孔，将圆杆插入并焊牢，要求测杆垂直于板面，见图 9-20。

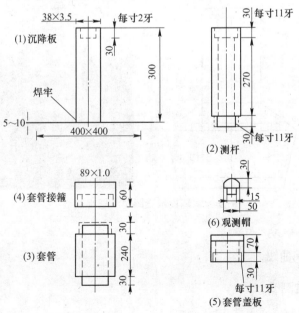

图 9-20　沉降板

（2）测杆。采用直径 38mm×3.5mm 无缝钢管制成，一端为外丝，一端为内丝，测杆长视堆土高度而定。

（3）套管。采用直径 89mm×4mm 无缝钢管制成，两端均为外丝，套管长第一根为 15cm，其余为 30cm、20cm。

（4）套管接箍。用于套管接长，材料同套管一样，每根长 6cm，与套管外丝相配的内丝。

（5）套管盖板。为堆土时盖住沉降板，保护套管内不进土，材料同套管一样，上端钢板封死，下端为内丝与套管外丝相配合。

（6）观测帽。沉降观测时插入测杆内。

9.6.2.2　测试步骤

（1）在埋设点地面挖 500mm×500mm×200mm 的土坑，坑内铺厚 30~50mm 黄沙，整平压实。

（2）将沉降板平放坑内，四周用黄沙填实并用水准尺校正板面水平，再回填土整平压实。

（3）将套管垂直套进测杆放于土面上，使其与测杆底板保持 10cm 以上距离，在套管四周用土堆实，使其立稳。

（4）待所有沉降板埋设完毕后，用水准仪测量沉降板内测杆起始高程，然后旋上盖板保护。连续测量数日取初始高程，埋设见图 9-21。

（5）第一次铺料时，应保护沉降板，先人工在沉降板周围堆料，范围 1m 左右。

（6）按照水准规定测量，定期校正基点的高程；随着填土增高，测杆和套管亦相应增长，每加一根需测量测杆高程。

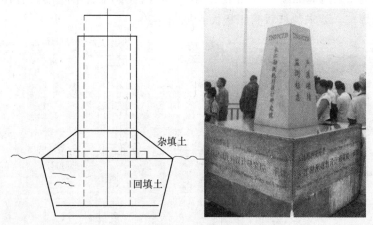

图 9-21　埋设示意图与土层观测墩

9.6.2.3　结果整理

绘制沉降与时间曲线。

9.6.3　地表位移监测

地表位移监测主要采取经纬仪、水准仪、光电测距仪重复观测各点的位移方向和水平、铅直距离，来判定地面位移矢量及其随时间变化的情况。

9.6.3.1 视准线法（基准线法）

A 仪器设备

（1）视准仪或精密经纬仪；

（2）卷尺；

（3）移动觇牌与照准标志，见图9-22；

（4）基准点。

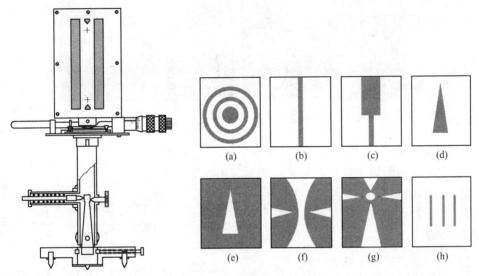

图 9-22　移动觇牌与照准标志

B 测试步骤

（1）将视准仪或精密经纬仪安置在 A 点上，见图 9-23。

（2）瞄准 B 点并指挥 P_i 点上的活动觇牌标志移动至十字丝上，记录游标读数，反方向移动觇牌重新对准十字丝并读数。

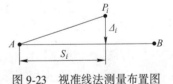

图 9-23　视准线法测量布置图

（3）上述步骤重复4次为一测回。共观测2~4测回。

（4）仪器移至 B 点，同法返测 P_i 点。

（5）采用精密经纬仪测量基准线 AB 与置镜点到观测点视线之间的微小角度，计算 Δ_i 时，为测小角法。

C 结果整理

按距离长短加权平均作为最后结果。

9.6.3.2 激光直准法

A 仪器设备

（1）激光直准仪，见图9-24；

（2）卷尺；

（3）移动觇牌；

（4）波带板，见图9-24；

（5）水准基点与观测基点等。

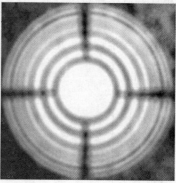

图9-24 激光直准仪与波带板

B 测试步骤

（1）在基准线两端 A 点安装激光点光源，B 点安装
探测器，见图9-25。

（2）在观测点 P_i 安置波带板。

（3）测量 S_i 和 S_{AB} 距离。

（4）使用激光点源照射波带板。

（5）B 点探测器测定 B_i 位置亮点的距离。

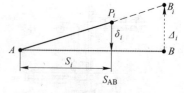

图9-25 激光直准测量布置图

C 结果整理

根据相似三角形原理，按式（9-49）计算 P_i 点位移：

$$\delta_i = \frac{S_i}{S_{AB}} \cdot \Delta_i \tag{9-49}$$

式中，δ_i 为观测点到基准线的距离，m；S_i 为观测点到基准线的垂足与激光点光源的距离，m；S_{AB} 为激光点光源到探测器的距离，m；Δ_i 为探测器测定 B_i 位置亮点的距离，m。

9.6.3.3 前方交会法

A 仪器设备

（1）高精度光学经纬仪或电子全站仪；

（2）水准基点与观测基点等。

B 测试步骤

（1）自定义一个二维坐标轴，选取 A、B 固定两点安置经纬仪，见图9-26。

（2）测算 A、B 两点对应坐标（x_A，y_A）和（x_B，y_B）。

（3）选取观测点 P，利用经纬仪测算 A、B 两点对应的初始 α、β 角。

（4）定期测算 P 点的 α、β 角。

C 结果整理

按式（9-50）和式（9-51）计算 P 点坐标及位移变化：

$$\begin{cases} x_P = \dfrac{x_A\cot\beta + x_B\cot\alpha - y_A + y_B}{\cot\alpha + \cot\beta} \\[4mm] y_P = \dfrac{y_A\cot\beta + y_B\cot\alpha + x_A - x_B}{\cot\alpha + \cot\beta} \end{cases} \tag{9-50}$$

$$\begin{cases} \Delta x_{Pi} = x_{Pi} - x_{P0} \\ \Delta y_{Pi} = y_{Pi} - y_{P0} \end{cases} \tag{9-51}$$

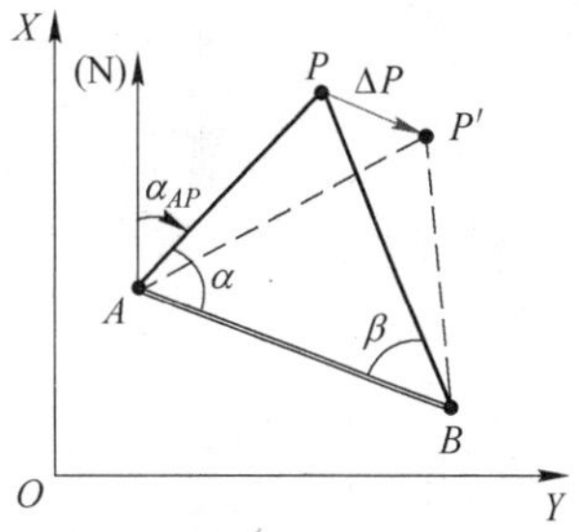

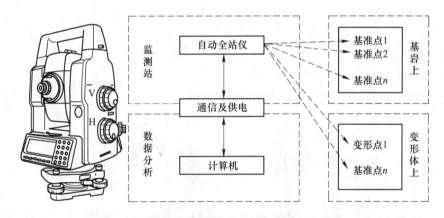

图 9-26　前方交会法测量布置图

式中，x_A、y_A、x_B、y_B、x_P、y_P 分别为 A、B、P 点的坐标；α、β 为 $\angle PAB$ 和 $\angle PBA$ 的度数，（°）；x_{P0}，y_{P0}，x_{Pi}，y_{Pi} 为 P 点的初始坐标和第 i 次测量坐标；Δx_{Pi}、Δy_{Pi} 为第 i 次测量 P 点的位移，m。

9.6.3.4　全自动跟踪全站仪法

A　仪器设备

（1）全自动跟踪全站仪，见图 9-27；

（2）单棱镜；

（3）专用反射片；

（4）水准基点与观测基点等。

图 9-27　全站仪与测试示意图

B　测试步骤（固定设站法）

（1）建立基准点，将全自动跟踪全站仪强制对中架设到基准点/观测墩上。

（2）通过后视观测另外的已知点，确定方向。

（3）依次观测目标点与已知方向间的水平夹角、垂直角和斜距等数据，自动测算原理见图 9-28。

C　结果整理

从全自动跟踪全站仪中查看、导出所需位移与变形的资料。

9.6.3.5　地面激光扫描法

激光扫描仪通过激光测距系统进行激光测距，通过激光扫描系统同时捕获每一个扫描点到扫描仪激光发射中心的斜距、水平方向角和垂直方向角，建立起目标点的三维坐标，扫描原理见图 9-29。通过实时扫描就可以获得目标点的坐标变化，进而监测位移和变形。

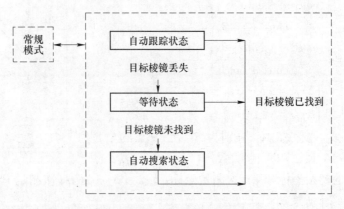

图 9-28　自动跟踪原理

A　仪器设备

（1）地面三维激光扫描仪，见图 9-30；

（2）基准点。

B　测试步骤

（1）在基准点架设地面三维激光扫描仪，见图 9-30。

（2）对中整平后开启扫描仪对目标发射激光，自动测算距离与横向、纵向扫描角度观测值等。

（3）拼接整理点云数据，测算三维坐标并记录。

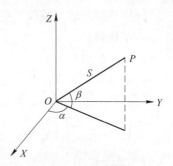

图 9-29　三维激光扫描仪原理

图 9-30　三维激光扫描仪及其架设

C　结果整理

从地面三维激光扫描系统整理得到所需数据。地表高程的变化见图 9-31。

9.6.3.6　BDS/GPS 监测法

BDS 北斗卫星导航定位系统和 GPS 导航系统的定位方法有很多种，根据卫星信号接收机所处状态分为静态定位和动态定位。一台接收机在某一时刻接手四颗卫星信号，此时可以测量出接收机至卫星的距离，同时获得卫星的三维坐标及运行速度等信息，通过推断获得接收机的三维坐标，见图 9-32。在基准点布置两台接收机，可以采用载波相位法提高相对定位的精度，见图 9-32。监控系统运行原理见图 9-33。

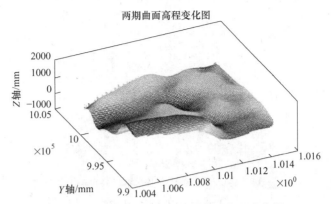

图 9-31 基于监测结果的地形曲面高程变化图

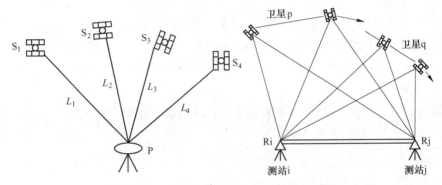

图 9-32 单点定位原理和相对定位原理示意图

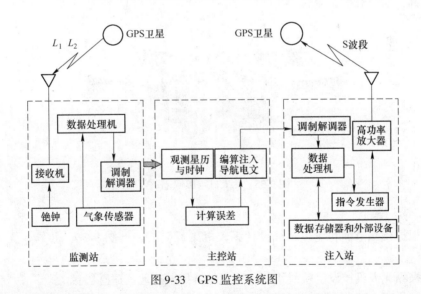

图 9-33 GPS 监控系统图

A 仪器设备

（1）BDS/GPS 卫星定位系统，见图 9-34；

（2）卫星信号接收机；

（3）观测点。

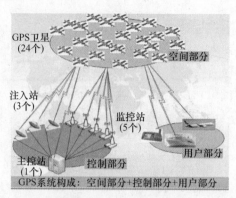

图 9-34 GPS 系统构成

B 测试步骤

（1）布置监测目标的监测面，确定基准点和监测点的位置。

（2）在观测点架设卫星信号接收机，保证测站周围高度角 15° 以上的空间无任何障碍物。

（3）根据需求定时开启卫星信号接收机，接收获取三维坐标信息。

C 结果整理

从监测的坐标信息中进行基线解算和平差，获得修正后的坐标信息。

9.6.3.7 无人机监测法

A 仪器设备

（1）无人机，见图 9-35。

（2）高分辨率影像记录仪。

图 9-35 无人机与影像记录仪

B 测试步骤

（1）根据检测范围和地理特征设计无人机飞行航线，见图 9-36，并导入无人机飞行导航系统。

（2）操纵无人机按设定航线飞行，并间隔航拍采技地表遥感影像。

（3）航拍完成后导出遥感图像和坐标数据，进行重叠度和影响质量检查，见图 9-36，确定数据有效性。

C 结果整理

（1）将航拍图像和数据导入软件完成图像拼接，提取 DEM 数据并生成 DOM 全景图像。

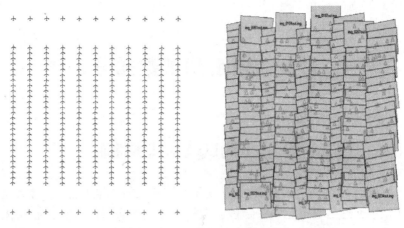

图 9-36　航线、航拍规划与像控点布设图

（2）通过地面控制测量结果，对 GPS 高程拟合，来校正航拍数据与图像。

（3）与前一次地形图高程进行比较，获得地表高程的变化量，得到地表变形量。

9.6.4　内部监测

内部监测主要采取管式应变计、倾斜计、位移计等手段对土体内部变形进行监测，通常借助于钻孔进行监测，参考岩体变形测试。

（1）管式应变计。在聚氯乙烯管上隔一定距离贴电阻应变片，随后将其埋置于钻孔中，用于测量由于滑坡滑动引起的管子变形。安装变形管时必须使应变片正对着滑动方向。测量结果可清楚地显示出滑坡体随时间的变化，不同深度的位移变形情况以及滑动面的位置。

（2）倾斜计。倾斜计是一种量测滑坡引起钻孔弯曲的装置，可以有效地了解滑动面的深度。该装置有两种形式：一种是由地面悬挂一个传感器至钻孔中，量测预定各深度的弯曲；另一种是钻孔中按深度装置固定的传感器。

（3）位移计。位移计是一种靠测量金属线伸长来确定滑动面位置的装置，一般采用多层位移计量测，将金属线固定于孔壁的各层位上，末端固定于滑床上。它可以用来判断滑动面的深度和滑坡体随时间的位移变形。

习题与思考题

9-1　为什么采用烘干法作为标准含水率测试的标准方法，还有哪种方法可以测试含水率？

9-2　常水头渗透测试和变水头渗透测试的适用条件分别是什么？

9-3　标准固结测试和快速固结测试的区别是什么，如何计算校正系数？

9-4　简述岩体和土体的抗剪强度的区别。

9-5　简述四种土体三轴压缩测试方法。

9-6　什么是静止侧压力系数，该系数有何作用？

9-7　简述视准线法位移监测的原理。

10 岩土测试数据分析

10.1　岩土测试数据基本性质

岩体参数测试的目的，是要用数据说明所设计与施工的岩体工程结构体系是否安全可靠。在试验测试中，总是要选定一些物理、力学参数，如岩石的容重、静动弹模、内聚力、摩擦角、泊松比，岩体和支架的应力、应变、位移、压力、速度和加速度等，反映一定条件下岩体所处的状态。

实践证明，测量数据并不能绝对精密地表达被测参数的真实值，或称真值。如岩体原始应力，有其客观存在的数值，但是由于测量方法、仪器、环境和人的观察能力及测量程序不同，都难以做到没有差异和变化。因而，其真实值无法直接获得，通常只能用测量数据处理后的最佳值来代替。由此可见，测量数据同时包含有用信息和误差。只有将误差减小和控制在精度允许的范围内，数据才能起到工程依据的重要作用。

应当指出，数据又是一种测量现象，数据之间的联系、它们所表示出的内在规律性，反映测试对象的本质。在岩体实验测试所取得的一系列数据中，数据本身是各种因素综合作用的结果。一个数据既能反映整个变化过程中的普遍性，又能反映瞬时变化的特殊性。同时，数据又是可以分解的。

所以，一个数据或者一条数据曲线，不要仅仅看作是几个数字和一个简单图形。它们是处于互相联系又互相影响之中的。譬如，一条数据曲线看起来是简单的，实际上是很复杂的。用数学分析方法，可以把一条曲线分解成多条曲线，这是分析过程。把分解出来的各部分，按时间、空间特性组成具有新物理意义的曲线或曲面，这是综合过程数据处理方法。从根本上说是从不同角度对数据进行分析和综合的过程，目的是寻求事物内在的规律性。

测试数据的性质还与测量方法有关。一定的测量方法规定着数据的性质。按被测量获得的方式有直接测量和间接测量两种方法。直接测量数据是被测量与标准量直接进行比较的结果，如用卡尺量取岩石试件长度，用温度计测量恒温箱里的温度等。间接测量首先是对与被测量者有确定函数关系的其他量进行直接测量，然后经过计算得到被测量的方法。如在测量岩石弹性模量 E 时，由于尚没有直接读取 E 值的仪器，可利用 $\sigma = E\varepsilon$ 的关系式，先测量出岩石试件在加载过程中的全部应力、应变值，并绘出曲线，再计算应力-应变曲线上弹性阶段的斜率值，即可得到 E 的值。

按被测量在测试过程中是否随时间变化，又有静态和动态两种测量方法。静态测量的对象是恒定的，被测量不随时间变化，采用的数据处理方法带有静特性，如数据的曲线拟合或回归方法等。动态测量是指在测量过程中被测量是变化的，如岩体中由爆破引起的应力波测量。动态测量取得的数据可以是周期性的，也可以是随机性的。

在数据处理的方法上，主要有均值和方差分析、相关分析、概率密度分析、频谱分析。

离散性是岩体测量数据的一个重要特征。岩体的生成经历了极为复杂的过程，其内部结构性质的差异与变化幅度都十分显著，即使在很小的范围内也如此。譬如，用同一部位、同一岩块制作的两个岩石试件，其单轴抗压强度值也会相离甚远。岩体内部多变的客观现实，决定了其测量数据必然带有偏离总体均值的特征，概括为离散程度。另一方面，岩体性质的变化，在总体上遵循着一定的规律，可以用统计的方法来对数据加以处理。

各种测量数据，都可以分为确定性的和非确定性（随机性）的两类。能够用明确的数学关系式描述的数据称为确定性数据。反之，如果不能用明确的数学关系式来描述，无法预测未来时刻的精确值，这些数据是属于随机性的。判断数据是确定性的还是随机性的，通常以实测能否重复产生这些数据为依据。在同样精度范围内，能重复测得这些数据的，可以认为这些数据是确定性的，否则可以认为是随机性的。

为了便于分析，把实验测量数据作为时间函数来分类，如表10-1所示。

表 10-1 数据（信号）分类表

稳定性数据				非稳定性数据		
周期数据		非周期数据		平稳过程		非平稳过程
正弦周期数据	复杂周期数据	准周期数据	瞬变数据	各态历经过程	非各态历经过程	非平稳特殊分类

10.2 数据分析

10.2.1 误差的基本概念

（1）真值。客观存在的某一物理量的真实值。由于条件的限制，可以说真值是无法测得的，我们只能得到真值的近似值。

（2）测量（实验）值。用实验方法测量得到的某一物理量的数值。

（3）理论值。用理论公式计算得到的某个物理量的值。

（4）误差。测量值与真值的差，误差＝测量值－真值。

真值是指被测参量客观存在的实际值，误差则是测量值与真值之间的不一致现象。根据误差表达的形式不同，有绝对误差和相对误差两个基本概念。

1）绝对误差为被测参量的测量值与真值之间的差，即

$$绝对误差＝测量值－真值$$

2）相对误差，为绝对误差与被测真值之比，即

$$相对误差＝绝对误差/被测真值$$

被测真值为未知数时，可用测量值的算术平均值代替被测真值进行计算。

相对误差描述了测量的准确性，可用于比较不同被测参量的测量精度。而绝对误差仅仅反映出测量值偏离真值的大小。

（5）准确度。反映实验的测量值与真值的接近程度，其由系统误差决定。

（6）精密度。多次测量数据的重复程度，其由偶然误差决定，但精密度高不一定准确度高，我们要求既要有高的准确度又要有高的精密度，即是要有高的精确度，也就是通常所说的测量精度。

（7）有效数字。测量时的读数一般读到仪器刻度的最小刻度中的分数，不能略去，但末位数是欠准确的。最后一位数字为 0 时，也不可略去，因为其是有效数字，否则降低了数值的准确度。运算时，各数所保留的小数位数应以有效数字位数最少的为准；乘除法时所得的积或商的准确度不应高于准确度最低的因子。当大于或等于四个的数据计算平均值时，有效位数增加一位。

10.2.2 误差分析

在进行力、应力、应变、位移等物理量的测量实验时，不可避免地会造成各方面的误差。为便于对测量误差进行分析和处理，就其性质来讲，大体可分为系统误差和偶然误差（随机误差），还有一种是由于人为造成的过失误差。

10.2.2.1 系统误差

系统误差是由确定的系统产生的固定不变的因素引起的误差。该误差的偏向及大小总是相同的，如用偏重的砝码称重，所称得的物体的质量总是偏轻；应变片灵敏系数偏大，那么所测得的应变值则总是偏小。

此类误差是由某些固定不变的因素引起的，例如测量仪器不准确，测量方法错误和某些外界原因造成的误差。除这些大小和符号都不变的固定系统误差外，还有变动的系统误差，例如仪器的非线性、滞后、零飘，以及振子的幅频和相频特性不良造成的误差等。

系统误差有固定的偏向及规律性，可采取适当的措施予以校正、消除。而偶然误差，只有当测量的次数足够多时，服从统计规律，其大小等才可由概率决定。

一般的系统误差是产生原因和变化规律已知的误差，可通过对测量值修正的办法加以消除。系统误差常使测量值向某一方向偏离，使算术平均值有显著变化，但它的均方差一般没有大的变化。

10.2.2.2 偶然误差

在测量中，如果已经消除引起系统误差的一切因素，而由不易控制的多种因素造成的误差，才称为偶然误差。偶然误差时大时小，时正时负，属于随机性的误差，服从统计规律。偶然误差是一种不规则的随机的误差，其误差没有固定的大小和偏向。

10.2.2.3 过失误差

过失误差是指人为造成的显然与事实不符的误差，其产生原因多为操作不正确（疲劳和信息传递超负荷等）。此类误差具有出现偶然且数值较大的特点。含有过失误差的数据应当舍弃。

10.2.2.4 系统误差的修正

对于系统误差常常用对称法和校准法尽可能地消除或减小它。

（1）对称法。利用对称性在实验系统的对称位置同时进行测量，数据平均以消除系统误差。

（2）校准法。使用更准确的仪器校准实验仪器，以减小系统误差；分析利用修正公式修正实验测量数据，以消除系统误差。

10.2.3 偶然误差的分析方法

偶然误差属于随机误差，需要用统计方法整理数据，从离散的测量数据中，寻求其内在的规律。

10.2.3.1 直方分布图

频率分布直方图能清楚显示各组频数分布情况又易于显示各组之间频数的差别，如图 10-1 所示。它主要是为了将我们获取的数据直观、形象地表示出来，让我们能够更好了解数据的分布情况。其中组距、组数起到关键作用：分组过少，数据就非常集中；分组过多，数据就非常分散，这就掩盖了分布的特征。当数据在 100 以内时，一般分 5~12 组为宜。

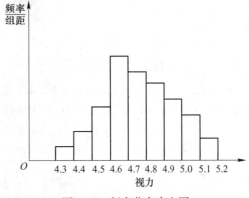

图 10-1 频率分布直方图

（1）找出所有数据中的最大值和最小值，并算出它们的差（极差）；

（2）决定组距和组数；

（3）确定分点；

（4）将数据以表格的形式列出来（列出频率分布）；

（5）画频数分布直方图（横坐标为样本资料、纵坐标为样本频率除以组距）。

与频率分布直方图相关的一种图为折线图。我们可以在直方图的基础上来画，先取直方图各矩形上边的中点，然后在横轴上取两个频数为 0 的点，这两点分别与直方图左右两端的两个长方形的组中值相距一个组距，将这些点用线段依次联结起来，就得到了频数分布直方折线图，如图 10-2 所示。

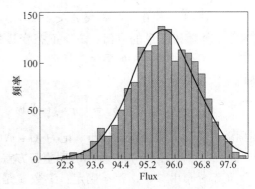

图 10-2 频率分布直方折线图

10.2.3.2 偶然误差表示法

偶然误差是指受不确定因素影响，测得值和真值之间存在的差值。由于偶然误差服从统计规律，当测量次数趋向无限大时，全体测得值的算术平均值就等于真值。因此，偶然误差通常指测得值与算术平均值的差值。

按正态规律分布，可用测量值的算术平均值 $\bar{x}$ 和均方根误差 σ，作为评定偶然误差的表示法。

（1）测量值算术平均值 $\bar{x}$：

$$\bar{x} = \frac{\sum x_i}{n} \qquad (10\text{-}1)$$

（2）均方根误差（标准误差）σ：

$$\sigma = \sqrt{\frac{\sum (x_i - \bar{x})^2}{n}} \qquad (10\text{-}2)$$

（3）方差 σ^2：

$$\sigma^2 = \frac{\sum x_i^2}{n} - \left(\frac{\sum x_i}{n}\right)^2 \qquad (10\text{-}3)$$

10.2.3.3　正态分布

A　分布函数

直方图是不连续的，随着分组间隔的宽窄，纵坐标也有变化。为解决这一困难，采用单位横坐标宽度上所出现的频数作为纵坐标，称之为概率密度。纵横坐标分别用 y 和 x 表示。也就是说，分布曲线上的一点，概率密度 y 表示 dx 范围内事件出现的概率与范围宽度 dx 的比值，即

$$y = P\left(x - \frac{1}{2}dx,\ x + \frac{1}{2}dx\right)dx \qquad (10\text{-}4)$$

分布函数 $y = \varphi(x)$ 大都具有以下几个特征：（1）有一高峰；（2）两边对称；（3）偏离大的少；（4）钟形分布，如图 10-3 所示。

依此，高斯推导出最大可能的函数形式：

$$\varphi_{\mu,\sigma}(x) = \frac{1}{\sqrt{2\pi}\,\sigma}e^{-\frac{(x-\mu)^2}{2\sigma^2}}\ (x \in \mathrm{R})$$

$$(\sigma > 0,\ -\infty < \mu < +\infty) \qquad (10\text{-}5)$$

式中，x 是随机变量的取值；μ 为正态变量的期望；σ 是正态变量的标准差。如果对于任何实数 a、$b(a < b)$ 随机变量 X 满足：

$$P(a < X \leqslant b) = \int_a^b \varphi_{\mu,\sigma}(x)\,dx \qquad (10\text{-}6)$$

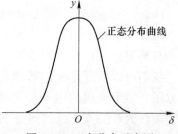

图 10-3　正态分布示意图

则称随机变量 X 服从正态分布。记为 $X \sim N(\mu,\ \sigma^2)$。

若 $X \sim N(\mu,\ \sigma^2)$，则 X 的期望与方差分别为：$E_X = \mu$，$D_X = \sigma^2$。

正态分布由参数 μ 和 σ 确定：参数 μ 是均值，它是反映随机变量取值的平均水平的特征数，可用样本的均值去估计；σ 是标准差，它是衡量随机变量总体波动大小的特征数，可以用样本的标准差去估计。

经验表明，一个随机变量如果是众多的、互不相干的、不分主次的偶然因素作用结果之和，它就服从或近似服从正态分布。在现实生活中，很多随机变量都服从或近似地服从正态分布，如图 10-4 所示。例如长度测量误差，某一定条件下生长的小麦的株高、穗长、单位面积产量等，正常生产条件下各种产品的质量指标（如零件的尺寸、纤维的纤度、电容器的电容量、电子管的使用寿命等），某地每年七月份的平均气温、平均湿度、降雨量等，一般都服从正态分布。

B 正态曲线及其性质

a 正态曲线

如果随机变量 X 的概率密度函数为 $f(x) = \dfrac{1}{\sqrt{2\pi}\,\sigma}e^{-\frac{(x-\mu)^2}{2\sigma^2}}\,(x \in R)$，其中实数 μ 和 σ 为参数（$\sigma > 0$，$-\infty < \mu < +\infty$），则称函数 $f(x)$ 的图像为正态分布密度曲线，简称正态曲线。

b 正态曲线的性质

（1）曲线位于 x 轴上方，与 x 轴不相交。

（2）曲线是单峰的，它关于直线 $x=\mu$ 对称。

（3）曲线在 $x=\mu$ 时达到峰值 $\dfrac{1}{\sqrt{2\pi}\,\sigma}$。

（4）当 $x < \mu$ 时，曲线上升；当 $x > \mu$ 时，曲线下降，并且当曲线向左、右两边无限延伸时，以 x 轴为渐近线，向它无限靠近。

（5）曲线与 x 轴之间的面积为 1。

（6）μ 决定曲线的位置和对称性。当 σ 一定时，曲线的对称轴位置由 μ 确定，如图 10-5 所示，曲线随着 μ 的变化而沿 x 轴平移。

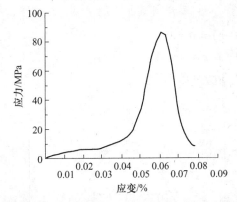

图 10-4 岩石受载应力-应变近似正态分布图

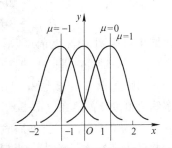

图 10-5 不同 μ 值的正态分布形态

（7）σ 确定曲线的形状。当 μ 一定时，曲线的形状由 σ 确定。σ 越小，曲线越"高瘦"，表示总体的分布越集中；σ 越大，曲线越"矮胖"，表示总体的分布越分散，如图 10-6 所示。

性质一说明了函数具有值域（函数值为正）及函数的渐近线（x 轴）；性质二说明了函数具有对称性；性质三说明了函数在 $x=\mu$ 时取最值；性质七说明 σ 越大，总体分布越分散，σ 越小，总体分布越集中。

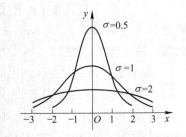

图 10-6 不同 σ 值对应的正态分布

C 正态分布在给定区间上的概率

a 随机变量取值的概率与面积的关系

若随机变量 ξ 服从正态分布 $N(\mu, \sigma^2)$，那么对于任意实数 a、$b(a < b)$，当随机变

量 ξ 在区间 (a, b) 上取值时, 其取值的概率与正态曲线与直线 $x = a$, $x = b$ 以及 x 轴所围成的图形的面积相等。图 10-7 (a) 中的阴影部分的面积就是随机变量在区间 (a, b) 上取值的概率。

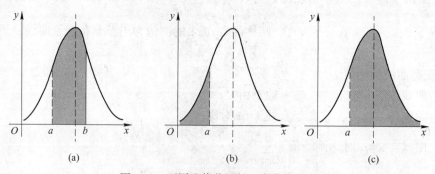

图 10-7　不同取值范围的正态曲线分布

一般地, 当随机变量在区间 $(-\infty, a)$ 上取值时, 其取值的概率是正态曲线在 $x = a$ 左侧以及 x 轴围成图形的面积, 如图 10-7 (b) 所示。随机变量在 $(a, +\infty)$ 上取值的概率是正态曲线在 $x = a$ 右侧以及 x 轴围成图形的面积, 如图 10-7 (c) 所示。

根据以上概率与面积的关系, 在有关概率的计算中, 可借助与面积的关系进行求解。

b　正态分布在三个特殊区间的概率值

$$P(\mu - \sigma < X \leqslant \mu + \sigma) = 0.683$$
$$P(\mu - 2\sigma < X < \mu + 2\sigma) = 0.954$$
$$P(\mu - 3\sigma < X \leqslant \mu + 3\sigma) = 0.997$$

上述结果可用图 10-8 表示。

若 随 机 变 量 X 服 从 正 态 分 布 $N(\mu, \sigma^2)$, 则 X 落在 $(\mu - 3\sigma, \mu + 3\sigma)$ 内的概率约为 0.997, 落在 $(\mu - 3\sigma, \mu + 3\sigma)$ 之外的概率约为 0.003, 一般称后者为小概率事件, 并认为在一次试验中, 小概率事件几乎不可能发生。

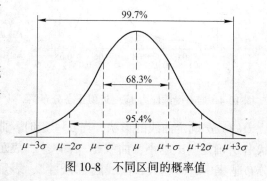

图 10-8　不同区间的概率值

一般的, 服从于正态分布 $N(\mu, \sigma^2)$ 的随机变量 X 通常只取 $(\mu - 3\sigma, \mu + 3\sigma)$ 之间的值, 简称为 3σ 原则。

c　求正态分布在给定区间上的概率方法

(1) 数形结合, 利用正态曲线的对称性及曲线与 x 轴之间面积为 1。

1) 正态曲线关于直线 $x = \mu$ 对称, 与 $x = \mu$ 对称的区间上的概率相等。

例如 $P(X < \mu - \sigma) = P(X > \mu + \sigma)$;

2) $P(X < a) = 1 - P(X \geqslant a)$;

3) 若 $b < \mu$, 则 $P(X < b) = \dfrac{1 - P(\mu - b < X < \mu + b)}{2}$。

(2) 利用正态分布在三个特殊区间内取值的概率。

1) $P(\mu - \sigma < X \leqslant \mu + \sigma) = 0.6826$;

2) $P(\mu - 2\sigma < X < \mu + 2\sigma) = 0.9544$;

3) $P(\mu - 3\sigma < X \leqslant \mu + 3\sigma) = 0.9974$。

D 置信范围和置信率

数值的分布可以是全体的，称总体分布。也可以是抽样的结果，这一部分样品称为样本。如取某种岩石的试样，它不可能是全部岩石。如果某岩石样本的抗压强度 R = 110MPa，就推断所有这种岩石的 R 都等于 110MPa，显然是不能令人信服。在数据分析时，一个概率样本的置信区间是对这个样本的某个总体参数的区间估计。置信区间展现的是这个参数的真实值有一定概率落在测量结果的周围的程度。置信区间给出的是被测量参数的测量值的可信程度，即前面所要求的"一定概率"。这个概率被称为置信率。

$$置信率 = 1 - 风险率$$

风险率是事件不符合预言的概率，常用 a 表示，置信率和风险率的分布如图 10-9 所示。置信范围越小，置信率越高。但如不改进测量的技术和次数，给定范围越窄，置信率越低；反之，置信范围越大，风险越小，精度就越低。

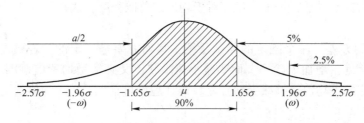

图 10-9 置信率和风险率

用 z 表示置信范围系数，z_1 和 z_2 分别表示双侧和单侧的置信范围系数。双侧置信率为：

$$1 - a = \int_{-z_1\sigma}^{z_1\sigma} y\mathrm{d}x = 2\int_0^{z_1\sigma} y\mathrm{d}x \tag{10-7}$$

单侧置信率为：

$$1 - a = \int_{-\infty}^{z_2\sigma} y\mathrm{d}x; \quad 1 - a = \int_{z_2\sigma}^{\infty} y\mathrm{d}x \tag{10-8}$$

正态分布 a 和 z 的关系可由下式积分求得：

$$1 - a = \int_{-\infty}^{x} \frac{1}{\sqrt{2\pi}} \mathrm{e}^{-\frac{x^2}{2}} \mathrm{d}x \tag{10-9}$$

该积分不易求解，它是 z 的函数，一般查表读出。反之，在指定 P 或 a 值下，也可求得 z 值。

概而达之：当风险率为 a 时，双侧置信范围是 $\mu \pm z_1\sigma$；单侧置信范围是 $\mu + z_2\sigma$ 或大于 $\mu - z_2\sigma$。

在统计学中，一个概率样本的置信区间，是对这个样本的某个总体参数的区间估计。置信区间展现的是，这个总体参数的真实值有一定概率落在与该测量结果有关的某对应区间。置信区间给出的是，声称总体参数的真实值在测量值的区间所具有的可信程度，即前面所要求的"一定概率"。这个概率被称为置信水平。

　　举例来说，如果在一次大选中某人的支持率为 55%，而置信水平 0.95 上的置信区间是（50%，60%），那么他的真实支持率落在 50% 和 60% 之区间的概率为 95%，因此他的真实支持率不足 50% 的可能性小于 2.5%（假设分布是对称的）。

　　如例子中一样，置信水平一般用百分比表示。因此，置信水平 0.95 上的置信区间也可以表达为：95% 置信区间。置信区间的两端被称为置信极限。对一个给定情形的估计来说，置信水平越高，所对应的置信区间就会越大。对置信区间的计算通常要求对估计过程的假设（因此属于参数统计），比如说假设估计的误差是成正态分布的。

　　置信区间只在频率统计中使用，在贝叶斯统计中的对应概念是可信区间。但是可信区间和置信区间是建立在不同的概念基础上的，因此一般取值不会一样。置信空间表示通过计算估计值所在的区间，置信水平表示准确值落在这个区间的概率。置信区间表示具体值范围，置信水平是个概率值。例如，估计某件事件完成会在 10～12 日之间，但这个估计准确性大约只有 80%：表示置信区间（10，12），置信水平 80%。要想提高置信水平，就要放宽置信区间。

10.2.3.4　测量数据的离散性

　　数据的离散性是描述数据测定值相对于均值的离散程度，这在岩石性质测定中经常要用到。

　　（1）均值的方差。一个既定的测试系统，其均方差是一定的。若要提高估计精度，就需要缩小置信度，增加风险率。而要减小风险率，又必须增加置信范围，使得估计含糊。用多次测定的平均值能够减少均方差。统计理论可证明，n 次均值的均方差 σ_n，比单个数据的均方差少 $\sqrt{n}$ 倍，即

$$\sigma_n = \frac{\sigma}{\sqrt{n}} \tag{10-10}$$

　　（2）总体的分布中心。设样本的容量是 n 次测定，得到平均值 $\bar{x}$。总体的分布中心 μ 为：

$$\mu = \bar{x} \pm z \frac{\sigma}{\sqrt{n}} \tag{10-11}$$

式中，z 为取决于风险率的双侧置信范围系数。

　　（3）总体均方差估计。有时，不仅总体的 μ 为未知，σ 也不知道。这样，σ 也得靠样本的有限次试验信息得到。对总体分布均方差 σ 的估计用 $\hat{\sigma}$ 表示

$$\hat{\sigma} = \sqrt{\frac{\sum (x_i - \bar{x})^2}{n - 1}} \tag{10-12}$$

　　（4）离散系数。测定值的离散程度常用离散系数来表达。它定义为总体均方差估计与均值之比，是一相对量值，用于比较不同测量数据的离散特性。离散系数用 ν 表示。

$$\nu = \frac{\hat{\sigma}}{\bar{x}} \times 100\% \tag{10-13}$$

　　（5）试验次数。设允许相对误差为 γ，风险率为 α，因为

$$\mu = \bar{x} \pm z \frac{\sigma}{\sqrt{n}} \tag{10-14}$$

$$\mu = \bar{x}(1 + \gamma) \tag{10-15}$$

$$\gamma = z\frac{\nu}{\sqrt{n}} \tag{10-16}$$

$$n = \left(z\frac{\nu}{\gamma}\right)^2 \tag{10-17}$$

10.2.3.5 t 分布

当用 $\hat{\sigma}$ 代替 σ 时，若样本容量较小，其分布和正态分布有较大区别。这就是说，虽然总体呈正态分布，如果只取少数几个作为一组样本，σ 又不知道，而是利用 $\hat{\sigma}$ 来估计，那么其平均值的分布就不再是正态的。这时的分布称为 t 分布，用于做小样本推断。

t 分布的主要特征如下：

（1）以 0 为中心，左右对称的单峰分布。

（2）t 分布是一簇曲线，其形态变化与 n（确切地说与自由度 df）大小有关。自由度 df 越小，t 分布曲线越低平；自由度 df 越大，t 分布曲线越接近标准正态分布（u 分布）曲线，如图 10-10 所示。

（3）随着自由度逐渐增大，t 分布逐渐接近标准正态分布。对应于每一个自由度 df，就有一条 t 分布曲线，每条曲线都有其曲线下统计量 t 的分布规律，计算较复杂。

一个决定性事件的一个数值，只要有一个量就可以表达。但测定

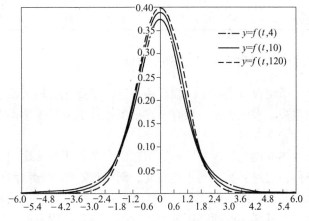

图 10-10 不同自由度 t 分布概率密度函数

几次，就允许有 n 种不同数据，叫作有 n 个自由度。t 分布的形状和样本的自由度有关。当自由度大于 20~80 时，t 分布和 N 分布就没有大的差别。

t 分布积分的大小和 N 分布积分取决于 z，类似地，用 $t_{\alpha,k}$ 表示其置信范围系数。它不仅取决于风险率 α，还取决于自由度 k。

$$\mu = \bar{x} \pm t_{\alpha,k}\frac{\sigma}{\sqrt{n}} \tag{10-18}$$

10.2.4 过失误差的发现及剔除

在测量数据中，个别数据与大多数比较相差很大，或记录曲线中出现异乎寻常的跳变，都意味着可能存在过失误差。但只凭此点尚不足以判定为过失误差。一般用如下办法判定：

（1）拉依坦准则。因为偶然误差符合正态分布，偶然误差可能取得的全部值，几乎均在 ±3σ 之间，大于 ±3σ 的偶然误差，出现的机会极少。若误差 δ 超出极限误差，就可怀疑它是否是过失误差；而误差超过 4σ 时，可以认为是过失误差而予以剔除。此即所谓

的拉依坦准则。必须注意，不能一次同时舍弃几个偏离绝对值较大的测量值，只能舍弃其中最大者，然后从其余的测量值中再算出新的鉴别值，进行第二次剔除。

（2）肖维纳准则。在 N 个数据中，某一个数据与平均值的偏差的大小，恰等于或大于其他所有偏差，出现的概率均小于 $\frac{1}{2N}$，此值应当剔除。具体计算步骤如下：

（1）求出所有测量值的算术平均值和均方根误差；

（2）计算可疑的较大偏差与均方根误差之比 C；

（3）如果 C 值大于表 10-2 中的值，可剔除此值。

表 10-2 N-C 值分布表

N	5	6	7	8	9	10	11	12	13	14	15
C	1.65	1.75	1.79	1.86	1.92	1.96	2.00	2.04	2.07	2.10	2.13
N	16	17	18	19	20	30	40	50	60	80	100
C	2.16	2.16	2.20	2.22	2.34	2.39	2.50	2.58	2.64	2.74	2.81

10.2.5 系统误差的发现及消除

系统误差是固定的或者按一定规律变化的较大误差，其危害性远大于偶然误差，应特别重视。系统误差一般有下列来源：仪器及其安装误差、环境及人为误差、理论计算和测量方法误差等。

不变的系统误差，不能用在同一条件下的多次测量来发现，只有改变形成这种误差的条件，通过实测对比才能发现。例如仪器和传感器的标定误差属于此类误差。变化的系统误差又分为线性变化和周期性变化的系统误差，以及按复杂规律变化的系统误差，例如光线示波器振子的圆弧误差等。发现变化系统误差的方法如下。

在无任何误差的影响时，测量条件不变则各次测量值应为一确定数值，记录曲线为一严格的直线，或是按此直线方向有规律变化的曲线。只有偶然误差存在时，测量数据才围绕在算术平均值两侧波动。然而，如果存在变化的系统误差且大于偶然误差，测量列数据的大小和符号的变化趋势取决于系统误差的变化规律，数据偏差的符号变化也将取决于系统误差的变化规律。这就是发现系统误差的依据。

（1）把数据对应的偏差，按测量先后顺序排列好。如果发现偏差的符号做有规律的交替变化，则该数据中必含有周期性变化的系统误差。

（2）如果动测记录曲线的水平基线由低到高或由高到低变化，则有线性系统误差存在。如果曲线沿平均水平做某种周期性波动，则有周期性系统误差存在。

（3）正态概率纸判别法。正态概率纸的横坐标按普通的等距刻度，纵坐标则按正态分布的规律刻度。在应用时将要判别的数据，以横坐标为测量值，纵坐标为累计频数值进行标点。若各点在一条直线上，表示只含有偶然误差。尤其是中间各点应在直线上，否则必含有系统误差。

测量系统各环节引起误差的原因很多，要视具体情况作重点处理，以尽量减小其影响程度。在进行岩体或者结构应变时，要特别注意传感器安装位置及其正确性，并选用尺寸合适、量值和灵敏度尽量一致的传感器。

进行长时间静态测量时，要考虑仪器的防震、屏蔽、接地和电压稳压等，并要注意信号引线接头和转换开关等连接的可靠性。在测量高频过程和暂态过程时，要考虑信号放大器和记录器等的频率响应特征。

测量系统的测量误差，通常情况下在1%以上。静态测量时，误差的大小和标定的准确程度有关。一般的动测和静测，无须对测量仪器进行周期性校检、标定和稳定性的检查，不必进行精密的温度补偿和不必考虑传感器的横向灵敏度。总之，消除误差是测量中一项重要的基本功，因此要多多实践。

10.3 频 谱 分 析

10.3.1 频谱的概念

频谱分析（也称频率分析）是对动态信号在频率域内进行分析，分析的结果是以频率为横坐标的各种物理量的谱线和曲线，即各种幅值以频率为变量的频谱函数 $F(\omega)$。频谱分析中可求得幅值谱、相位谱、功率谱和各种谱密度等等。频谱分析过程较为复杂，它是以傅里叶级数和傅里叶积分为基础的。

一般讲的功率谱密度都是针对平稳随机过程的，由于平稳随机过程的样本函数一般不是绝对可积的，因此不能直接对它进行傅里叶分析。功率谱是一个时间平均概念。功率谱的概念是针对功率有限信号的（能量有限信号可用能量谱分析），所表现的是单位频带内信号功率随频率的变换情况。保留频谱的幅度信息，但是丢掉了相位信息，所以频谱不同的信号其功率谱是可能相同的。频谱和功率谱有两个重要区别：

（1）功率谱是随机过程的统计平均概念，平稳随机过程的功率谱是一个确定函数；而频谱是随机过程样本的 Fourier 变换，对于一个随机过程而言，频谱也是一个"随机过程"（随机的频域序列）。

（2）功率概念和幅度概念的差别。此外，只能对宽平稳的各态历经的二阶矩过程谈功率谱，其存在性取决于二阶矩是否存在，并且二阶矩的 Fourier 变换收敛；而频谱的存在性仅仅取决于该随机过程的该样本的 Fourier 变换是否收敛，如图 10-11 所示，经过傅里叶变换后的岩石声发射主频谱收敛域 x 轴。

功率谱密度是信号功率在信号持续频谱带宽上的密度，也就是说功率谱密度对频谱的积分就是功率，也就是相关函数在零点的取值。随机信号是时域无限信号且不收敛，不具备可积分条件，因此不能直接进行傅氏变换，一般采用具有统计特性的功率谱来作为谱分析的依据。

功率谱与自相关函数是一个傅氏变换对。功率谱具有单位频率的平均功率量纲，所以标准叫法是功率谱密度。通过功率谱密度函数，可以看出随机信号的能量随着频率的分布情况。像白噪声就是平行于 w 轴、在 w 轴上方的一条直线。功率谱密度，从名字分解来看就是说，观察对象是功率，观察域是谱域，通常指频域、密度，也就是指观察对象在观察域上的分布情况。

一般讲的功率谱密度都是针对平稳随机过程的，由于平稳随机过程的样本函数一般不是绝对可积的，因此不能直接对它进行傅里叶分析。可以有三种办法来重新定义谱密度，

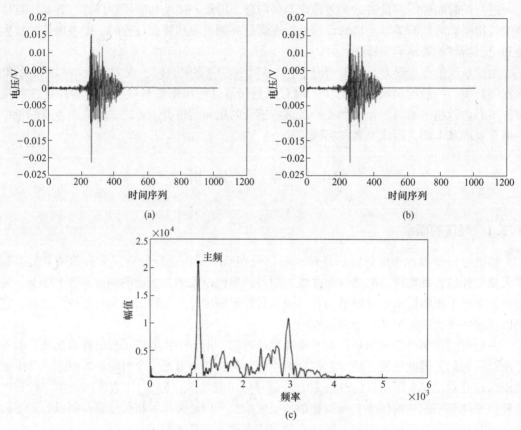

图 10-11　声发射主频计算过程图

（a）原始波形图；（b）小波降噪后波形图；（c）快速傅里叶变换后二维频谱图

克服上述困难：一是用相关函数的傅里叶变换来定义谱密度；二是用随机过程的有限时间傅里叶变换来定义谱密度；三是用平稳随机过程的谱分解来定义谱密度。三种定义方式对应于不同的用处，第一种方式前提是平稳随机过程不包含周期分量并且均值为零，这样才能保证相关函数在时差趋向于无穷时衰减，所以光靠相关函数解决不了许多问题，要求太严格了；对于第二种方式，虽然一个平稳随机过程在无限时间上不能进行傅里叶变换，但是对于有限区间，傅里叶变换总是存在的，可以先架构有限时间区间上的变换，再对时间区间取极限，这个定义方式就是当前快速傅里叶变换（FFT）估计谱密度的依据；第三种方式是根据维纳的广义谐和分析理论：利用傅里叶-斯蒂吉斯积分，对均方连续的零均值平稳随机过程进行重构，再依靠正交性来建立的。

　　另外，对于非平稳随机过程，也有三种谱密度建立方法。功率谱密度的单位是 G 的平方/频率，就是函数幅值的均方根值与频率之比。功率谱密度是对随机振动进行分析的重要参数。

　　功率信号在时间域上是无限的，所以无法直接做傅里叶变换。如果对时间 T 内的信号做傅里叶变换，T 再趋于无穷，其实也就是得到了功率信号的频谱，其模的平方也就是功率谱了。如果这个信号不是确定信号，而是随机信号，那功率谱的计算为其自相关函数的傅里叶变换。不过在实际实现中，通过一段随机信号的采样来计算出其自相关函数，然后做傅里叶变换得到的功率谱，其实和把它看成一段确知信号，做傅里叶变换再取模平方得到的功率谱是一样的。

一个信号的频谱，只是这个信号从时域表示转变为频域表示，只是同一种信号的不同的表示方式而已，而功率谱是从能量的观点对信号进行的研究，其实频谱和功率谱的关系归根结底还是信号和功率、能量等之间的关系。

10.3.2　富氏谱

从数学上知道，任何复杂的周期波形，都可视为由许多不同的频率、振幅和相位的简谐波所组成。

把各正弦谐波的初相角和谐波频率之间的关系汇成图，成为波形的相位谱。时间波形是从整体上反映波形的特性，频谱图是用分析的方法，从谐波之间的关系反映波形的特性。所以，通过对波的频谱分析，能进一步了解波形的特征和性质。显然时间域的波形图和频率域的波谱图是完全等价的。

运用富氏级数进行频谱分析，可得富氏谱。

10.3.2.1　周期波形的富氏谱

设在任意周期波形 $x(t)$ 的周期 $T = \dfrac{2\pi}{\omega}$，ω 为角频率，则 $x(t)$ 的富氏级数展开式为：

$$x(t) = \frac{\alpha_0}{2} + \sum_{n=1}^{\infty}(a_n \cos n\omega t + b_n \sin n\omega t) \qquad (10\text{-}19)$$

式中，$a_n = \dfrac{2}{T}\displaystyle\int_{-\frac{T}{2}}^{\frac{T}{2}} x(t)\cos n\omega t\,dt$；$b_n = \dfrac{2}{T}\displaystyle\int_{-\frac{T}{2}}^{\frac{T}{2}} x(t)\sin n\omega t\,dt$；$\alpha_0 = \dfrac{2}{T}\displaystyle\int_{-\frac{T}{2}}^{\frac{T}{2}} x(t)\,dt$。

从富氏级数展开式有无穷多项的特点看出，一个周期波形应当包含有无穷多的谐波，如图 10-12 所示。如果要求测量系统不失真地传输出信号波形，整个系统必须能不失真地通过零到无穷大的全部分量，这实际上是办不到的，而且也没有必要。因为波形的频谱具有衰减性，频率越高的谐波振幅越小，即含有的能量愈小。这样，把高于一定频率的谐波删去，不致使波形有很大的失真。通常将信号波形中的主要成分所占的频率范围，称为波形的通频带。

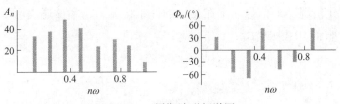

图 10-12　周期波形频谱图

10.3.2.2　非周期波形的富氏谱

非周期波形不能直接地将它展开成富氏级数。在研究非周期波形的频谱时，可以把它看成是一个周期为无穷大的周期波形，再从周期波形出发，研究当周期趋向无穷大时的情况。

如前所述，周期波形的频谱是离散频谱。相邻谱线的间隔是波形的重复频率。周期越长，相邻谱线的间隔越小，谱线密度越大。
周期趋于无穷大时，谱线间的距离将趋于零。
从零到无穷大的任何一个频率，波形中都有
一个对应于该频率的正弦谐波。也就是说，
非周期波形的频谱是连续频谱，如图 10-13
所示。

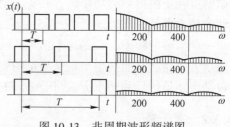

图 10-13　非周期波形频谱图

研究连续谱，重要的是研究各谐波振幅
随频率增加而变化的情况，即各谱线长度之
间的关系，其次才是长度本身。振幅随频率增加而变化的状态可由谱线包络线表示，它反
映了波形的特征。

10.3.2.3　富氏谱的地震学应用

地震动频谱分析是地震动研究的常用工具，在对地震动进行谱分析时，一般都采用快
速傅里叶变换来进行振动波形从时域向频域的转换，得到的是各种频率成分的总体强度。
在现代地震工程研究中，我们经常会对某些特定的频率感兴趣，要观察地震波中某个频率
随时间变化的情况。这时常规的富氏分析是不够的。为了弥补这一缺陷，采用类似于随机
分析中实时频谱分析的方法，用地震动的局部数据进行移动细化富氏分析。这样，便引入
了移动富氏分析方法。

在进行移动富氏分析时，将地震波数据以一较小的时间窗分段，对窗内的数据进行富
氏变换，随着时间窗的移动，得到一组频谱数据，将不同时间窗内中的相同频率成分的频
谱数据在同一坐标系中画出，即形成了该种频率随时间变化的曲线。该曲线表现出地震动
在不同时刻、相同频率的频谱成分之间的关系。将不同时刻同一频率富氏谱成分，连成一
条曲线，其横坐标时间 T，纵坐标为富氏谱的幅值，该曲线反映了在不同时间地震波中同
一频率成分，特别是工程感兴趣的频率成分的变化情况。

10.3.3　功率谱

10.3.3.1　功率谱的定义

功率谱是功率谱密度函数的简称，它定义为单位频带内的信号功率。它表示了信号功
率随着频率的变化情况，即信号功率在频域的分布状况。功率谱还表示了信号功率随着频
率的变化关系，如图 10-14 所示。

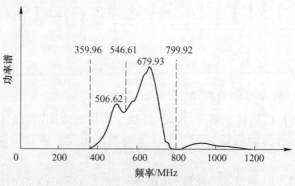

图 10-14　雷达功率谱图

功率谱常用于功率信号（区别于能量信号）的表述与分析，其曲线（即功率谱曲线）一般横坐标为频率，纵坐标为功率。周期性连续信号 $x(t)$ 的频谱可表示为离散的非周期序列 X_n，它的幅度频谱的平方 $|X_n|^2$ 所排成的序列，就被称之为该周期信号的"功率谱"。

傅里叶级数提出后，首先在人们观测自然界中的周期现象时得到应用。19 世纪末，Schuster 提出用傅里叶级数的幅度平方作为函数中功率的度量，并将其命名为"周期图"。这是经典谱估计的最早提法，这种提法至今仍然被沿用，只不过现在是用快速傅里叶变换（FFT）来计算离散傅里叶变换（DFT），用 DFT 的幅度平方作为信号中功率的度量。

周期图较差的方差性能促使人们研究另外的分析方法。1927 年，Yule 提出用线性回归方程来模拟一个时间序列。Yule 的工作实际上成了现代谱估计中最重要的方法——参数模型法谱估计的基础。Walker 利用 Yule 的分析方法研究了衰减正弦时间序列，得出 Yule-Walker 方程，可以说，Yule 和 Walker 都是开拓自回归模型的先锋。

由于功率没有负值，所以功率谱曲线上的纵坐标也没有负数值，功率谱曲线所覆盖的面积在数值上等于信号的总功率（能量）。

功率信号 $f(t)$ 在时间段 $t \in \left[-\dfrac{T}{2}, \dfrac{T}{2}\right]$ 上的平均功率可以表示为：

$$P = \frac{1}{T} \int_{-T/2}^{T/2} f^2(t) \, dt \tag{10-20}$$

如果 $f(t)$ 在时间段 $t \in \left[-\dfrac{T}{2}, \dfrac{T}{2}\right]$ 上可以用 $f_T(t)$ 表示，且 $f_T(t)$ 的傅里叶变换为 $F_T(\omega) = F[f_T(t)]$，其中 $F[\ ]$ 表示傅里叶变换。当 T 增加时，$F_T(\omega)$ 以及 $|F_T(\omega)|^2$ 的能量增加。当 $T \to \infty$ 时 $f_T(t) \to f(t)$，此时 $\dfrac{|F_T(\omega)|^2}{2\pi T}$ 可能趋近于一极限。假如此极限存在，则其平均功率亦可以在频域表示，即

$$P = \lim_{T \to \infty} \frac{1}{T} \int_{-T/2}^{T/2} f^2(t) \, dt = \frac{1}{2\pi} \int_{-\infty}^{\infty} \lim_{T \to \infty} \frac{|F_T(\omega)|^2}{T} \, d\omega \tag{10-21}$$

定义 $\dfrac{|F_T(\omega)|^2}{2\pi T}$ 为 $f(t)$ 的功率密度函数，或者简称为功率谱，其表达式如下：

$$P(\omega) = \lim_{T \to \infty} \frac{|F_T(\omega)|^2}{2\pi T} \tag{10-22}$$

10.3.3.2 功率谱密度的常用性质

（1）功率谱密度函数 $P(\omega)$ 是实的；

（2）功率谱密度是非负的，即 $P(\omega) \geqslant 0$；

（3）功率谱密度的逆傅里叶变换是信号的自相关函数；

$$C(\tau) = \int_{-\infty}^{\infty} P(\omega) e^{j\omega\tau} \, d\omega \tag{10-23}$$

（4）功率谱密度对频率的积分给出信号 $\{f(t)\}$ 的方差，即

$$\int_{-\infty}^{\infty} P(\omega) \, d\omega = \mathrm{var}[f(t)] = \mathrm{E}\{|f(t) - \mu|^2\} \tag{10-24}$$

式中，var [ ] 表示求方差的算符，E {} 表示求均值算符，μ 表示 $f(t)$ 的均值。

功率谱密度定义给出了区别于时域的功率描述方法，常应用于统计信号处理。生活中很多东西之间都依靠信号的传播，信号的传播都是看不见的，但是它以波的形式存在着，这类信号会产生功率，单位频带的信号功率就被称为功率谱。它可以显示在一定的区域中信号功率随着频率变化的分布情况。而频谱也是相似的一种信号变化曲线，在科学的领域里，功率谱和频谱有着一定的联系，但是它们之间还是不一样的，是有区别的。

功率谱密度谱是一种概率统计方法，是对随机变量均方值的量度。一般用于随机振动分析，连续瞬态响应只能通过概率分布函数进行描述，即出现某水平响应所对应的概率。功率谱密度的定义是单位频带内的"功率"（均方值），功率谱密度是结构在随机动态载荷激励下响应的统计结果，是一条功率谱密度值-频率值的关系曲线，其中功率谱密度可以是位移功率谱密度、速度功率谱密度、加速度功率谱密度、力功率谱密度等形式。数学上，功率谱密度值-频率值的关系曲线下的面积就是均方值，当均值为零时均方值等于方差，即响应标准偏差的平方值。

10.3.3.3 功率谱和频谱的区别

（1）计算方式。功率谱的计算需要信号先做自相关，然后再进行 FFT 运算。功率谱是对信号研究，不过它是从能量的方面来研究的。

频谱的计算则是将信号直接进行 FFT 就行了。频谱也是用来形容信号的，只是它的表示方式变了，从时域转变成了频域表示，也就是说一种信号的表示方式不同而已。

功率谱与频谱的区别归根结底就是信号、功率、能量三者之间的关联。

（2）定义。功率谱的定义是在有限信号的情况下，单位频带范围内信号功率的变换状况。功率随频率而变化，从而表现成为功率谱，它是专门对功率能量的可用有限信号进行分析所表现的能量。它含有频谱的一些幅度信息，不过相位信息被舍弃掉了。不同信号的功率图如图 10-20 所示。

相比之下，频谱极为不严格，主要是体现信号的平均变换，要求的只是一段时间平均量。所以经常说在频谱信号不同的情况下，它的功率谱很可能是一样的。

（3）性质。功率谱虽然过程是随机的，但由于统计的是平均概念，就相当于平稳的随机过程，这个过程的功率谱则是一个确定性的函数。

而频谱的样本进行 Fourier 变换，尽管过程也是随机的，但是对于这个随机变化过程来说，频谱形成的是随机的频域序列，函数不确定。

功率谱和频谱的功率及其幅度的概念也是有差别，并且它们的存在性要求也是不同的。功率谱的存在性要求变化收敛，而频谱的存在性只要求了是否收敛。

功率谱和频谱有相同的地方，并且有着联系，可这些区别才是决定它们两个用处的重要之处。功率谱和频谱虽然都是对信号的研究，但是研究的方向不同，角度也不相同，并且它们的性质存在不同之处：功率谱的随机性更差一点，比较严谨，有确定的函数支撑；而频谱的要求更少一些，随机性颇强，导致了它的信号变化，不过这也是它的研究价值所在。

10.3.4 响应谱

在工程计中，常要求了解系统受到冲击载荷作用后的最大响应值，即振动的位移或加速度的最大值。由于作用时间短暂，计算最大响应值时通常忽略系统的阻尼，使计算结果更偏于安全。最大响应值与激励的某个参数（例如激励作用时间）的关系曲线即称作响应谱。

响应谱是系统在给定激励下的最大响应值与系统或激励的某一参数之间的关系曲线图。最大响应值可以是系统的最大位移、最大速度、最大应力或出现最大值的时刻；参数可以选择为系统的固有频率或激励的作用时间等。响应谱中有关量都化为无量纲的参数表示。

响应谱在工程实际中是很重要的，它揭示出最大值出现的条件或时间等，如受迫振动幅频特性曲线。当振动系统已定，激励力的大小已定时，该曲线表示出受迫振动的振幅和激励力频率的关系。由曲线便能确定最大振幅出现时的激励力频率的值，因此幅频特性曲线就是一种响应谱。

响应谱分析是计算结构在瞬态激励下峰值响应的近似算法，它是模态分析的扩展。响应谱分析的应用非常广泛，最典型的应用是土木行业的地震响应谱分析。响应谱分析是地震分析的标准分析方法，被应用到各种结构的地震分析中，如大坝、电站、桥梁、房屋建筑等。任何受到地震或其他振动荷载的结构或部件均可以用响应谱分析来进行校核。

响应潜分析是一种频域分析，其输入荷载为振动荷载的频谱，如地震频谱，加速度频谱，也可以是速度频谱、位移频谱等。响应谱分析从频域的角度计算结构的峰值响应。

荷载频谱被定义为响应幅值与频率的关系曲线，响应谱分析计算结构各阶振型在给定的荷载频谱下的最大响应，这一最大响应是响应系数和振型的乘积，这些振型最大响应组合在一起就给出了结构的总体响应。响应谱分析需要首先计算结构的固有频率和振型，必须在固有频率（模态）分析之后进行。

响应谱分析的一个替代方法是瞬态分析，瞬态分析可以得到结构响应随时间的变化，瞬态分析更精确，但需要花费更多的时间。响应谱分析忽略了一些信息（如相位、时间历程等），但能够快速找到结构的最大响应，满足了很多动力设计的要求。其中，无阻尼-质量系统，受到图 10-15 所示的矩形脉冲作用。

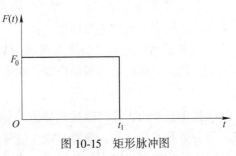

图 10-15 矩形脉冲图

如果以 $\dfrac{x_m}{x_{st}}$、$\dfrac{t_m}{T}$ 等为纵坐标，$\dfrac{t_1}{T}$ 为横坐标，则由式（10-22）和式（10-23）可得位移响应谱曲线和时间响应谱曲线，分别如图 10-16 和图 10-17 所示。

10.3.5 频谱分析的应用

10.3.5.1 频谱分析在测试数据处理上的应用
在分析和处理实测的波形和选择测试系统的仪器时，必须知道测试系统的脉冲响应函数，因为实测的波形与测试系统的频谱函数有直接关系。

一般的线性被测系统，在时间域上输入波形 $x(t)$、脉冲响应函数 $g(t)$ 和输出响应波形 $y(t)$ 之间的关系。

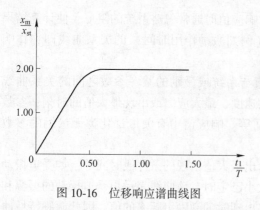

图 10-16 位移响应谱曲线图

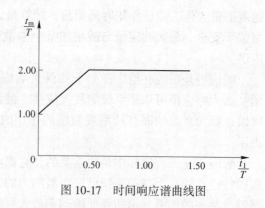

图 10-17 时间响应谱曲线图

$$y(t) = x(t) \times g(t) = \int_{-\infty}^{\infty} x(t)g(t-x)\,\mathrm{d}x \qquad (10\text{-}25)$$

上式表示，当输入时间域波形 $x(t)$ ，经测试系统的脉冲响应函数 $g(t)$ 作用后，得到输出响应波形 $y(t)$ 。如果知道测试系统的结构，并能求得系统的脉冲响应函数，可计算出输出或输入波形函数。

线性系统的频谱函数是不随输入波形的形状和大小而改变。知道输入波形的复数频谱及系统的频谱函数，利用富氏逆变换，可求出系统的输出响应函数。

在研究了被测系统的输入函数、频谱函数及输出函数之间的关系后，可以解决下列问题。

（1）如果知道系统的输入波形和频谱函数，能确定系统的输出响应波形，此即所谓的波形正演问题。例如，检验结构强度的模拟系统，就要正演输出响应波形。

（2）知道系统的输入波形和输出响应波形，能确定系统的频谱函数。例如，确定传感器的自振频率，就要用到频谱函数。

（3）知道系统的输出响应和频谱函数，可以求得输入波形，即所谓的实测波形的反演问题。例如，确定波的测量精度，就要进行波形的反演，求得真实的输入波形。

10.3.5.2 数字滤波

通过上述看出，任何能反映原因与结果关系的装置和系统，例如电子放大器、测振仪、微分方程和岩体等，都能对输入信号波形给出输出信号波形，但是受系统的传递函数作用后，输出波形与输入波形不同。这样，就能设计或测出系统的频谱函数，对输入波形进行滤波，把波形的某些分量分离出来或者去掉。通常是用频谱分析滤波原理，检测出传递系统中的有用信息。

滤波除人工滤波外还有自然滤波。任何信号在自然介质中传播时，受到自然介质的影响，改变信号的面貌，这种影响就是一种自然滤波。

人工滤波有电子滤波和数字滤波。数字频率滤波，是对已经离散取样的波形做某些数学运算处理，达到频率滤波的目的。不同的数学运算处理能力能达到不同的滤波目的。

10.4 误 差 处 理

岩体测量通常都是等精度测量。所谓等精度测量，就是指在测量仪器、外界条件和测量人员不变的条件下进行的测量。下面分别讨论等精度直接测量和间接测量误差的处理方法，即如何从一组测量数据中决定其最佳值的方法。

10.4.1 直接测量的误差处理

直接测量数据，就是被测量与标准量直接进行比较的结果，它直接反映被测量的大小及其误差。

直接测量数据误差的处理步骤如下：
（1）检查并剔除测量数据的系统误差；
（2）计算测量数据的算术平均值；
（3）计算测量数据的残差和均方根误差；
（4）剔除测量数据的过失误差；
（5）计算剔除过失误差后的测量数据的平均值、残差和均方根误差；
（6）再重复进行剔除过失误差的计算；
（7）计算算术平均值的均方差和最大可能偏差；
（8）列出测量结果。

10.4.2 间接测量的误差处理

在被测量不能或不易被直接测量时，可利用已知的被测量和自变量的函数关系，通过对自变量的直接测量，再根据函数关系求出被测量，此即所谓的间接测量法。下面讨论由直接测量误差计算间接测量误差的方法，即决定误差的传递规律问题。在实际中有两种情况：

（1）已知自变量的误差，求函数的误差。设间接测量的量 y 是直接测量的量 x_1，x_2，$\cdots$，x_k 的函数，即 $y = f(x_1, x_2, \cdots, x_k)$。

（2）已知函数误差求自变量的误差，给定函数误差的控制值后，求各自变量（直接实测值）的允许误差时，能有多种分配误差的方案。但是，当各实测值的误差难以估计时，通常用等效传递原理来解决，即假定各自变量的误差对函数误差的影响是相等的。从下式：

$$\sigma = \sqrt{\left(\frac{\partial y}{\partial x_1}\right)^2 \sigma_{x_1}^2 + \left(\frac{\partial y}{\partial x_2}\right)^2 \sigma_{x_2}^2 + \cdots + \left(\frac{\partial y}{\partial x_k}\right)^2 \sigma_{x_k}^2} \tag{10-26}$$

$$= \sqrt{K \left(\frac{\partial y}{\partial x_i}\right)^2 \sigma_{x_i}^2}$$

可得：

$$\sigma_{x_1} = \frac{\sigma_x}{\sqrt{K} \ \frac{\partial y}{\partial x_1}} \ ; \ \sigma_{x_2} = \frac{\sigma_x}{\sqrt{K} \ \frac{\partial y}{\partial x_2}} \ ; \ \sigma_{x_k} = \frac{\sigma_x}{\sqrt{K} \ \frac{\partial y}{\partial x_k}}$$

任何试验总是不可避免地存在误差，为提高测量精度，必须尽可能消除或减小误差，因此有必要对多种误差的性质、出现规律、产生原因，发现与消除或减小它们的主要方法以及测量结果的评定等方面做研究。

10.4.3 随机误差的处理

同一测量值在等精度情况下的多次重复，有可能会得一系列不同的测量值，每个值均有一定的误差，且无规律（但有一定的统计规律），这样的误差称为随机误差。

随机误差的产生原因有测量装置因素（精度、器件性能不稳定等）、环境方面因素（湿度、温度、电压、光照、磁场等）、人为因素（素质、技能）。随机误差一般不能消除，但通过统计平均可以减小，大多情况认为随机误差符合正态分布情况，即：

$$f(d) = \frac{1}{s\sqrt{2p}}\exp\left(-\frac{d^2}{2s^2}\right) \tag{10-27}$$

式中，s 为标准差（均方根误差），s 越小，精度就越高。s 的大小只说明在一定条件下，等精度测量值的随机误差的概率分布情况。

经 n 次等精度测量后的均方差为：

$$\sigma = \sqrt{(\delta_1^2 + \delta_2^2 + \cdots + \delta_n^2)/n} = \sqrt{\left(\sum \delta_i^2\right)/n} \tag{10-28}$$

式中，δ_i 为第 i 次测量的误差。$\delta_i = l_i - L_0$，l_i 为第 i 次测量值，L_0 为真值。

当真值为未知时，应该说上式不能求得标准差。在有限次测量情况下，可用残余误差 v_i 代替真值误差。$v_i = l_i - \bar{x}$，$\bar{x}$ 为测量平均值，$\bar{x} = \left(\sum l_i\right)/n$。$v_i$ 为 l_i 的残余误差。

当 n 足够大时，

$$\sum \delta_i^2 = \sum v_i^2 + \frac{1}{n}\delta_i^2 \tag{10-29}$$

可知：

$$\sum \delta_i^2 = n\sigma^2 \tag{10-30}$$

$$n\sigma^2 = \sum v_i^2 + \sigma^2 \Rightarrow \sigma = \sqrt{\left(\sum v_i^2\right)/(n-1)} \tag{10-31}$$

上式称为 Bessel 公式，可由残余误差求得单次测量的标准差的估计值。

不等精度测量时，其随机误差的表达方式是不一样的，一般采用加权处理的方法，应让可靠程度大的测量结果在最后结果中占的比重大一些，可靠程度低的比重小一些。在等精度测量中各个测得值认为同样可靠，并取所有测得值的算术平均值作为最后测量结果。

10.4.4 系统误差的处理

系统误差是在同一条件下，多次测量同一量值时，按一定规律变化的误差。例如，不变的系统误差有符号和大小固定不变的系统误差，如量块 10mm，实测为 10.001mm，则 0.001 始终存在，用它去做连续测量，误差将是线性变化。又如周期变化的误差，指针式仪表指针的回转中心与刻度量中心有偏值时，$Dl = e\sin j$。

减小和消除系统误差有以下两种方法：

（1）从根源上消除。要分析测量系统的各个环节，最好测量前就将误差从根源上加以消除。如仪器的零位在测量开始和结束时都要检查。如果误差是由外界条件引起的，则应在外界条件稳定时再测量。

（2）用修正方法消除。已知误差表或误差曲线，可取与误差数值大小相同而符号相反的值作为修正值。

10.5 经验公式的建立

在工程实践和科学试验研究工作中，经常需要了解某些变量的变化规律，或者需要建立变量之间的相互依赖关系，即本书作者所述的经验公式。经验公式的建立和通常所论"数学模型"的建立是有区别的。尽管二者都是客观事物的一种抽象化"思维形式"，其本质相同，表现形式相似，但二者的建立途径却各异。前者是利用客观事物的外在表现（形或数），运用数理统计（多数场合都是如此）方法而获得，后者则是对现实世界中的某些对象，为了某个特定目的，从事物内部结构分析入手，做出一些必要的简化和假设，运用适当的数学语言和工具而得到的一个数学结构。经验式建立的基础即经验数据应具有代表性、可靠性、一致性和相互独立性。

在经过处理的测量数据中，找出被测对象的定量规律，就是所谓的理论化（函数化）过程。最简单的情况是对于两个或多个存在着统计相关的随机变量，根据大量有关的测量数据来确定他们之间的回归方程（经验公式）。这种数学处理过程称为拟合过程。回归方程的求解包括两方面内容：

（1）回归方程的数学形式的确定；

（2）回归方程中所含参数的估计。

这里只介绍一元回归方程的简单情况，即建立仅有两种测定值的回归方程，以及回归方程与测量点之间的相关密切程度和相关性检验。

10.5.1 回归方程数学形式的确定

10.5.1.1 函数类的选择

利用最小二乘法求取测量数据的回归方程，对同一组数据，采用不同的函数类，获得的拟合曲线是不相同的。也就是说，函数类的选择，直接影响拟合的效果。

在确定函数类时，首先把数据 (x_t, y_t) 描在坐标纸上，然后分析这些点的分布情况，并按各点偏离最小的原则，画出相关线。与已知的各类函数曲线相比，从中确定出一个或几个函数类。有的数据组很容易确定，有的数据组却需要在几个不同函数类中，分别求拟合曲线，再比较他们的均方差误差大小后，最后决定取舍。

10.5.1.2 曲线的直线化

由于直线便于回归方程，所以当不是直线相关时，需要先将其直线化。直线化的原理是做适当的变量代换，使之成为直线方程。待回归过程完成后，再将其进行回代。

10.5.1.3 回归方程的建立

通过测量一组数据 (x_i, y_i)，$i = 1, 2, \cdots, n$，如果画在坐标纸上就是一系列散点，在这些散点中可做出许多直线方程。

$$y = ax + b \tag{10-32}$$

式中，y 为函数（因变测定值）；x 为自变量（测定值）；a 为直线的斜率；b 为直线的截距。

然而，有意义的是找出其中的一条直线方程，它能反映各散点总的规律，又能使直线和各散点之间的差值的平方和为最小。

设函数 G 为此差值平方和，令

$$\frac{\partial G}{\partial a} = 0; \quad \frac{\partial G}{\partial b} = 0$$

得到线性方程组

$$\sum_{i=1}^{n} (y_i - ax_i - b) = 0$$

$$\sum_{i=1}^{n} x_i(y_i - ax_i - b) = 0$$

测得

$$a = \frac{\sum\limits_{i=1}^{n} (x_i - \bar{x})(y_i - \bar{y})}{\sum\limits_{i=1}^{n} (x_i - \bar{x})^2} \tag{10-33}$$

$$b = \bar{y} - a\bar{x} \tag{10-34}$$

求出 a 和 b 后，直线方程就确定了，这就是最小二乘法回归方程的方法。但是还需检验两个变量的相关密切程度，只有二者相关密切时，直线方程才有意义。现在，进一步分析函数 G，G 为

$$G = \sum (y_i - ax_i - b)^2 = \sum \left[y_i - (\bar{y} - a\bar{x}) - ax_i \right]^2 \tag{10-35}$$

测定值越接近于直线，G 值越小。如 $G=0$，全部散点落在直线上，则

$$\sum (y_i - \bar{y})^2 = a^2 \sum (x_i - \bar{x})^2 \tag{10-36}$$

由此，将线性相关系数 r 写成

$$r = a \sqrt{\frac{\sum (x_i - \bar{x})^2}{\sum (y_i - \bar{y})^2}} \tag{10-37}$$

上式 r 表示 x_i 与 y_i 之间的相关密切程度，它不仅是测定值对回归线的离散程度，并且还是互相依赖的程度。r 越接近于 1，相关程度越好。一般要求 $r \geqslant 0.8$。

10.5.2　回归方程的相关性分析

10.5.2.1　相关系数检验

相关系数 r 是由样本测量值计算出来的。那么 r 是否准确、真实地反映总体的相关系数 ρ，这和其他利用样本推测总体的性质一样，总要带几分风险。

因为 r 是 ρ 的估计，即 $\hat{\rho} = r$，这就意味着即使 $\rho = 0$ 的总体（即本来不相关的事件），样本也可能出现不小的 r 值。那么在给定的风险率 a 下，r 大到什么程度，ρ 都不大可能是 0，也就是 x 和 y 才有或多或少的相关性。统计理论给出，只有当 $r > r_a$ 时，才可能认为 x 和 y 是相关的。r_a 由式（10-38）给出

$$r_{\mathrm{a}} = \frac{t_{\mathrm{a},k}}{\sqrt{k + t_{\mathrm{a},n}^2}} \qquad (10\text{-}38)$$

式中，自由度 $k = n - 2$，$t_{\mathrm{a},k}$ 是双侧的，可查表获得。

10.5.2.2　回归线的精度

不难看出，回归线仅仅是一个分布中心，其实测值与分布中心必定存在一定偏差。此偏差可用均方根误差的估计 $\hat{\sigma}$ 来表示：

$$\hat{\sigma} = \sqrt{\frac{1}{n-2}\sum_{i=1}^{n}(y_i - \tilde{y}_i)^2} \qquad (10\text{-}39)$$

式中，$n-2$ 表示计算系数 a 及 b 已用去两个自由度；y_i 为实测值；$\tilde{y}_i$ 为由回归方程计算得到的值。但上式计算困难，改用下式：

$$\hat{\sigma} = \sqrt{\frac{(1-r^2)\sum(y_i - \overline{y})^2}{n-2}} \qquad (10\text{-}40)$$

因此，回归线是一个置信范围。回归线只在实测范围内有效，不可贸然外延。

10.5.2.3　回归分析法

回归分析是指在自变量为非随机变量、因变量为随机变量条件下建立经验公式的方法。数理统计学中，把回归分析分为线性回归（一元或多元）和曲线回归（一元或多元）。以下是运用回归分析法建立两个应用比较广泛的回归公式。时间序列回归公式这种方法是以时间为回归分析的自变量，以单位时间内发生的某种随机变量为因变量。

10.5.2.4　因果关系回归公式

在时间序列回归公式中：某一随机变量仅依时间单因素而呈现出变化趋势，并未涉及变化的原因。在实际工程中，有时注重的是引起变化的内在原因。如工程结构中的混凝土设计强度，一般是采用标准试件来测定的，但在实际结构物中，由于材料称量、拌和、运输、灌注、养护等多种因素的影响，结构物的混凝土强度与标准试件混凝土的强度存在一定的差异。为了弄清二者的内在关系，经过对多个实际工程取样（芯样强度）进行统计分析发现，二者呈线性变化关系。通常的做法是从物理成因分析入手，找出因果关系，一般选择 1~2 个主要因素作为自变量。

习题与思考题

10-1　简述矿山岩土测试数据的基本方法及其主要特征。

10-2　简述岩土测试数据误差的种类及其主要特征。

10-3　简述岩土测试数据误差的分析方法及其处理准则。

10-4　频谱的概念及其基本类别是什么，如何区别？

10-5　简述数据误差处理的基本步骤与方法。

10-6　简述数据处理经验公式建立的基本过程与特征。

参 考 文 献

[1] 原中华人民共和国电力工业部. GB/T 50266—99 工程岩体试验方法标准 [S]. 北京：中国计划出版社，1999.

[2] 宋义敏，马少鹏，杨小彬，等. 岩石变形破坏的数字散斑相关方法研究 [J]. 岩石力学与工程学报，2011，30（1）：170~175.

[3] Hoek E, Ranklin J A. A simple triaxial cell for field and laboratory testing of rock [J]. Trans. Instn Min. Metall. 1968, 77: A22~26.

[4] 周黎明，肖国强，王法刚. 声波测试方法和工程应用 [M]. 北京：中国水利水电出版社，2016.

[5] 万升云. 超声波检测技术及应用 [M]. 北京：机械工业出版社，2017.

[6] 沈功田. 声发射检测技术及应用 [M]. 北京：科学出版社，2015.

[7] 中华人民共和国建设部. GB 50021—2001, 岩土工程勘察规范 [S]. 北京：中国建筑工业出版社，2002.

[8] 孙利民. 振动测试技术 [M]. 北京：中国建筑工业出版社，2012.

[9] 殷祥超. 振动理论与测试技术 [M]. 徐州：中国矿业大学出版社，2015.

[10] Obert L, Windes S L, Duvall W I. Standardized test for determining the physical properties of mine rock [M]. U. S. Bur. Mines Rept. Invest, 1946.

[11] Xie H P. Fractals in Rock Mechanics. Rotterdam. Netherlands [M]. A. A. Balkna Publishers. 1993.

[12] Rundle J B. Derivation of complete Gutenberg-Richter magnitude-frequency relation using the principle of scale invariance [J]. Journal of Geophy Research, 1989, 94 (9): 12337~12342.

[13] Brink A V Z. Application of a microseismic system at Western Deep Levels [C] //In Rockburst and seismicity in Mines. Balkema Rotterdam, 1990: 355~365.

[14] Wang Chunlai, Wu Aixiang, Liu Xiaohui, et al. study on fractal characteristics of b value with microseismic activity in deep mining [J]. Procedia Earth and Planetary Science, 2009, 1 (1): 592~597.

[15] 王春来，吴爱祥，吉学文，等. 某深井矿山微震监测系统建立与网络优化研究 [C]. 第十届全国岩石力学工程与学术大会，山东威海，2008，7：120~128.

[16] Wang Chunlai. Evolution, Monitoring and Predicting Models of Rockburst [M]. Springer, 2017.

[17] Wang Chunlai, Wu Aixiang, Liu Xiaohui, et al. Mechanisms of microseismic events occurred in deep heard-rock mine of China [C]. The 7th International Symposium on Rockburst and Seismicity in Mines. Liaoning Dalian, 2009: 245~251.

[18] Wu Aixiang, Wang Chunlai, Liu Xiaohui, et al. Characteristics and mechanisms of rockburst in deep mine in China [C]. The 7th International Symposium on Rockburst and Seismicity in Mines. Liaoning Dalian, 2009: 1037~1041.

[19] 吴顺江，王春来，刘晓辉，等. 会泽铅锌矿深部围岩岩爆倾向性分析 [J]. 矿业工程研究，2010，25（1）：24~26.

[20] 王春来，吴爱祥，刘晓辉. 深井开采岩爆灾害微震监测预警及控制技术 [M]. 北京：冶金工业出版社，2013.

[21] 中国水电顾问集团成都勘测设计研究院. DL/T 5355—2006 水电水利工程土工试验规程 [S]. 北京：中国电力出版社，2006.

[22] 中华人民共和国水利部. GB/T 50123—1999 土工试验方法标准 [S]. 北京：中国计划出版社，1999.

[23] 中国有色金属工业昆明勘察院. YS 5229—96 岩土工程监测规范 [S]. 北京：中国计划出版社，1996.

[24] 王立忠. 岩土工程现场监测技术及其应用 [M]. 杭州：浙江大学出版社，2000.

[25] 李造鼎. 现代岩体测试技术 [M]. 北京：冶金工业出版社，1993.

[26] 费业泰. 误差理论与数据处理 [M]. 北京：机械工业出版社，2015.

[27] 宰金珉. 岩土工程测试与监测技术 [M]. 北京：中国建筑工业出版社，2016.

[28] 沈扬，张文慧. 岩土工程测试技术 [M]. 北京：冶金工业出版社，2017.

[29] 胡圣武，肖本林. 现代测量数据处理理论与应用 [M]. 北京：测绘出版社，2016.

[30] 翟国栋. 误差理论与数据处理 [M]. 北京：科学出版社，2016.

[31] 孔德仁，朱蕴璞，狄长安. 工程测试技术 [M]. 北京：科学出版社，2018.

[32] 李才明，李军. 重磁勘探原理与方法 [M]. 北京：科学出版社，2013.

[33] 刘景，刘正雄，张儒林. 隧道爆破现代技术 [M]. 北京：中国铁道出版社，1995.

[34] 蔡美峰，何满潮，刘东燕. 岩石力学与工程 [M]. 北京：科学出版社，2017.

[35] 董方庭. 巷道围岩松动圈支护理论及应用技术 [M]. 北京：煤炭工业出版社，2001.

[36] 徐超，张振，陈偲，等. 土体工程勘探与原位测试实践 [M]. 上海：同济大学出版社，2018.

[37] 宰金珉. 岩土工程测试与监测技术 [M]. 北京：中国建筑工业出版社，2008.

[38] 李广信，张丙印，于玉贞. 土力学 [M]. 北京：清华大学出版社，2013.

冶金工业出版社部分图书推荐

书　名	作　者	定价(元)
中国冶金百科全书·采矿卷	本书编委会　编	180.00
中国冶金百科全书·选矿卷	本书编委会　编	140.00
选矿工程师手册（共4册）	孙传尧　主编	950.00
金属及矿产品深加工	戴永年　等著	118.00
露天矿开采方案优化——理论、模型、算法及其应用	王　青　著	40.00
金属矿床露天转地下协同开采技术	任凤玉　著	30.00
岩土工程测试技术（第2版）（本科教材）	沈　扬　主编	68.50
工程地质学（本科教材）	张　荫　主编	32.00
土力学与基础工程（本科教材）	冯志焱　主编	28.00
Soil Mechanics（土力学）（本科教材）	缪林昌　主编	25.00
金属矿山采空区灾害防治技术	宋卫东　等著	45.00
尾砂固结排放技术	侯运炳　等著	59.00
采矿学（第2版）（国规教材）	王　青　主编	58.00
地质学（第5版）（国规教材）	徐九华　主编	48.00
碎矿与磨矿（第3版）（国规教材）	段希祥　主编	35.00
选矿厂设计（本科教材）	魏德洲　主编	40.00
现代充填理论与技术（第2版）（本科教材）	蔡嗣经　编著	28.00
金属矿床地下开采（第3版）（本科教材）	任凤玉　主编	58.00
边坡工程（本科教材）	吴顺川　主编	59.00
爆破理论与技术基础（本科教材）	璩世杰　编	45.00
矿物加工过程检测与控制技术（本科教材）	邓海波　等编	36.00
矿山岩石力学（第2版）（本科教材）	李俊平　主编	58.00
金属矿床地下开采采矿方法设计指导书（本科教材）	徐　帅　主编	50.00
新编选矿概论（本科教材）	魏德洲　主编	26.00
固体物料分选学（第3版）	魏德洲　主编	60.00
选矿数学模型（本科教材）	王泽红　等编	49.00
磁电选矿（第2版）（本科教材）	袁致涛　等编	39.00
采矿工程概论（本科教材）	黄志安　等编	39.00
矿产资源综合利用（高校教材）	张　佶　主编	30.00
选矿厂辅助设备与设施（高职高专教材）	周晓四　主编	28.00
矿山企业管理（第2版）（高职高专教材）	陈国山　等编	39.00
露天矿开采技术（第2版）（职教国规教材）	夏建波　主编	35.00
井巷设计与施工（第2版）（职教国规教材）	李长权　主编	35.00
工程爆破（第3版）（职教国规教材）	翁春林　主编	35.00
金属矿床地下开采（高职高专教材）	李建波　主编	42.00
岩石力学（高职高专教材）	杨建中　主编	26.00